Golf and Philosophy: Lessons from the Links
Copyright © 2010 by The University Press of Kentucky
Published by agreement with The University Press of Kentucky
All rights reserved.

本书中文简体字版经授权在中华人民共和国境内独家出版发行。未经出版者书面许可，不得以任何方式抄袭、复制、或节录本书中的任何部分。

北京市版权局著作权合同登记号 图字：01-2023-1419

版权所有　侵权必究

图书在版编目（CIP）数据

高尔夫与哲学 /（美）安迪・威布尔（Andy Wible）等著；陆群，卓玛・梁岳静译. -- 北京：中国财政经济出版社；海口：海南出版社，2024.1
书名原文：Golf and Philosophy：Lessons from the Links
ISBN 978-7-5223-2238-4

Ⅰ.①高…　Ⅱ.①安…②陆…③卓…　Ⅲ.①哲学—文集　Ⅳ.①B-53

中国国家版本馆CIP数据核字（2023）第096440号

责任编辑：罗亚洪　潘　飞　　　　责任印制：张　健
封面设计：末末美书　　　　　　　责任校对：胡永立

高尔夫与哲学
GAOERFU YU ZHEXUE

中国财政经济出版社 出版

URL：http://www.cfeph.cn
E-mail：cfeph@cfemg.cn

（版权所有　翻印必究）

社址：北京市海淀区阜成路甲28号　邮政编码：100142
营销中心电话：010-88191522
天猫网店：中国财政经济出版社旗舰店
网址：https://zgczjjcbs.tmall.com
北京盛通印刷股份有限公司印刷　各地新华书店经销
成品尺寸：170mm×240mm　16开　18.75印张　18插页　305 000字
2024年1月第1版　2024年1月北京第1次印刷
定价：298.00元
ISBN 978-7-5223-2238-4
（图书出现印装问题，本社负责调换，电话：010-88190548）
本社质量投诉电话：010-88190744
打击盗版举报热线：010-88191661　QQ：2242791300

中文版致谢

将《高尔夫与哲学》(*Golf and Philosophy*)这本书引进中国的灵感,缘起于2020年疫情前某次于美国丹佛与PGA职业选手、教练克雷格·帕尔默(Craig Palmer)的交流。

克雷格先生曾在三年内获得23次美国州际职业高尔夫冠军,他的恩师麦纽·德拉托雷(Manuel de la Torre)获得过PGA年度最佳教练。

跟克雷格聊天,经常会聊到哲学问题,比如中国文化、西方哲学。克雷格说他年轻时曾痴迷过高尔夫小说《高尔夫王国》(*The Golf in Kingdom*),小说讲的是美国一个酷爱打高尔夫的学哲学的学生,有一天突然觉得要去寻找生命的意义,遂决定前往印度——跟乔布斯何其相似!途中,他特意在苏格兰停留一站,想打人生最后一场高尔夫。如他所愿,在苏格兰一个神奇的高尔夫球场和一个神奇的教练打完一场神奇的高尔夫之后,他彻悟了高尔夫和人生的意义。

克雷格在讲《高尔夫王国》时如数家珍,情节和细节从内心涌出,他深情地说:"我的恩师麦纽·德拉托雷先生以前常说,高尔夫啊,完全是脑的运动!"拿过无数冠军的克雷格想必从这部经典高尔夫书籍中汲取了诸多灵感吧!

从克雷格那儿借来《高尔夫王国》，我迫不及待地一口气读完，别有一番滋味在心头！意犹未尽，直奔图书馆，热切地找寻其他高尔夫书籍，因缘际会，*Golf and Philosophy* 映入眼帘。

《高尔夫与哲学》的作者们是美国不同大学的18位哲学、心理学、运动学的教授和学者。18篇文章涉及九大哲学主题，让人大开眼界！最让人惊掉下巴的是，6篇文章居然直接以中国文化为主题！2篇谈到孔子：孔子与本·霍根（Ben Hogen，美国著名高尔夫选手）、孔子与柏拉图；1篇讲述老子如何不动声色地成为高尔夫球场上无为无不为的无冕之王！作者崇尚《道德经》，对庄子也欢喜备至，甚至能完整讲述庖丁解牛的故事！还有3篇提及禅宗和佛学。

认认真真地读完这本厚厚的《高尔夫与哲学》，不禁泪涌：一个在海外的中国人，静观自己祖国的文化被其他国家的人敬献在全世界最高雅的体育运动思想殿堂之上，看着孔子、老子与其他国家的先知先行者一起成为一项伟大运动的"圣者"，何其自豪！

老子、孔子、柏拉图和本·霍根，这些圣哲和伟大的球手，其实都来自同一个精神家园，他们是跨越时空的"故知"！这个精神家园也是属于每个人的，我想，人人都能跟先贤相遇在"文化高尔夫"的心灵球场上。

掩卷感怀，"文化高尔夫"的种子由此萌芽，《高尔夫与哲学》中文译本，无疑是"文化高尔夫"这一"小荷"才露的"尖尖角"。

说到中文版本的出版，我们要感谢美国肯塔基出版社在新冠疫情期间坚持工作的职业操守，最后得以完成中文版的授权工作。我们也特别要感谢李力先生、刘京先生、Lily谢女士、田涌先生、孙左满先生、张晓莉女士、王小鹏先生以及曹康先生在不同时期的指导和无私帮助。当然，我们还要感谢中国财政经济出版社编辑老师们的辛勤付出。在中美出版人的共同努力下，本书才能最终得以面世，我们在此表示深深的敬意！

在中文译本成书的过程中，也得到了许许多多贵人的帮助支持和智慧加持。难以忘怀：北高协范越先生的殷切希望，艺术和媒体精英Steven和Yuan的绚丽想象，北京大学何仲恺老师的教诲，远在异国的叶凌宇先生知行合一的分享和厚爱的气魄，遍打全球顶级高尔夫球场的陈睿先生对高贵的理解，廖德宇先生深厚的法律逻辑功底和刘建民先生对《觉醒年代》的一腔热血，东子哥父女情深的对话，王霞学姐心心相印的感悟，林尤仁先生的玉树临风，曾纪君先生的儒雅睿智，樊大斌先生的明德明理，采访过奥古斯塔和奥运会的杨明先生的气场，远在美国丹佛的"文化高尔夫"缘起者克雷格·帕尔默先生的激发，资深高尔夫爱好者郑学捷、梁兵、李四洋、成雁、郑涛、莫懿、吴加练、朱传兵先生的宝贵心得，文武斌道长大道至简的点评，杨壮教授携三元领导力的推动，宋建宁先生对高尔夫个性化挥杆的精辟点评，董兴华先生置身其中的清醒通透，文森先生桃李不言、下自成蹊的人格魅力，海闻教授"海阔天空地想、脚踏实地地干"的题字勉励。在此，我们想对各位贵人致以诚挚的谢意！

我们还要感谢曾经的西班牙公开赛女子冠军陈康妮（Connie Chen）小姐把我们领进位于美国丹佛的顶尖的高尔夫技术培训中心Golftec总部，并受训于PGA顶级教练尼克·克林瓦特（Nick Clearwater）先生。我们也要感谢在美国丹佛的王文（Wendal）、James Lin、刘家墨、钟宁和刘文先生，是你们的陪伴，让丹佛这座"文化高尔夫"缘起之城更有温度。

我们也要衷心感谢四川省峨眉山竹叶青茶叶有限公司对"文化高尔夫"事业的支持，大家一起努力，让"文化高尔夫"玉汝于成！

最后，我们更要感谢我们的父母和家人，是他们在不同的时空中的无私关爱，激励着我们一路前行。"文化高尔夫"，助益身心灵圆融、真善美绽放。

译者

2023年12月

中文版序言

十八位美国不同大学的教授学者之所以撰写《高尔夫与哲学》(*Golf and Philosophy*)一书,源于对高尔夫和哲学这两者的挚爱,而且这份热情来自作者对两者共溯同一源头的感触!诚然,高尔夫是一项运动,哲学是一门古老的学科,两者都会对人的智力提出极大的挑战,这种挑战虽无法被征服,但同样有着令人无法抗拒的诱惑。

我十二岁起就开始打高尔夫。虽然最初我只是被复杂的高尔夫击球技巧和刺激肾上腺素的、拉风的、长距离大力击球所吸引,但我要承认,最终是这项运动的顶级智力和社交特质,点燃了我对它的激情。

那时的夏天,母亲每周有几天,会把我和一个朋友送到市政高尔夫球场。我们会在那乐此不疲地连续玩上八个小时高尔夫,发愤忘食,乐以忘忧(《论语》7.19①)。我们喜欢学习新的高尔夫击球技术和姿势,也喜欢在十八洞与不相识的配对伙伴进行对抗比赛。那时的我,还是一个普通的青春期前的"朋克",但在球场上,我却感觉自己像一个老练的成年人,谈论着最新的高

---

① 此标号指引用《论语》第7篇第19章的内容。全书同。——编者注。

尔夫设备、当地八卦、家庭争吵、政治和哲学难题。我会主动询问陌生人我最想了解的一些东西，比如："你有没有觉得你是世界上唯一真实的人？"每当这时，一些人会茫然地瞪着我，其他人则提醒我该击球了，但令我惊讶的是，依然有许多人乐意进行这类的交谈，因为他们也或多或少有过类似的想法，或者想知道为什么他们没有这种奇思妙想。高尔夫让这些哲学级别的对话成为可能。事实上，这样身心自在的沟通经历，自然而然激发了我在哲学上的发展。

我很高兴《高尔夫与哲学》的中文译本能够在中国出版！自它的英文原版书在美国首次出版以来，全球高尔夫球手的数量从6100万人增加到超过6600万人，其中的大部分增长来自中国。近年来中国经济的惊人发展，可能是高尔夫在中国越来越受欢迎的原因之一，因为高尔夫不是一种廉价的运动。另一个原因可能在于中国的传统和生活方式。捶丸是一种古老的中国高尔夫类运动，比（苏格兰）高尔夫事实上早了近五百年。此外，我还不得不说，中国文化具有深厚的哲学底蕴：老子、孔子、庄子等这些中国哲学大师提醒世人，要修身养性，要超脱外在，要坚持不懈，这样才能过上有尊严的美好生活。老子说："胜人者有力，自胜者强。"这些也是对高尔夫和生活中的具有殊胜[1]价值的建议。聪明的高尔夫球手知道，只有不断的奉献、对基本面的内在关注以及出于对高尔夫运动的热爱和对胜利的追求，才会使比赛变得更加愉快，使球员变得更加有品德。正是这些辩证的智慧构成了降低高尔夫球手杆数从而取得更好成绩的哲思内因。正如书中好几个章节所展示的，中国哲学传统中的许多主题与高尔夫运动天然契合、相辅相成、相得益彰。

哲学和高尔夫是知行伴侣：将对智慧的热爱与对比赛的热情联系起来，将友谊、美德等哲学思想与培养友谊的运动联系起来，将东西方的思想和比

---

[1] 事之超绝而稀有者，称为殊胜。——编者按

赛传统联系起来。《高尔夫与哲学》第三洞[①]文章在追问：美国著名的高尔夫运动员本·霍根和中国伟大的思想家孔子是否可以教我们更好地生活和打高尔夫；第十四洞文章将西方思想的"源泉"柏拉图也拉到孔子身边，继续进行第三洞的追问！第十一洞和第十三洞文章则另辟蹊径，借鉴佛教和道教思想，以提高球场内外的自我冥想和顿悟。

我真诚地希望《高尔夫与哲学》中文译本，能够激发中国高尔夫运动的发展，从而能够像20世纪70年代乒乓球对中美两国的影响一样，成为两国乃至世界文化加强理解和外交的"桥梁"。任何打过高尔夫的人都应当了解，高尔夫运动在发展中也秉持了孔子所倡导的那些对人类繁荣至关重要的、有意义的关系。

因此，当您阅读《高尔夫与哲学》、思考和打高尔夫时，愿它们帮助您充满智慧、保持友善和有烟火气地在生活的各个方面兴旺发展。

安迪·威布尔
2023年2月14日

[①] 本书用高尔夫球场上的"洞"代指"篇"，以增加趣味。——编者按

推荐序

《高尔夫与哲学》的译者陆群和卓玛·梁岳静请我为这本书作序。本人虽酷爱高尔夫却不是职业高手，虽有 Doctor of Philosophy 学位却又不是哲学专业。然而，他们给出的理由也实实在在：第一，我在北京大学国际关系学院读博士的研究方向是国际政治，在哈佛大学肯尼迪政府学院和牛津大学美国研究院访研的方向是国际政治营销，做过东西方文化的比较研究；第二，我的一对双胞胎儿子曾获得"中国青少年高尔夫冠军赛"的冠亚军（国家体育总局奖），小儿子曾任美国纽约大学高尔夫球队的队长；第三，我对《孙子兵法》与高尔夫攻略有所探讨，指导两个儿子在美国青少年大赛的不同比赛分别打出六十五杆而夺冠。盛情难却，高尔夫和哲学真是我的喜爱，又有三十多年的球龄和学习心得，借撰写序言的机会表达我的管窥之见，也算是为爱奉献吧！

浅识一：高尔夫、哲学和文化

《高尔夫与哲学》的作者是美国不同大学的十八位哲学、心理学和运动神经学的教授和学者。著书者都知道，高尔夫与哲学这个话题，由十八位作者来写肯定比一个人写视角更广泛、思考更深入，特别是高尔夫据称是世界上最具挑战的运动，而哲学也是所有学科之母。

本书用十八篇文章从哲学的九个方面来加以论述，几乎涵盖了高尔夫能涉及的所有哲学范畴：高尔夫之美、高尔夫之道德品质、高尔夫之伦理、高尔夫之理性、高尔夫之观自在、高尔夫之神秘主义、高尔夫之理想主义、高尔夫之意义、高尔夫之未来。这种哲学式的穷尽思维，从深度和广度来聚焦洞察高尔夫，非常珍贵和罕见。美国PGA前十的金牌教练麦纽·德拉托雷曾在其《悟透高尔夫》一书中决绝地说：高尔夫完全是头脑的游戏！美国是当今高尔夫的王国，人文科学也发达，这让《高尔夫与哲学》一书具有了极大的价值。

关于高尔夫和文化的关系，我吃惊地发现，在书中总共十八篇文章里，有六篇是专门论述中国文化和高尔夫契合关系的，涉及中国传统文化儒、释、道、禅四种核心文化！例如，第十三洞文章论述道家思想与高尔夫的关系，在说《道德经》的同时，也把庖丁解牛的故事完整地讲了一遍。《圣经》是很多先知写的，而《道德经》则是老子的心血，从某种意义上说，《高尔夫与哲学》是古今中外合璧的"高尔夫的道德圣经"！

浅识二：从乒乓外交小球推动大球，到"文化高尔夫"第二次小球推动大球

我打了很多年高尔夫，有一个深切的体会：高尔夫是一项充满挑战的运动。打高尔夫过程中会经历很多挫折和失败，克服随之而来的沮丧甚至放弃等负面情绪是至关重要的，因为失败是成功之母。

本书第十洞作者睿根说道："高尔夫球杆放在我家里的阁楼上，积满了灰尘……但我内心知道，打败我的，是高尔夫比赛的压力，不是孩子，不是房

子，不是工作，这些通通都只是借口。其实，是对高尔夫比赛近乎完美的苛求和随之而来的难度打败了我。"

睿根在美国最好的圆石滩高尔夫球场，纠结为什么打了九十杆而不是八十九杆。第二天在回家路上的一个九洞简易球场，他和一个出狱的犯人一起打高尔夫，这个前犯人的一段话让他豁然开悟："其实在哪个球场，得分如何，这些不重要，重要的是我们能够站在这里，我们正在打球。"彼时睿根"上杆到顶端，感觉像一个不倒翁在温柔地转动，心里一把尘封良久的锁，在这一刻哗地一声打开了"。

往事并不如烟，1971年的乒乓外交，是在中美关系困难的情况下，借由中美乒乓球运动的交流来破局。今天我们同样期待，缘于中美的"文化高尔夫"交流，以及《高尔夫与哲学》这本"文化高尔夫"开山之作在中国的出版，会让"文化高尔夫"这把"金钥匙"，助益打开尘封太久的中国高尔夫市场，开启世界人民友谊的新篇章。

浅识三：文化共生，文明互鉴，命运与共

这是一个全球化不可阻挡的时代。

这是一个精神、思想、文化、体育、科技、信息等多元素跨界共生共荣的时代。

这是一个最好的时代，也是一个最有挑战的时代。

全世界一起经历了新冠疫情，现在开放式人工智能又初露端倪，未来人类社会将面临很多的挑战甚至挫折，越是这样，越要牢记：失败是成功之母，要紧紧把根扎到人类文化的思想沃土中，像高尔夫与哲学的跨界融合，结成命运共同体，共同面对挑战，共同开辟人类美好生活的新局面。

第二次小球推动大球,自"文化高尔夫"始!是为序。

孙鸿
北京大学中外人文交流研究基地学术委员
深圳大学全球特大型城市治理研究院国际事务院长
中国政法大学、英国切斯特(Chester)大学、美国纽约理工大学客座教授
2023年5月于美国宾州日兴之家

英文版致谢

在我十四岁那年，有人问我长大后想做什么？我说想做一名职业高尔夫球手。那时的我，疯狂爱上了高尔夫，产生了要一辈子打高尔夫的想法。福兹·佐勒尔（Fuzzy Zoeller）[①]说过，他自己是个幸运的人，不用做其他工作，他的工作就是打高尔夫。像福兹一样，我也不想要世人眼中"真正"的工作。那时我所认识的大多数人都讨厌他们的工作，他们活着就是为了可以享受度假，可以痛痛快快打场高尔夫。

高中时，我有两点很重要的认知。首先，我打高尔夫的球技和心理能力有限，如开球的长距离直驱能力不敢恭维，抗压能力也很脆弱；其次，我留意到那些教授高尔夫的专业人士，自己并没有很多直接上手打高尔夫的机会。虽然他们的指导对选手提高比赛成绩至关重要，但高尔夫教练的主要工作只是观察和指导他人练习和比赛。这样的高尔夫学习，对我而言是一种折磨，因为这不是我喜欢做的事情。

---

① 福兹·佐勒尔（Fuzzy Zoeller）出生于1951年11月11日，美国职业高尔夫球手，赢得包括两次主要锦标赛在内的十次PGA高尔夫巡回赛。他是首次参加大师高尔夫赛即得冠的三位高尔夫球手之一。——译者注

幸运的是，在大学的哲学课堂上，有一天我意识到，生活中每个人都可以有不止一种职业喜好。哲学像极了高尔夫，也能激发人的精气神，却无需绝对的运动技能。经历了漫长的十二年学海生涯，我找到了自己热爱的工作：非常幸运，我的大部分时间都献给了关于哲学的教学和写作工作。这次由我来组织编写《高尔夫和哲学》，不啻双喜临门，让我有机会把高尔夫和哲学，这两个我生命中的挚爱，融会贯通，作出不二的表达。

有意思的是，很多痴迷于高尔夫的人，也会被哲学的魅力所吸引。本书的编写，得到了各个方面的热烈支持，并最终得以顺利完成。为此，我首先要感谢本书的作者们。在编写过程中，每位作者都无一例外地兢兢业业投入文章的创作。本书的作者是来自美国不同大学的哲学、心理学和运动学的教授和学者，每位作者都凭借对高尔夫的洞见和挚爱，淋漓尽致地渲染出珍贵的哲思。在这里，还要感谢布莱尔·莫里西、理查德博士、大卫·巴格特、汤姆·马洛伊、吉姆·雷诺兹、克里斯·吕贝尔斯、帕特里克·林、苏·米温伯格、鲍勃费伦蒂诺、罗伯特·西蒙以及该丛书的编辑马克·科纳德、我的兄弟保罗、我的母亲南希、我的合伙人奥利弗·松林科、手稿的匿名审稿人。另外，还有很多其他人士，他们在整个过程中也提供了建议和鼓励。达纳·特劳特曼（Dana Troutman）的编辑和排版的专业知识让我在编辑此书时倍觉轻松。

有幸和肯塔基大学出版社合作是一件愉快的事。特别是安妮·迪安·沃特金斯，她非常出色，提出了很多建议，及时有效地回答了我不断提出的很多问题。

最后，我要感谢我的父亲丹和我的祖父哈里对我的高尔夫启蒙。我将永远感激他们在我挥杆时、在人生中、在生活里给予我的无私陪伴、前行砥砺和经验分享，这些亲情与期许，珍贵无比。

序言
热身

关于哲学的永恒的问题有一个常见的说法：一切哲学的根源，都可以上溯到古希腊哲学家柏拉图和亚里士多德，后续的哲学家们，不过是在澄清和扩大这两位先哲对人类终极问题的通盘思考罢了。我们为什么要写一本高尔夫和哲学的书呢？柏拉图和亚里士多德两位先哲从未打过高尔夫，甚至连高尔夫球都没见过，那么，我们在书中将怎样探究哲学和高尔夫的知行关系呢？对这个质疑，最直截了当的回答是：如果柏拉图和亚里士多德活在今天，两人都可能是狂热的高尔夫爱好者！每天至少有几个小时，他们会把长袍和凉鞋换成短裤和高尔夫钉鞋，不是在高尔夫球场上，就是在去高尔夫球场的路上！热爱智慧和醉心享受生活的人，也会是高尔夫的爱好者！

大多数人真正想做的事其实是打高尔夫。很多体育明星从篮球、棒球、网球、足球运动中退役后，通常会直奔世界级的高尔夫球场，尽情挥杆。总统、医生、名人、CEO和哲学家们，通常也会选择高尔夫作为他们主要的娱乐休闲活动。即便如此，与人们通常的认识相反，高尔夫并不是有钱人、有权势的人、名人和高尔夫职业选手们的专属运动。全球数千个公共高尔夫球场和练习场，让多达6100多万人乐在高尔夫中！从东京到首尔、悉尼、开普敦、斯德哥尔摩以及迪拜……，高尔夫运动从苏格兰圣安德鲁斯的牧场发端，条条球道通达世界无数美好的角落。高尔夫在美国发展得尤为壮观。美国拥有全球超半数的高尔夫球手，定期会举办最负盛名的职业高尔夫赛。莱德杯和总统杯高尔夫赛，让世界其他地区的选手都得以同场竞技。借由电视传媒，阿诺德·帕尔默和杰克·尼克劳斯这些美国偶像级高尔夫球手的风采得以展示，为在全世界普及高尔夫作出了巨大的贡献。泰格·伍兹作为伟大的高尔夫球手，为高尔夫运动注入活力，让高尔夫运动更加多姿多彩、深入人心、动人心魄。

高尔夫之路，是一条温情的路，山穷水尽疑无路；高尔夫之路，是一条迷人的路，柳暗花明又一村。一旦人们感受到高尔夫的美妙，往往会欲罢不能、流连忘返。很多高尔夫爱好者，或迟或早会体悟到：他们不仅是在打高尔夫球，也是在陶冶情操；他们不仅是在球场信步，也是在哲思人生。开始打高尔夫后会发生一个变化，即球手们会开始自然融入高尔夫生态：加入高尔夫俱乐部，去高尔夫度假村，在球场上做生意，住在高尔夫社区。高尔夫就这样逐渐成为一种生活方式。与其他运动有所不同，打高尔夫、看高尔夫和围着高尔夫转，成为人们生存意义的重要组成部分。

人为什么会喜爱打高尔夫呢？对一些人来说，这缘于高尔夫是一项蕴含仁义礼智信和温良恭俭让的运动；对另一些人来说，则因为高尔夫不似一些运动需要充沛的体力，实际上任何人都可以打高尔夫。但是，深层次的原因却颇具讽刺意味：吸引人们痴迷打高尔夫的真正原因，在于高尔夫极具挑战性！高尔夫像极了一个数独游戏，开始吸引人们玩时，看起来很容易：打出每小时90英里的高尔夫球，无须用手抛掷，也没有其他对手在前进路上故意捣乱。这能有多难呢？不幸的是，真实情况完全出乎意料：一个人如果逐渐投入高尔夫运动，就越会感叹在精进中需要悟性通透和身体协调，以及面对绵延不断的挑战的心态。很多伟大的头脑和伟大的运动员，之所以会不约而同地被高尔夫运动深深吸引，恐怕也是一种发自内心的剪不断理还乱的真情流露……

哲学在许多方面与高尔夫神似。哲学上的一些问题，乍看似乎很简单，比如：什么是对的，什么是错的；我是谁；什么是美；上帝存在吗；生命有意义吗……那些寻幽探胜、深究不辍的人知道，这些是涉及根本性的问题，真正是困扰最伟大头脑的亘古永恒的问题。回答一个哲学问题，往往会衍生另外二十个问题。人们往往会热切追寻这些哲学问题的答案，甚至会取得些许进展，但智者深知，这些都是在探寻人类生存中最困难、最永恒、最根本问题的答案。

伟大的思想家热爱哲学的原因，与伟大的高尔夫选手甚至普通高尔夫爱好者热爱高尔夫的原因如出一辙。《高尔夫与哲学》用系统的方式，努力将高尔夫和哲学的一知一行跨界融合，去追求知行合一境界，这是历史上首次大胆的尝试。本书围绕高尔夫运动探讨了一系列伦理、社会乃至形而上学的问题，并将高尔夫的历史和经验作为一种生活方式，来活跃和丰饶哲学的那些恒久问题。请不要担心，《高尔夫与哲学》是为热爱高尔夫的人而写，我们将心注入，确保每洞文章像世界上许多令人尊敬的高尔夫球场一样，都能让读者有所收获，尤其是能够激发每个人去克服哲学和高尔夫的一个个顶级的知行障碍。

高尔夫与哲学探寻中涉及如下十八个哲学思想和问题：

1. 为什么高尔夫是一种重要的生活方式之一？
2. 如何看待高尔夫中的审美问题？
3. 本·霍根和孔子的教诲如何让人们更好地生活和打出更好的高尔夫？
4. 高尔夫的气质根植于文明礼仪中吗？
5. 高尔夫会培养人的良好品格吗？
6. 高尔夫会传递什么样的道德观？
7. 为何高尔夫业余球手较职业球手品行欠端正？

8.高尔夫尊重多样性吗？

9.打高尔夫是非理性的吗？

10.为什么说人生犹如一场高尔夫？

11.高尔夫和神秘主义有什么密切的联系？

12.个人身份的认识，会帮助在比赛中克服灾难般的结果（相克球）吗？

13.道家无为无不为的思想，怎样让人打出绝妙的高尔夫？

14.柏拉图和孔子怎样看待高尔夫和生活中的现实性和理想性？

15.高尔夫运动中完美的身体转动和挥杆，是一个神话吗？

16.如果更好理解了高尔夫的意义，也会更好地理解生活的意义吗？

17.高尔夫能否促进和引导人们彼此建立真正的友谊？

18.高尔夫面向未来的畅想有哪些？

  高尔夫球场由十八洞组成。《高尔夫与哲学》一书以此为灵感，共包含十八篇探究高尔夫和哲学关系的思想文章。编者选取了两位著名且经验丰富的哲学家所写的文章，作为此书"前九篇"和"后九篇"两部分的首发之文。在"前九篇"首文中，作者阿尔·吉尼以"高尔夫和打高尔夫的重要性"为标题开门见山地说出心声；在"后九篇"首文中，汤姆·睿根在圆石滩高尔夫球场某次比赛的经历，让人们蓦然惊觉，什么才是高尔夫比赛究竟的吸引力和意义所在。最后第十八洞文章，是作者参与高尔夫这项伟大运动的多年间产生的一系列对高尔夫的畅想。未来当你观看高尔夫比赛，或漫步在世界最伟大的球场时，这些点滴的想法或将成为你自己进行高尔夫哲学思考的"催化剂"。

  《高尔夫与哲学》中的每洞文章，都是热爱并尊重高尔夫和哲学传统的人在球场体悟到的哲思智慧。愿高尔夫和哲学这两大人类文明火花在本书的碰撞，能帮助每一个有缘读者去破万卷智慧之书，并相伴他们行万里"文化高尔夫"之路……

目录

前九

一 高尔夫之美

第一洞　高尔夫和打高尔夫的重要性 | 004
　　　　阿尔·吉尼（Al Gini）

第二洞　高尔夫的美感和崇高感 | 011
　　　　罗伯特·富奇（Robert Fudge）和约瑟夫·乌拉托夫斯基（Joseph Ulatowsi）

二 高尔夫和道德品质

第三洞　跟随孔子和本·霍根，探寻高尔夫的"公平道路"（Fairway） | 028
　　　　斯蒂芬·劳马基斯（Stephen J.Laumakis）

第四洞　"嘘，请保持安静！" | 046
　　　　高尔夫与礼貌的反思
　　　　大卫·L.麦克纳伦（David L.McNaron）

第五洞　高尔夫如何塑造道德品格 | 062
　　　　詹妮弗·M.贝勒（Jennifer M.Bellet）和莎伦·凯·斯托尔（Sharon Kay Stoll）

第六洞　美德伦理学 | 084
　　　　从《疯狂高尔夫》到更好的高尔夫……
　　　　F.斯科特·麦克尔里斯（F.Scott McElreath）

三　高尔夫之伦理问题

第七洞　高尔夫业余和职业球手的骗术和战术 | 098
　　　　安吉拉·朗普金（Angela Lumpkin）

第八洞　玩到底？ | 109
　　　　高尔夫运动中的种族主义与性别歧视
　　　　约翰·斯科特·格雷（John Scott Gray）

四　高尔夫和理性

第九洞　高尔夫天生是非理性的吗？ | 124
　　　　大卫·希尔（David Shier）

后九

五 个人省思

第十洞 人生犹如一场高尔夫 | 138
汤姆·睿根（Tom Regan）

六 高尔夫之神秘主义和自我觉知（阿门角）

第十一洞 高尔夫王国中的哲学 | 156
高尔夫、神秘主义、哲学

马克·赫斯顿（Mark Huston）

第十二洞 中场和中的时刻 | 173
安迪·威布尔（Andg Wible）

第十三洞 在高尔夫球场，随心所欲不逾矩 | 186
像道者一样挥杆

斯科特·F.帕克（Scott F.Parker）

七 高尔夫与理想主义

第十四洞 柏拉图和孔子眼中的高尔夫 | 200
从现实到理想

斯蒂芬·劳马基斯（Stephen J.Laumakis）

第十五洞　"完美"挥杆和"完美"身体 | 216
　　　　　最优化之谜
　　　　　杰森·霍尔特（Jason Holt）和劳伦斯·E.霍尔特（Laurence E.Holt）

八　高尔夫和意义

第十六洞　在高尔夫中品味生活的意义 | 230
　　　　　兰迪·伦斯福德（Randg Lunsford）

第十七洞　友谊第一，比赛第二 | 244
　　　　　高尔夫和友谊
　　　　　安迪·威布尔（Andy Wible）

九　高尔夫之畅想

第十八洞　高尔夫的畅想 | 260
　　　　　艰难游戏中的难题
　　　　　安迪·威布尔（Andy Wible）

《高尔夫与哲学》作者阵容 | 265

高尔夫挥杆对比示意图 | 271

《高尔夫与哲学》点评集 | 273

一

高尔夫之美

第一洞
高尔夫和打高尔夫的重要性

阿尔·吉尼（Al Gini）

> 大多业余运动爱好者，是出于娱乐和热爱而投身其中。只要能享受竞技，无论成功还是失败都是次要的……把动作做好、做漂亮、做熟练，就能获得快乐，体育运动的本质其实就在于此。
>
> ——威廉·詹姆斯

统计数字表明，大多数人在工作上花费的时间和精力太多了。虽然人们会经常谈论像高尔夫这样的运动，但对于成年人，还是没有什么比工作更重要的了。我们花在睡觉、和家人朋友待在一起的时间不会太多，吃饭所占的时间也不会太多，更没有那么多时间去休闲放松。对大多数人来说，工作占据了他们宝贵生命中的大部分时间。请不要误会，这里我们对时间的配置不是抱怨。工作当然非常重要，工作给我们带来薪水、物质、成功和认同感，但是，在用工作来充实自己的同时，人们也需要玩耍[1]。拿上根高尔夫球杆，去高尔夫球场体验抓住"狗腿洞"（弯曲球道）的乐趣；打高尔夫时，跟朋友押三美元的小注并取得小胜，这些快乐跟工作一样，不仅必要而且大有裨益。

在英语中，"玩"（play）这个词，源自中古英语单词"plega"，原意是"高兴地跳跃、跳舞、兴高采烈"，泛指在通常的、必要的或有用的物质范围之外的身心灵的活动。诗人戴安·阿克曼说，"玩"是"一个逃避日常生活的避难所，一个心灵的庇护所"。"玩"让人们摆脱"生活的习俗、方法和法令的束缚"[2]。阿克曼的诗友唐纳德·霍尔则认为："玩"意味着"专注"——"一个有很多动词的名词"——寓意着聚精会神、满足、忘掉自我、忘掉时间、幸福感和快乐源泉。

儿童或是成年人，在玩耍中总能体会到敬畏、惊奇、狂喜和热情。玩的冲动蕴含在人的天性中，人很自然地会选择去玩。玩不是工作，是每个人喜欢做的事，能给人带来满足和乐趣。在玩耍中，人们会放下束缚，允许自己去想象、去创造、去好奇。玩，像笑声一样，本身就是目的，玩本身能带来快乐，不需要其他激励，人们自然而然地就会去玩[4]。

在 *Utune Rede* 封面故事中[①]，马克·哈里斯认为孩子是玩的主人。孩子需要玩，玩是孩子学习和成长的重要途径，玩是孩子拥抱世界的方式。在玩的过程中，通过自我表现或模拟情境，孩子获得认知和运动技能。玩耍给孩子创造了亲近现实的画面，孩子会结识和挑战其他玩耍的同伴。精神病学家勒诺·特尔说，玩并不轻浮，玩恰恰是人之所以成为人的法门之一。玩像笑声一样，在生命中的每个阶段都至关重要。不管对儿童还是成人来说，玩都能帮助他们打开通往本我的大门[5]。全国玩耍研究所所长斯图尔特·布朗评价道："玩，是人类成为灵长类动物演化中的必经阶段。如果静心观照下究竟是什么催生了学习、记忆和幸福感，相信你也会情不自禁地同意：玩和睡眠、梦一样，是我们生命和人生的重要基础。"[6]

人人都需要尽可能地多玩，人人都需要从工作和生活"日复一日"的消磨中，用玩让自己"放空"，这样人才可以聚精会神，专注做自己真正感兴趣的事情。每个人都需要某种逃离，哪怕只是一小段时间，让人们可以觉知到自己是谁、不想成为谁，对这些根本性问题的感悟和了悟，已经触达每个人生命的核心奥义……

真正意义上的"玩"，在许多体育运动特别在高尔夫运动中，意味着一种表

---

① Utne Reader（也称Utne）是一种数字文摘，收集和转载关于政治、文化和环境的文章，通常来自其他媒体，包括期刊、时事通讯、周刊、杂志、音乐和DVD。——译者注

达的自由、一种开放性和创造性的修行。玩耍，是一种做而又不做任何事的状态；是一种放手同时忘记自我的状态，虽然忘掉了自我，却不会迷失；是一种体验现实的状态。"玩"是让笑口常开的借口，"玩"是成长的催化剂，"玩"让每个人找到自己身心灵平衡的蹊径。人如果没有了玩耍，就会怅然若失，就会自觉不自觉地开始质疑自身存在的意义。

在谈论高尔夫帮助人们实现"价值愿景"话题前，我们先讨论一下体育运动的性质和目的。像所有形式的玩的一样，体育运动让人们愿意身体力行、积极参与，这单纯是缘于"对运动单纯的热爱""被运动魅力所吸引""可以尽情享受运动乐趣"。在体育运动中，人处在放松的状态，运动变成一种健康的静心、简单的娱乐、有益的逃离，或者说运动成为人们对抗日常现实世界而油然生出的一份自在。哲学家巴鲁克·斯宾诺莎眼中的运动是这样的："给男人一块开阔的场地，一个可以接住或踢的球，一个可以追逐的东西或人，于是乎他们运动，他们快乐，他们乐在其中，他们一往无前。"[7]

除好玩之外，体育运动还具有挑战性、扩张性、表现力和促进成长的作用。古希腊哲学家柏拉图在《理想国》和《律法》中指出：所有个人和团队运动的目的，都是教导和激励人们如何去完成、协调和合作。

完成（completion）：在耐力和能力的极限内，在身体感到舒适的前提下，使用、测试和扩展人的体能能力范围。

协调（coordination）：身心同步，培养预见力、想象力、视觉化能力、计划性和策略谋划力。

合作（cooperation）：培养集体行为力，树立团队合作精神，建设积极社区。

当然，还有一个"C"也需要考虑：竞争（competition）。体育的完成、协调、合作和竞争的概念是紧密相连的。"竞争"的拉丁词根是"competere"，意思是"共同寻求"而不是"击败"对方。此外，现代语境中的团队"team"这个词，没有"I"是错误的，或至少从字面意义上来说是这样。在团队这个词中，应该有一个"I"（我），而且要有很多"I"（我们）。将追求同一目标的各种"I"（我）的能量、主动性和能力巧妙地融为一体，是建设高质量团队精神的诀窍。

柏拉图主张，不管男孩还是女孩，都必须参加体育运动。他认为，体育是促使个体人格和集体意识形成的必要因素。在柏拉图看来，自我、公民和体育是有机的整体。道格拉斯·麦克阿瑟将军在担任西点军校校长时，要求所有西点军校学员必须参加一项运动。可以说麦克阿瑟颇得柏拉图思想的精髓！具有历史专业教育背景的麦克阿瑟坚信，是英国军官们在伊顿公学运动场上磨砺出的完成、协调和合作的经验，最终在滑铁卢打败了拿破仑[8]。

高尔夫是一项运动，一项可以个人自由分组（四人制）或组成团队（莱德杯）进行比赛的体育运动。高尔夫和很多其他体育项目又有不同：从本质上来说，高尔夫是自己跟自己比赛（出于经济效益考量，高尔夫球场所有者越来越不赞成这种方式）。高尔夫像跑步、游泳、滑雪和滑冰一样，是一种纯粹和自己竞争的运动，即使你和其他人一起玩，其实也是自己在跟自己比。对纯粹主义的高尔夫爱好者（有人称他们为"球迷"，这个词语来自拉丁语Fantaticus，Fantaic）来说，高尔夫是一项终极的孤独运动，无论外部情况（球场条件、天气）如何，结果完全取决球员个人的技能表现。高尔夫球手的真正对手，不过是球员自己过往的最好和最差一轮的高尔夫成绩。在狂热的高尔夫玩家心目中，高尔夫是约翰·韦恩（美国演员、西部牛仔明星）式的运动。高尔夫是"真正的勇气""决心"和"奉献"的执着，高尔夫是"承诺""克服错误"和"永不放弃"的勇气，高尔夫是信守"坚定个人主义"的态度。

我的父亲追求完美。在艾森豪威尔总统当政时期，父亲开始接触高尔夫，从此，父亲和我们家里的生活就永远改变了。父亲自打高尔夫后，立刻就上瘾了。高尔夫本来就是一场忘情的"玩耍"，是"除了快乐还是快乐"的"游戏"。对我父亲和其他许多骨灰级的高尔夫爱好者而言，高尔夫则意味着更多！高尔夫是父亲真正的业余爱好，没有之一！高尔夫是父亲的激情所在，是他的真理。每当父亲不在工作、不参与家庭事务或不与家人一起时，他要么在打高尔夫，要么就在做着和高尔夫相关的事[9]。

对订阅的每一本高尔夫杂志，父亲都会一遍一遍地从头读到尾；他会把高尔夫物品妥善保存起来，将这些高尔夫小宝贝仔细码放在地下室的"高尔夫房"中的两个超级结实的柜子里；他会把著名高尔夫选手的照片剪下来，用按钉铺满"高尔夫桌子"旁边的墙上。父亲常常花几个小时坐在他的高尔夫桌边，听高尔夫录音带，盯着高尔夫照片仔细看。父亲买下能买到的关于高尔夫的每一本书，如教学书籍、小说、图画书、短篇小说。高尔夫书的题材是什么对父亲而言并不重要，只要是有关高尔夫的，他都统统买下。正如高尔夫专栏作家蒂莫西·J.卡罗尔说的：高尔夫书籍，给每一位忠诚的高尔夫爱好者，带来他们心目中对"完美挥杆"和"完美比赛"触手可及的希望[10]。

最后，我们说一说高尔夫的装备。虽然得体时尚的着装一直是高尔夫的标志，但这仅是高尔夫的一个方面。关于这一点，父亲也有自己的见解，他认为大多数高尔夫球手过于看重衣着和"妥帖的外观"。父亲认为，过分关注穿着是一种分心，穿着裤线笔直的卡其裤是好的，但更重要的是，要穿一双合适的高尔夫鞋。高尔夫比赛的结果，主要取决于高尔夫球杆的质量。父亲对高尔夫推杆特别着迷，一度拥有100多根各式各样的推杆！父亲非常喜爱木杆，收集了各种型号的木杆。他为木杆材质雄浑的魅力而着迷，对木杆蕴含的强大击打力量心存敬畏。父亲定期会给他的球杆打蜡，每年会把最喜欢的几支球杆拿去作专业打磨、染色和上漆。我现在仍然清晰地记得父亲晚年时第一次使用钛木杆的情景：他在用钛木杆疯狂打了半桶球后，轻轻坐在我旁边，眼里噙满泪水地说道："天啊。"他嗫嚅道："我真希望三十年前能拥有这根球杆，那我一定可以用它来做点什么，至少会提高四到五杆吧！对人来说，时间真是最大的不公平！"每年冬天的几个月里，每个星期天，父亲会去当地的乡村高尔夫俱乐部上一个小时的高尔夫课（因为没钱成为会员，他就参加非会员开放课程）。每次上完高尔夫课后，父亲回家会再做自己设计的两个小时的"高尔夫练习"，乐此不疲！每周父亲会重复这些练习两到三次。

每年5月中旬到10月底，父亲都会风雨无阻地至少每星期打两场高尔夫，另外还至少有一次会"停下来打"三桶练习球。冬天，父亲常常一周工作六天，星期天工作半天。但在高尔夫季节，他每周三和周日都休假。星期天，他会和另外三个球友去打三十六洞的高尔夫球。母亲和我都没有见过父亲的那三个球友，父亲也没有提到过他们。父亲说，原因很简单，他们仨不是"家庭的朋友"，他们只是他的"高尔夫伙伴"。每个星期三，是父亲的重要日子，父亲经常会自己徒步打三十六洞，有时是五十四洞，甚至是七十二洞！想象一下，老父亲一个人背着高尔夫球包，在绿草如茵的高尔夫球场自由自在地畅行并畅打高尔夫。那一刻，父亲内心该充盈着怎样的一种狂喜啊……

  对父亲来说，高尔夫是无与伦比的！对于父亲和他自己的天赋来说，高尔夫意味着一切！父亲精心保存着每一张高尔夫球的记分卡，以日期为序。他会在每周末和每年底，比较一下积分卡的分数。有一天我突然意识到，父亲高尔夫越打越好，成绩稳步提高，其实是得益于他对高尔夫越来越认真和虔敬的态度和用心。父亲认为"如何做"和"得多少分"一样重要。父亲就像那些追求极致与性感的意大利人对好身材（Bella Figura）有着狂热的痴情一样，他在高尔夫中，如同追求分数一样，极致追求好的形式、好的特质、好的技术。父亲认为，仅仅因为意外打出一杆好球而沾沾自喜，意味着你错过了这一杆好球背后的深意！

  父亲对高尔夫有着近乎痴迷的热情，有着对高尔夫细节不懈的追求，是因为父亲把高尔夫当作一项运动来挚爱。父亲认为高尔夫是一个化腐朽为神奇的充满美丽和灵性的尤物，打高尔夫给了他孩童般泉涌的快感。父亲并不是一个乐观的人，他也没有什么深刻的哲学思想，但当他拿起一根球杆并开始挥动时，在那一刻，他就摇身一变为一个充满诗意的人！在那一刻，他从有限的生命自身中涅槃重生，沉浸在无限的喜悦中。套用托马斯凯姆皮斯的话："在失去自己的过程中，找回自己！"至少目前是这样。高尔夫是父亲的禅宗，是他"远离平凡生活的避难所"，是他对美好生活的向往的心仪方式。高尔夫让父亲成为一个更好的人。

  父亲也许并不知道以上这些词藻和其中的意义，但我认为，父亲深深被高尔夫运动所吸引，感受到了高尔夫运动的乐趣。其实，各式各样的运动，都符合约翰·惠津加关于"真正玩"的三个标准：

- 独立于日常生活之外；

- 一种表达自由，开放性和创造性参与其中的机会；
- 规则是明确的、完备的，输赢是显而易见的[11]。

对普通高尔夫球手来说，高尔夫是一种爱好、一项社交、一点点阳光和惬意的锻炼。但对我父亲和数十万倾心于这个"不可思议的难玩的游戏"（"老虎"伍兹语）的真正高尔夫的爱好者来说，高尔夫教会他们运动技巧、时机把握和社交技巧，并最终给这些幸运儿们带来（达成的）成就、（协调的）自信，以及对待他人的耐心。

无论从深邃智慧的哲学视角，还是从个人情有独钟的内心角度，对走进高尔夫或即将走进高尔夫的幸运的男男女女们，我会大声说：快！爽打起来！

Notes[①]

1. Al Gini, My Job, My Self (New York: Routledge, 2000).

2. Diane Ackerman, Deep Play (New York: Random House, 1999), 6.

3. Donald Hall, Life Work (Boston: Beacon Press, 1993), 23.

4. Erich Fromm, The Sane Society (New York: Rinehart, 1955), 253.

5. Mark Harris, "The Name of the Game," Utne Reader, March–April 2001, 61, 62.

6. Robin Marantz Henig, "Taking Play Seriously," New York Times Magazine, February 17, 2008, 40.

7. Al Gini, The Importance of Being Lazy (New York: Routledge, 2003), 113.

8. William Manchester, American Caesar: Douglas MacArthur, 1880–1964 (Little, Brown, 1978).

9. John Updike, "Farrell's Caddie," New Yorker, February 25, 1991, 33.

10. Timothy J. Carroll, "Reading about the Green," Wall Street Journal, March 22, 23, 2008, W9.

11. Witold Rybczynski, Waiting for the Weekend (New York: Viking, 1991), 208.

[①] 此部分沿用英文原版注释（Notes），全书同。——编者注

第二洞
高尔夫的美感和崇高感

罗伯特·富奇（Robert Fudge）和约瑟夫·乌拉托夫斯基（Joseph Ulatowsi）

虽然打高尔夫球并不需要什么耐力，但将球击打到数百码之外的一小片草地上却需要很强的协调能力，这恰恰也是人类进化成果和精神毅力的见证。确实，考虑到这项运动的难度及其带来的挫败感，许多人对高尔夫球浅尝辄止也就不足为奇了[1]。那么，高尔夫球究竟有什么魅力，让如此多的人趋之若鹜想要一窥门径，并让球场老手乐此不疲呢？我们认为，其中一个原因与这项运动的审美维度有关，也就是说，高尔夫本身是一项具有美感的运动。具体而言，高尔夫球场的环境和球手的行为标准都是人们欣赏、赞美的对象。我们来逐一分析，借此诠释高尔夫的审美价值，也提高球手和观众的审美欣赏力。

从园林之美到高尔夫球场之美

高尔夫的一大魅力就是优美的球场及打球环境。大多数高尔夫球场都有连绵起伏的绿色丘陵、水景和绿树成荫的球道，景色优美，令人陶醉。确实，要说高尔夫球场是艺术品绝不为过。但是，与任何艺术品一样，要充分体会一件艺术品的美感，我们需要了解艺术家的表现方法、作品所表达的内涵，以及作品在整个艺术领域所处的位置。我们认为，这种艺术欣赏的方法也适用于对高尔夫球场的美学赏鉴。因此，要真正领略高尔夫球场的美，首先要对它有一定的了解。

读者可能会觉得这个观点不值一提：对一个艺术对象增进了解，必然会提升我们的审美能力。令人惊讶的是，许多形式主义美学大师却持相反的观点。在他们看来，要从美学角度欣赏，只有肉眼可见的形式因素才是重要的，艺术作品的文化或历史背景并不重要，因为这些属性对艺术作品本身来说并不是必要因素。那么，根据这种说法，要欣赏高尔夫球场的美感，就是从我们直观感知到的球场特征出发。

这种形式主义美学受到了肯德尔·沃尔顿（Kendall Walton）的猛烈抨击。在其极具影响力的《艺术的类别》（*Categories of Art*）[2]一文中，沃尔顿极力强调：一个事物所属的历史、文化和艺术类别决定了该事物的美学特征。根据这一立场，在评论米开朗基罗的圣母像和瓦西里·康定斯基的抽象画时，不应该使用相同的标准。除了都是画作之外，两人的绘画几乎没有任何共同之处。因此，如果因为康定斯基的作品不符合米开朗基罗作品的美学评判标准，就认为这一作品没有美感，那就实属无稽之谈了。要决定用哪些标准来评价康定斯基的作品，首先就要了解康定斯基属于哪一个绘画流派。确定了这一点后，我们就可以考虑以下这些问题："康定斯基试图通过他的画作表达什么思想？""康定斯基对西方艺术的进程产生了什么影响？""什么样的艺术理念和技术发展之路使康定斯基成为抽象艺术画鼻祖？"因此，只有将康定斯基置于恰当的文化、历史和艺术背景中，我们才能更好地评价他的作品。

如果要从美学角度欣赏高尔夫球场，我们也必须确定它所属的类别。这方面有很多选择，可以把高尔夫球场归为一种运动场，但由于各种原因，这种归类存在问题。首先，没有任何管理机构对高尔夫球场的长度或宽度作出规定，这与大多数运动场不同，如棒球、橄榄球、足球和板球等多项运动的场地都有严格规定[3]。美国的橄榄球球场都是长 109.7 米、宽 48.8 米，无论是高中、大学还是专业赛事都是如此。但高尔夫球场没有这样的尺寸规定。

另外，许多运动场都修在体育场馆内，专业级别的运动场尤其如此，这种布局极大地增强了运动场的建筑性美学特征。相比之下，高尔夫球场几乎没有看台，而即便偶尔设置了看台，往往也会降低高尔夫球场的美感[4]。高尔夫球场的美学吸引力很大程度上源于它与周围环境浑然一体，而不是泾渭分明。因此，尽管高尔夫球场也是运动场，却与其他运动场相去甚远，因此不适合将高尔夫球场归类为运动场来看待。

我们的提议是，将高尔夫球场视作园林来欣赏。前人已经提出过这种概念。在迈克尔·墨菲（Michael Murphy）的《王国中的高尔夫》（Golf in the Kingdom）一书中，亚当和夏娃两个角色就暗喻了这种联系："高尔夫的历史和园林的历史密不可分。"他们说："伯宁布什的高尔夫球场就是一座大型园林。"然后，他们解释了花园与某些心境之间的关系，说明了英国人如何将一本正经的欧洲园林改造得更自然、更从容、更随意[5]。我们并不是说高尔夫球场就是园林，而是说高尔夫球场和园林两者之间确有许多相似之处，这种对比可以启发人们的思维、拓展思路。为什么这么说呢？为解释这个问题，我们先从园林的美学入手，然后将园林相关的一些理念应用到高尔夫球场。

园林有很多种，比如花园、菜园，还有大型正式园林，风格不一，各美其美，但当代哲学家并没有对园林这个事物给予太多关注[6]。因此，园林审美学并没有发展为一个独立的哲学子学科。正如大卫·库珀（David Cooper）所说，大家普遍将园林归于艺术或自然欣赏的范畴[7]。这种倾向是可以理解的。如果高尔夫球场可以被视为艺术品，那为什么不可以说园林也是一种艺术品呢？与其他艺术品一样，高尔夫球场和园林都需要规划、创意，使用标准化工具和方法，只有这样才能创造出具有审美趣味的对象。因此，将艺术鉴赏标准应用于园林，进而应用于高尔夫球场，似乎也不无道理。

库珀（Cooper）又提醒我们不要过度解读这种园林与艺术的对比，毕竟两者之间存在许多重大差异。第一，园林会调动人们的所有感官——我们可以看到花朵的艳态，也可以闻到芬芳，可以观赏鸟儿和昆虫飞舞，也能听到它们鸣唱，可以采摘浆果，然后细细品尝一番，一切都是看得见、摸得着、听得了、闻得到的，而艺术却并非如此[8]。第二，园林总是在不断变化，而大多数艺术品是静止不动的[9]。第三，很少有艺术品可以提供沉浸式的体验，但每一座园林都可以[10]。第四，园林通常有实用目的，而大多数艺术品则没有[11]。除此之外，还可以加上一条：大多数艺术品都是为了呈现或表达情感或感受，但大多数的园林却无此设计意图。以上原因有力地说明了，我们不能单从艺术品的美学标准出发来理解园林的美。

以上种种都在论证不能将园林视为艺术品，同时又为我们指出了另外一种思路，即将园林视为自然界物体。自然界会调动人们的所有感官，同时，自然界还是不断变化的。自然界可以提供人们沉浸式的体验，虽然不体现具体主题或表达任何情感，却可以用于各种目的。因此，与其诉诸艺术美学来解释园林，倒不如诉诸自然美学。可这又会忽略园林中的人为元素。用库珀的话来说，园林并不像自然界一样充满随机性和不确定性[12]。自然界有时的确会表现出有迹可寻的模式，但不如园林那样有规律性，也不如园林那么有目的性。因此，将园林划分为自然对象也会忽略园林本身的一些重要的美学特质。

库珀认为，要正确欣赏园林，就要超越艺术和自然的范畴，发展出一种适合园林的独特美学，其核心应是"先见林，再见树"，即"先有整体，再看局部"[13]。换而言之，要欣赏园林的美，首先要体会园林所营造的氛围。走进一个园林或者高尔夫球场，我们马上就会感受到它们的整体感染力。在高尔夫球场里，开花的灌木、修剪整洁的球道，还有精心设计的水景共同营造出一种整体氛围。高尔夫球场不仅是各个局部的整合，更是一种"1+1>2"的共生协同的升华，这种氛围反过来又会影响我们对局部特征的感受。虽然树木、青草和水都来自自然，但当这些物体置身于特意设计的景观中，就会影响我们对它们及其美学特征的感受。想象一下，你在一片松树林中穿行，突然看到一丛丁香花。如果环境是完全自然形成的，我们可能会诧异于丁香花出现的地方，赞叹它在松林间生长的能力——毕竟它与松树是一种全然不同的物种。丁香花在此处出现，甚至可能让你感觉到一丝孤独、叛逆或坚毅的气质。

再想象一下，如果这丛丁香和周围的松树处在一座园林之中，在此情此景之下，你对这丛丁香的美学评价又会有哪些变化？我们可能会认为，在一片常青树中种一株开花灌木，这个设计真是糟透了，有一种格格不入的感觉，就像是达芬奇在《蒙娜丽莎》上画了一条亮黄色的线。

尽管园林有自成一派的美学，但园林类型不止一种，由此导致对其的审美评价更为复杂。在作家的笔下，园林一般被简单区分为英式园林和正统的法式园林，英式园林浑然天成，而法式园林则精雕细琢，草坪、树木、水景、露台，一应俱全[14]。这些园林风格，园艺手法各异，自然需要采用不同的审美标准来欣赏。也就是说，需要对每一种园林进行归类，在各自的类别中再进行评价。这对本文来说很重要，因为高尔夫球场的发展史类似于从英式花园向法式花园的演变。在此过程中，评价标准相应也发生了变迁。

最早的高尔夫球场属于林克斯球场这一类别，取自天然地貌。林克斯高尔夫球场并没有对景观进行过多的改变来满足高尔夫运动的需求，而是因地制宜。苏格兰滨海地带非常适合开设这类球场，因为不需要做什么改变，就可以直接利用天然地貌。自然地质特征和动物行为就足以将林克斯高尔夫球场塑造成型。苏格兰的植被包括金雀花、荆豆树、石南花和粗糙杂草，成片的小糠草和羊茅穿插其间。金雀花、荆豆树、石南花和粗草构成长草区，而牧草区域则是果岭和球道。海边终年狂风呼啸，逼得牲畜躲到小丘背后，在兽蹄的踩踏下，青草下陷，露出斑驳的沙地，苏格兰农民称为沙坑。这些沙坑成为日后高尔夫球运动障碍的一种原型。因此，在最初的高尔夫球场上，根本不需要改动地貌：障碍区天然就存在。

苏格兰圣安德鲁斯皇家古老高尔夫俱乐部和穆塞尔堡老球场都是典型的林克斯球场。在过去三四百年时间里，高尔夫球场设计师对圣安德鲁斯球场进行了改动，包括首次设计圣安德鲁斯著名"路洞"（第十七洞）的高尔夫球场建筑设计之父艾伦·罗伯逊（Allan Robertson），还包括高尔夫球场设计师、球场经理及专业人士"老"汤姆莫里斯。圣安德鲁球场的现状与最初的状态相去不远。穆塞尔堡老球场与十八世纪时的样子也基本相同。根据俱乐部官方记录，球场原本有七个球洞，后来分别在1838年和1870年增加了一个球洞[15]。十九世纪初，还加建了一条赛马道。加建之后，有五个球洞被包围在内（第二号、三号、七号、八号和九号洞），三个球洞横穿赛马道（第一号、四号和六号洞），只有五号洞在赛马道之外。赛马道至今仍在使用。而在举行赛马的时候，高尔夫球场会暂时关闭。尽管如此，这条赛马道不仅没有改变球场，反而增添了古老俱乐部的历史韵味和神秘感。不做什么人工改造，直接服务高尔夫球运动——这就是典型的林克斯球场。许多当代高尔夫球场建筑师都试图在自己的作品中重现这种纯粹而微妙的美感。

林克斯球场还有一个子类别，是在公地上发展起来的。除了所有者之外，其他人也有权在公地放牧、渔猎、收集木材或从事类似活动。鉴于其独特的发展过程，我们将此类高尔夫球场称为"公地林克斯"球场[16]。公地高尔夫球运动不需要人为制造障碍区，因为有许多天然和后天的障碍物事先就存在了，如沟渠、金雀花；各种动物，如鸭子、母鸡、吃草的马和驴；骑自行车的人；晾在风中的衣服；灯柱等不可移动的物体。

现已荒废的布莱克希思高尔夫球场（Blackheath Golf Links）是一座典型的林克斯公地高尔夫球场。历史学家尼尔·莱因德（Neil Rhind）在讨论布莱克希思高尔夫球场的设计时，引用了诺克尔和温特高尔夫俱乐部（Knuckle and Winter Golf Clubs）的记录："从这个平面图可以看出，球场利用了以前的砾石坑和已有的道路（一般比沙土水平低一到两英尺），将之作为球洞前的障碍区，如果用杆时过于激进，就可能适得其反。第四个和第五个球洞是长距离球洞，从发球台到球洞为一条穿越废弃砾石坑的直线；少数情况下，避开砾石坑会更为有利，但从发球台到球洞的距离就会大大增加。"[17]

正如我们所见，设计师没有尝试改动现有的自然条件，而是充分利用了这些条件。到十九世纪末，由于往来的行人和动物增加，布莱克希思高尔夫球场越来越不适合打球。球手需要设定新规则，来适应往来人流和动物（例如，"高尔夫球手必须先等待行人和交通工具通过，然后方可击球"）[18]，还有一条规则说明了高尔夫球卡到煤气灯里时该怎么办。就像其他林克斯球场一样，公地林克斯球场也是因地制宜。

十九世纪后期，高尔夫球运动开始深入不列颠内陆，并传播到大洋彼岸的美国，专业人士和球场经理也开始对球场进行设计，在英国和美国土地上打造人工球场。球场坐落在郊区，而不是公地。这些球场与林克斯和公地林克斯球场截然不同，自成一派，我们将其称为"人工高尔夫球场"。为建新高尔夫球场，必须改造土地条件，人们砍伐树木，挖掘大小、形状各异的人工沙坑，还建造高原型果岭或高原型发球台。桑宁戴尔高尔夫俱乐部（Sunningdale Golf Club）和皇家布莱克希思俱乐部（不同于上文的布莱克希思高尔夫球场）是英国首批专门设计而成的高尔夫球场。设计师为皇家布莱克希思俱乐部设计了一个显著特征，那就是穿过第十八条球道、离果岭近在咫尺的树篱。一些球手可能会冒着球掉到树篱中的风险打远距离球，以降低杆数。在美国，高尔夫球场设计师在许多地方进行改动，提升打球难度。例如，约翰·范·克莱（John Van Klee）和韦恩·斯泰尔斯（Wayne Stiles）二人组设计了位于马萨诸塞州布鲁克莱恩的 Putterham Meadows 高尔夫俱乐部（现更名为 Robert T. Lynch Municipal Golf Course at Putterham Meadows）。该球场对现有地形景观进行了大规模改动，是典型的人工高尔夫球场。设计师和建筑工人将地形完全改造，建成一个有着大坡度高原型果岭的高尔夫球场。这与传统林克斯球场上放牧区式的果岭迥然不同。

美国本土的林克斯球场可以归类为"林克斯式"球场，因为大多数都是有意设计并建造成英国林克斯球场的样子[19]。此外，与典型的美国高尔夫球场相比，这种球场的树木更少，而长草区有许多高大的本地野草。辛尼科克山高尔夫俱乐部（Shinnecock Hills Golf Club）是美国本土林克斯式球场的典型。该球场位于长岛的最外围，最初由威利·杜恩（Willie Dunn）设计。另一座令人印象深刻的林克斯式球场是位于南卡罗来纳州查尔斯顿附近奇瓦岛度假村的皮特·戴伊海洋球场（Pete Dye's Ocean Course）[20]。该球场有十八个洞，几乎在每个球洞处都可以欣赏到大西洋的壮丽全景。由于都靠近海洋，海风成为这两座林克斯式球场上进球的巨大阻碍[21]。

最后一种类型的球场是"设计师高尔夫球场"，这种球场遵循预先设想的建筑或设计规划，每个细节都精心铺陈、分毫不差。美国的许多球场，包括大多数私人俱乐部，都属于设计师球场[22]。作为年度大师赛举办地，奥古斯塔国家高尔夫俱乐部是这类球场的代表。这里的果岭和球道总是被修剪得一丝不苟、无可挑剔。其他设计师球场包括亚特兰大运动俱乐部［由罗伯特·特伦特·琼斯（Robert Trent Jones）设计］、加利福尼亚州圆石滩高尔夫球场［由杰克·内维尔（Jack Neville）设计并由阿利斯特·麦肯基（Alister Mackenzie）等人重新设计］、佛罗里达州索格拉斯的锦标赛球员俱乐部［由皮特-戴伊（Pete Dye）设计］、宾夕法尼亚州的索康谷乡村俱乐部［赫伯特·斯特朗

（Herbert Strong）设计的索康球场］、新泽西州的松树谷高尔夫俱乐部［由 H. S. 科尔特（H. S. Colt）和乔治·克伦普（George Crump）联袂设计］，以及北卡罗来纳州所有带编号的派恩赫斯特乡村俱乐部球场。给这些球场划分类别，球手们会相当失望地发现他们的训练条件不太好。

随着高尔夫球场的演变，对球场的美学欣赏也出现了新的角度。谈及早期的高尔夫球场设计时，约翰·罗森（John Lowerson）写道："打高尔夫球应该不仅是一种运动体验，也是一种审美体验，这一趋势在世纪之交越来越明显，较大的高尔夫俱乐部也开始自己建球场……通过球场布局，包括沙坑的布置，球道、长草和树木的交错，设计者在提高运动难度的同时，也充分考虑了周边美景的重要性。从这个角度来说，这种'专享型'高尔夫俱乐部所打造的隐秘世界与远离尘嚣的乡村庄园中拘谨规范的花园有异曲同工之妙"[23]。

由此，高尔夫运动开始由最初的滨海荒地转移到了精心设计、细心打理的私密性区域内。随着高尔夫球场的发展，适用于它们的美观标准也在不断发展。要正确欣赏高尔夫球场，首先要了解球场所属的类别。一个习惯了园林式高尔夫球场的球手在第一次体验林克斯球场时，必须学着调整自己的审美标准。在许多方面，这就像是让法式园林鉴赏家去领略英式园林的美丽一样。法式园林和英式园林都美不胜收，但各有千秋，这是由其不同风格决定的。

当然，并不是每个人都觉得高尔夫球场很漂亮。反对者普遍认为高尔夫球场破坏了自然环境，这也是德国哲学家亚瑟·叔本华（Arthur Schopenhauer，1788—1860年）反对法式园林的原因，认为它"只反映了园林主人的意愿"[24]。在某些情况下，这种反对意见是站得住脚的。高尔夫球场如果落址在干旱地区，破坏脆弱栖息地，或是影响环境敏感区域，那它的美感也会打折扣。（如果园林或任何其他人造产物对环境造成负面影响，也会出现同样的情况。）但如果球场的修建充分考虑了环境因素，则可以提升美感[25]。考虑到外界对环境的担忧，许多高尔夫球场在建造或改造时都尽量减少环境影响。例如，一些球场收集径流水用于球道灌溉。犹他州圣乔治的高尔夫球场使用非饮用水进行灌溉。即便圣乔治高尔夫球场停止为球道、果岭和长草区浇水，社区的饮用水供应量也不会增加。无独有偶，占地147英亩的皇后镇海港高尔夫球场也建在脆弱的湿地生态系统之上。林赛·布鲁斯·埃尔温（Lindsay Bruce Ervin）的设计团队特意打造了一块核心湿地区，成功保护了这些敏感的栖息地。这些考量再次说明，除了直观可见的特征，高尔夫球场还有一些隐含特征也可以增加美感。

我们提出的高尔夫球场分类建议与园林的美学分类非常吻合。林克斯、公地林克斯和美国林克斯式球场保持了英式园林的自然风格。要欣赏这些球场的美，就不应苛求果岭、球道和长草修剪完美、整齐划一。相比之下，人工高尔夫球场和设计师高尔夫球场经过精心设计维护，更接近于法式园林。因此，适用于它们的审美标准是不同的。尽管存在这些差异，所有的高尔夫球场都营造出一种氛围，球手身在其中，不仅领略球场美感，更是把高尔夫球运动玩出花园漫步的感觉。然而，高尔夫球的美感并不仅仅来自球场。球员的举止也是美学欣赏的对象，而且对充分体验这项运动的美起到至关重要的作用。接下来，我们就要讨论这个话题。

高尔夫与崇高的品格

在1925年美国公开赛第一轮中，鲍比·琼斯（Bobby Jones）在第十一洞长草中就位击球时，无意将铁杆擦过球周围的草地，让球轻微移位。尽管观众、裁判和对手都没有看到这一幕，并且球移位也并未给鲍比·琼斯后续击球带来任何优势，琼斯还是自罚了杆数，并最终输掉了比赛。人们因此称赞他正直，但琼斯说出了一句会流芳百世的大道至简至真的话："（如果这都值得夸奖的话，）你不妨称赞我没有抢劫银行。"这件事值得大书特书，首先是因为琼斯的表现与其他运动竞技者的普遍行为形成鲜明对比。例如，职业篮球运动员被判犯规时，无论犯规动作有多明显，球员总会例行表示不满。第二个值得大书特书的原因多多少少延续第一个原因，那就是，正因为人们相信高尔夫球手在比赛时会表现出绝对诚信，这使得高尔夫运动才更加具有美学气质。要详细解释这一点，我们需要超越美感，探索另一个相关的美学概念——崇高感。

十八世纪，英国哲学家埃德蒙·伯克（Edmund Burke，1729—1797 年）和德国哲学家伊曼纽尔·康德（Immanuel Kant，1724—1804年）对崇高感做了重要的哲学论述。尽管康德更为著名的是他晚年撰写的《批判》三部曲，但他早期的著作《对美感和崇高感的观察》（以下简称为《观察》）对于了解其审美理念来说却是更好的入门读本[26]。康德关于崇高感的见解可以帮助我们理解为什么高尔夫球手的行为和品格有助于提升这种运动的美学感染力。

首先，我们有必要更好地理解康德所说的崇高感到底是什么意思。顾名思义，在这部著作中，康德专门探讨了美感和崇高感给人的感受：两者都包含一定程度的愉悦感，但美感让人痴迷，崇高感让人感动[27]。康德例举了大量例子让人们能深入解释这句话，如下文所示：

> 看到一座白雪皑皑的山峰耸立云端，读到有关狂风暴雨的描述，看到弥尔顿描写的地狱王国，我们会在感到愉悦的同时感到恐惧；另外，看到开满鲜花的草地、溪流蜿蜒、羊群漫步的山谷，读到对极乐世界的描述，看到荷马对维纳斯腰带的描写，我们会在感到愉悦的同时感到欢快，笑逐颜开。要更深刻地体会第一种情况（既愉悦又恐惧），我们必须要感受到崇高感，而要更好地领略第二种情况（既愉悦又欢快），我们则需要感受到美感[28]。

我们也可以从高尔夫球的角度来举例。在奥古斯塔国家高尔夫俱乐部，杜鹃花和山茱萸盛开，美不胜收；在圆石滩高尔夫球场，地形险峻，海浪拍岸，壮丽非凡。南卡罗来纳州海松种植园的海港城高尔夫林克斯球场在度假社区中蜿蜒迤逦，美艳绝伦；圣安德鲁斯的皇家古老高尔夫俱乐部则以灰色的天空和孤绝的地形为背景，苍凉雄壮。

尽管康德承认美感与崇高感之间有区别，但他并不认为崇高感是一种一成不变的体验。崇高感也有各种细微的区别：崇高感有时伴随着某种恐惧或忧郁；有时令人屏气凝息，默默感叹；有时又伴随着强烈的美感[29]。康德将这些感觉分别称为可怕的崇高感、高尚的崇高感和壮丽的崇高感[30]。在高尔夫球场上，遇到难处理的障碍考验我们的神经时，我们就能感受到可怕的崇高感。在墨菲的《王国中的高尔夫》小说中，叙述者描述了在伯宁布什那个令人生畏的第十三洞的遭遇，当时体现出来的就是可怕的崇高感。"这是一个山坡上的三杆洞，旗杆插在两颗歪歪扭扭的柏树之间。发球台和果岭之间是人称路西法地毯的第十三条球道，球道上长着密密麻麻、覆盖二百码距离的金雀花，一不小心，球就会飞进去。左边是一道深沟，几块巨石从中拔地而起……第一杆必须上果岭，但又不能让球滚到另一边，因为右边是另一道深沟。"[31]这一洞的吊诡因为希弗斯·艾恩斯（Shivas Irons）这个教练角色而显得更加神秘莫测，因为他在击球前，总会"双手捂嘴，朝峡谷发出怪异的嚎叫声。那一声声哀嚎，忽高忽低、绵长不断，像是在唱约德尔民歌，又像是对逝者的悲鸣，听得我不寒而栗。这哀嚎声从两边的深沟中发出回响，在岩石间回荡"[32]。除了恐惧之外，这更多的是一种崇高体验，因为面对这第十三洞，球手在感到敬畏的同时也体会到了愉悦。虽然这种体验让球手感到害怕，但他们并没有面临什么实质危险。恐惧和愉悦交融，形成一种有机的、全新的感受，不仅有愉悦，也不仅有恐惧，不是两种感觉同时发生那么简单，而是两种感受的水乳交融、幻化一体，可怕的崇高感便油然而生。

崇高感不仅因为环境奇险而产生。高尔夫球最大的乐趣之一就在于，振臂挥杆，球高高飞起，在空中划出轨迹，越过左右的树木，越过下方的葱郁球道，翱翔在上方的湛蓝天空，最后在目标附近轻轻落下。望着打出去的球，这一刻如果我们屏住呼吸，等待它落地，那也是一种静谧的崇高感；如果周边的美景让我们着迷，那就是壮丽的崇高感。但无论哪种崇高感，归根结底是因为小球最终化繁为简，在落地那一瞬间尘埃落定，凝固成"一眼即永恒"的内心无法言说的感觉。

康德对崇高感分析的最大贡献可能在于他将这一概念应用于人类，尤其是人类的道德品质，这也是本文最关注的点。启蒙运动思想家十分重视道德美这一概念[33]。而康德超越了传统的道德美话术，提出人类因其本质上的尊严，也具有崇高的品质。而在尊严这个概念中，"永恒"再次成为核心。托马斯·霍布斯（Thomas Hobbes，1588—1679年）声称一个人的尊严来自他人赋予的价值，而康德认为，尊严是"无价的"。换句话说，人的价值是无限的，因此，就像其他无限的事物一样，人类也是崇高的。但下文会谈到，崇高感还源自其他因素，这些因素对高尔夫运动有直接影响。

高尔夫有一种魔力，能激起球手的强烈情绪。这种情绪的起因纷繁复杂、各式各样。击球时发挥不佳、发挥不错但球出界或掉进障碍区、同行的球手不顾礼仪、别人打得太慢等，都会将我们的耐心消耗殆尽。但就像在生活中一样，要想在高尔夫球场上表现出色，我们需要控制情绪。康德认为，情感服从于理性是道德行为的立足之本。他指出，我们的道德义务服从于一个普遍原则，这就是"绝对命令"。根据这一原则，我们每个人都应遵循长期、普遍、公平的规则行事。要坚持做到这一点，考验的是我们的理性，而非情感。比如，康德认为我们必须说真话，如果要坚持一直说真话，那么即使我们为了挽救亲人性命不愿说真话，也要违背自己的"情感"去说。

对于康德关于实话实说的绝对主义主张，我们不辩解也不支持。之所以提出这个问题，是为了指出康德的道德理论与高尔夫球手面临困境有相似之处。就像康德的道德原则一样，高尔夫规则也对所有球手一视同仁，但球手总想钻空子或破坏规则。无论是出于愤怒、冷漠还是竞争，高尔夫球手经常面临诱惑，想要改进球位，想要获得加击机会（Mulligan），想要避免因违反看似模糊的规则而受到处罚，如此等等。然而，正如康德所坚持的那样，规则的存在，不是为了让我们视自身需要而选择遵守与否。只有当球手在无论自身得失情况下都坚持尊重并执行规则，高尔夫球运动才会达到最高境界。由此，我们可以得出康德在其《观察》一书中最重要的一条论断，它勾勒出康德后期道德学说的雏形："用原则抑制情感是崇高的行为"[34]。为什么我们对鲍比·琼斯在1925年公开赛上的正直表现会津津乐道、称赞有加？内在的因素使然[35]。据说，琼斯对球发生移位感到非常懊恼，但他毫不犹豫地坚持了原则，自罚了杆数。毫无保留地将原则置于情感之上，这是人格的力量，这种力量每一次出现，都会一如既往地让我们肃然起敬。鲍比·琼斯这个例子诠释了何谓高贵的崇高感，这种感觉为高尔夫球运动的传奇色彩和美学价值作出了不可估量的贡献。

高尔夫球运动是最美的运动之一。高尔夫球场的整体环境和高尔夫球手的行为标准是这项运动最重要的两个美学特征。除此之外，还有别的特征也值得赞赏。高尔夫球场与园林有很多相似之处，如上文所述，了解球场的分类有助于我们更好地领略球场的美感。但就像园林的美丽会被杂草破坏，如果球手违背体育精神，也会毁掉高尔夫球的美感。所以，对球手的行为举止作出规定是合情合理的。只有遵守规则，我们才能同时体验到高尔夫的美感和崇高感。

Notes

The authors would like to thank Sylvia Newman, Andy Wible, and Tom Giffin for helpful comments on earlier versions of this essay.

1. Dean Knuth reports: "National Golf Foundation statistics show that participation in the game of golf is relatively flat. NGF President & CEO Joseph Beditz says that on average over the past decade, two to three million new people try golf every year. 'However, retention eff orts have not been as successful as desired. As a result, the number of dropouts remains unacceptably high.' Complaints from those exiting th e game are focused around the time that it takes to play, slow play on the course, access issues, cost, and, a common complaint—the difficulty of becoming even good enough to be called a hacker." (Knuth, "Handicapping and Non-Conforming Drivers: High on Technology," February 2002, http: //deanknuth.com/handicapping/highontech.html.)

2. Kendall Walton, "Categories of Art," Philosophical Review 79 (1970): 334–67.

3. If we interpret "playing field" broadly enough, we could add tennis, hockey, and bowling, among other sports, to this list.

4. An exception to this general principle should be noted. All professional tournaments and opens have grandstands installed temporarily to accommodate the people attending the event. Grandstands and television camera towers, usually an eyesore, make the golf course's aesthetic qualities accessible to the television viewing audience.

5. Michael Murphy, Golf in the Kingdom (1972; rept., New York: Viking Penguin, 1994), 60–61.

6. Two notable exceptions are Mara Miller, The Garden as Art (Albany: SUNY

Press, 1993), and Stephanie Ross, What Gardens Mean (Chicago: University of Chicago Press, 1998).

7. David Cooper, A Philosophy of Gardens (Oxford: Oxford University Press, 2006).

8. Ibid., 28–29.

9. Ibid., 29.

10. Ibid., 30.

11. Ibid., 31.

12. Ibid., 38.

13. Ibid., 50.

14. For a more in-depth discussion of types of gardens, we especially recommend Ross, What Gardens Mean.

15. Early golf courses in Scotland and Britain nearly always had an odd number of holes that were not in multiples of nine, as we see in today's golf courses. For example, the Blackheath Links had seven holes (ca. 1840), and the Royal and Ancient Golf Club of St. Andrews had upwards of twenty-two holes at one time or another.

16. We can compare the sort of play on public commons with a sport that is undergoing a revival: Frisbee golf. Frisbee golf, like its cousin golf, is played on the public commons. Several Frisbee golf courses have been set up in city parks. Avid Frisbee golfers can play these courses at their leisure free of charge.

17. Neil Rhind, The Heath: A Companion Volume to Blackheath Village and Environs (Cambridge, U.K.: Burlington Press, 1987), 49–50.

18. Ibid., 50.

19. Links-style courses are popular well inland in higher-altitude cities, such as Denver, Colorado. Murphy Creek Golf Course, in Aurora, is a prairie links-style course, and it has hosted a United States Golf Association event, the 2008 United States Amateur Public Links Championship.

20. Built in 1991, the course played host to a dramatic Ryder Cup match the same

year and has made a film appearance in Th e Legend of Bagger Vance (2000) .

21. Other manufactured links-style courses are well inland. For example, Rochelle Ranch Golf Course, in Rawlins, Wyoming, is a long (7, 900-plus yards) links-style course. The nearly constant high-velocity wind and the complexity of the course's design make Rochelle Ranch a serious test of the best player's golfing ability.

22. Our list of designer private clubs includes Walpole Country Club, in Walpole, Massachusetts, where one author of this piece, Joe Ulatowski, spent many early years either working in the bag room or playing the course. Walpole Country Club was designed by Al Zikouris, who earlier served as a local greenskeeper and apprentice to Orrin Smith. In 1974 the club replaced the original nine-hole course, established in 1927, which was designed by Eugene "Skip" Wogan and located approximately one-half mile from the new course. Some features of Walpole Country Club deserve to be mentioned. The presence of a large pond on the course's fi rst and eighteenth holes tends to intimidate the golfer playing the course for the fi rst time. Th e seventh green is remarkably fast almost all the time. When the pin is positioned toward the front of the seventh green, it's nearly impossible to hole out a putt from above because of the dramatic slant from back to front and from right to left . Th e course is always in top condition, and the course's membership and staff take pride in it, a laudable trait of any golf community.

23. John Lowerson, Sport and the English Middle Classes, 1870–1914 (Manchester, U.K.: Manchester University Press, 1993), 135.

24. Arthur Schopenhauer, The World as Will and Representation, trans. E. F. J. Payne (1818; rept., New York: Dover, 1969), 2: 404.

25. An enduring debate within philosophical aesthetics concerns whether and to what degree the moral features of an object or artwork bear on its aesthetic qualities. For an excellent introduction to this debate, see Noël Carroll, "Moderate Moralism versus Moderate Autonomism," British Journal of Aesthetics 38 (1998): 419–24.

26. Immanuel Kant, Observations on the Feeling of the Beautiful and Sublime,

trans. John T. Goldthwait (Berkeley: University of California Press, 1960).

27. Ibid., 47.

28. Ibid., emphasis his.

29. Ibid., 47–48. Kant uses the example of St. Peter's basilica to illustrate what he means by a "sublime plan."

30. Ibid., 48.

31. Murphy, Golf in the Kingdom, 32.

32. Ibid., 33.

33. For a thorough treatment of this history, see Robert Norton, The Beautiful Soul: Aesthetic Morality in the Eighteenth Century (Ithaca: Cornell University Press, 1995).

34. Kant, Observations on the Feeling of the Beautiful and Sublime, 57.

35. Jones's action is perhaps the best-known example of this sort of behavior, but it is hardly unique. J. P. Hayes disqualified himself from the 2008 PGA Qualifying Tournament for playing with a nonconforming ball on a single hole.

二

高尔夫和道德品质

第三洞
跟随孔子和本·霍根,探寻高尔夫的"公平道路"(Fairway)

斯蒂芬·劳马基斯(Stephen J.Laumakis)

有用的类比

  普通高尔夫选手或大学一年级哲学系学生,幸运的话有一天会明白:顶级高尔夫球手对卓越性的追求,人类精英对社会发展和繁荣的追问,两者有异曲同工之妙。高尔夫的挥杆方式不尽相同,原因在于不是每个人都能够做到完美的高尔夫挥杆;同样,实现美好人生的道路也千差万别,有关繁荣发展的哲学话题,也不是那么容易被每个人所理解。

  优秀的高尔夫手、优秀的社会精英,在高尔夫和人生上,都会达到很高的境界,但他们所采用的方式却会因人而异、差别巨大。有幸看过顶级高尔夫球员打球的人会知道:阿诺德·帕尔默和艾克·杰克·尼克劳斯挥杆方式不一样;泰格·伍兹的挥杆也不像菲尔·米克尔森;以上四人中也没有一个像安妮卡·索伦斯塔姆或洛伦娜·奥乔亚那样挥杆击球。尽管这些球手都是世界最优秀的高尔夫球手,但他们在打球方式上还是存在差异。但挥杆方式的不同,并不妨碍他们都成为最优秀、最成功的高尔夫球手。

  同样,人类的先贤圣哲关于如何才能过上美好人生,认识的相似性和差异也并存不悖。苏格拉底、耶稣、佛陀、孔子或穆罕默德，所思所在所活都不相同，却并不妨碍他们都是人类历史上的圣哲级人物。大学哲学系新生很快会意识到，有关什么才是美好人生，亚里士多德和柏拉图就有着根本性的不同认识；而对于人类繁荣的概念，他们俩也与托马斯阿奎那、伊曼纽尔·康德或约翰·斯图亚特·密尔的理论不同。当我们把目光转向东方，孔子对道德和伦理行为的解释，也不同于庄子和老子。而孔子和老庄的一些观点，也与乔达摩·悉达多的截然不同。尽管这些人类先贤的观点各异，但他们中的每一位都是全然在思考，在辩论，在著述，在回答"什么是人类美好生活"这个哲学的亘古天问。

一个共同的终点和关于它的两种观点

优秀的高尔夫球手、优秀的人以及优秀的哲学家，之所以卓尔不群，是因为他们在从优秀到卓越的追求过程中会坚持不懈，会采取必要的方法，保证实现所追求的目标。高尔夫球手孜孜以求高尔夫的成功，通往成功的过程就是做到知行合一的过程。同样，哲学家念兹在兹有关导致人类繁荣的理性究竟为何，也需要渐修顿悟才得以洞悉。一言以蔽之，追求高尔夫卓越的人，往往也会是追求生活美好的人。

打高尔夫会带来哪些思考？这些思考对生活会有哪些启示？凡此种种，都在"人生犹如一场高尔夫"这句大道至简的话中了。下面，我们从社会人和个体人这两个角度，对这个话题做一个深入探讨：

社会人的观念角度：中国圣哲孔子的智慧，跨界高尔夫运动，会带来哪些智慧的启示？

个体人的观念角度：美国伟大高尔夫球手本·霍根的高尔夫运动实践，会带来何种精神的饕餮？

本文的立论源泉，是儒家经典《大学》和《论语》；体悟基础是本·霍根的高尔夫著述《五堂课：高尔夫的现代基础》。

儒家经典，四书之首的《大学》与高尔夫

要了解孔子儒家思想对高尔夫的影响，就需要回顾一下孔子所处的历史时期和孔子的哲学观。以孔子为代表的儒家哲学，脱胎于中国的战国时期（大约公元前五世纪到公元前221年）。我们通过儒家两部重要的经典作品《大学》和《论语》[1]，来初步对孔子哲学思想做个阐述。

要结束战国时期的混乱，只有效仿周朝的先王，遵循井然有序的周礼和礼仪化的实践，才会让社会恢复到先贤们设计的道德仪轨中去。

儒家思想集大成的经典之作《大学》①就是在这种历史文化背景下诞生的。《大学》纵论勾画出儒家思想系统性框架，强调锤炼自我修养（尽己所能，尽力而为），提倡遵循"杰出的美德和卓越的古人"的"礼"，才是奠定富足和谐社会的基础，是"万物发展之根"。

《大学》层层追问思想和行动要达到的终极目的，并由此展开缜密的道德推理，每每切中要害。《大学》开篇，以三纲领、八条目点出通篇主旨：如何系统性地从具体的一个事物开始，直至获得卓越[2]。《大学》强调"事物有本末，事物有始终。知道本末和始终，就会止于至善"。《大学》层层递进的纵论，揭示了中国古代的"先哲们"（圣君、文化英雄和领袖），是怎样在中国历史上创造出令人人都心驰神往的盛世。彬彬有礼的行为举止规范的君子，按照礼的方式，内圣其心、其思、其知。从天子（古代中国皇帝）到普罗大众，都遵循"以人为本"的信条。《大学》告诫说："当根基不被重视，不能牢固，一切就不会井井有条。"修身、齐家、治国、平天下的有序的精进的道德次第，是获得卓越道德体系的关键。《大学》中大道至简的理念也可以帮助和指导人们打好高尔夫！

《大学》的思想怎样用在高尔夫中呢？我们可以把打一场高过自己平均水平的高尔夫，想象成是在缔造自己的"井然有序的高尔夫王国"，并在此过程中，把追求卓越作为要达到的目标。在我们自己的高尔夫王国中，《大学》于是摇身

---

① 儒家四书：《大学》《中庸》《论语》《孟子》。《大学》位于四书之首。——译者注

一变,成为实现目标的纲领性指南。《大学》强调,具体目标必须清晰。高尔夫中的具体目标,可以是重复有序的正确挥杆,只要不断重复练习,达到这个目标,就能打好高尔夫。《大学》也说到,只有清晰的目标成为思想和行为的生态系统(包括打好长短杆、球场管理、击球技能以及如何看待比赛比分等)的一部分,这个目标才能最终达成。能否打好高尔夫,取决于管理自身思想和情绪的能力,取决于身体的控制能力,但根本归因是要"培养有序的思想和感觉"。

用《大学》八条目(格物、致知、诚意、正心、修身、齐家、治国、平天下)来畅想打高尔夫,可以想象一幅《清明上河图》般的全景画面:"你徜徉在高尔夫王国中打高尔夫,你在挥着杆的同时,也觉知着参与有序挥杆的系统环节。如果你只能看到局部的画面,那说明你的挥杆只是狭隘的挥杆。"《大学》阐释了一个基本真理:有序的动作(正确行动),依赖于有序的思维(正确思维)和大量实践。《大学》强调,如果没有养成良好的习惯和思维,一个人根本就无法践行卓越的行动。所以,知行合一是完美挥杆和打好高尔夫的关键所在。

儒家经典《论语》与高尔夫

《论语》是孔子和其弟子的对话集。《论语》从一个侧面,也生动体现了《大学》总结的儒家思想[3]。论语的基本教义浓缩在四个字上:孝、礼、义、仁。孔子师徒通过《论语》中的一问一答,深刻阐释了儒家思想的诸多核心观念。

"孝"是家庭价值观,是儒家的孝顺观念。"孝"的对象是家庭,家庭是由至少两人组成的微型社区,肩负着教育孩子的任务。儒家的家庭观和社会关系理念,是理解个人修身和自我实现的基础。家庭和构成家庭的关系,是个人和良好社会的基石。

"礼"是礼仪、仪式。一个明礼之人,是家庭、国家和天下的一员,扮演符合角色要求的人,是做出得当行为和遵循规范的人。孔子指出,"礼"是孩子在成长为好儿子、好女儿过程中要学习的必要的行为规范。礼的起源,可以追溯到周礼,为普罗大众构建出良好的道德规范。

"义"是儒家正义的语意,特指在任何情况下,会做出最适当或最需要的率性行为。儒家的"义",类似亚里士多德的审慎(prudence)概念:有道德的人,在任何情况下,都知道该如何所思所做,都会在正确的时间,用正确的方式成为正确的人,依照正确的理由,做正确的事情。孔子认为,义是一种良好的习惯,需要在良好的家庭环境中,经由时间的沉淀、经验的积累和适当的培养孕育而来。

"仁"这个概念,也许是最难翻译的儒家术语。"仁"在《论语》中,至少出现过一百次。多数学者认为,"仁"是儒家最重要的思想概念,"仁"紧扣儒家伦理使命:每个人都应该努力成为道德上值得称道的人,成为始终如一的内圣外王的人。从佛家内观角度看,仁者,是充分觉知的人;从道家语境来说,仁者,是深谙道德规律的人。仁者在富有礼教的家庭中学习并接受了礼,通过传承孝的洗礼而成为具有完全道德的人。儒学家罗杰·艾姆斯在很多场合说道:一个人,不管在做饭、家庭生活、领导社区、团体或国家中,甚至在打高尔夫球的任何情境下,都知道如何充分利用自己的天分,这个人就是一位仁者了。

一旦放飞想象,将《论语》思想的种子播撒在高尔夫的沃土中,我们会惊讶地发现,《论语》思想对任何一位高尔夫球手来说,都是深具意义的!高尔夫球手经由努力精通高尔夫各个环节,终有一天会从普通高尔夫球手蜕变成为优秀的高尔夫球手。一位高尔夫球手如果要从优秀到卓越,就必须掌握高尔夫运动的基本要领,这样就可以在任何情况下,做出最适当的动作。这除了需要球手熟悉高尔夫运动过程中的各种情况外,还需要面对所谓"绿色摩擦"的球场突发情况(球线或位置的意外等不可测因素),这些觉知都需要从实践中来,需要让行为模式(礼)适合于"义",并与所处环境达到天人合一的默契。当一个人身心境圆融之时,就是最终发现自己之时。为了获取这份觉知,高尔夫球手需要温习《论语》中"孝"的思想,从内心感恩高尔夫教练和相关专业人士,因为他们在帮助高尔夫球手成长方面,扮演着父母一样的角色!没有什么比接受好教练的指导更好的学习高尔夫的方法了。

《论语》中,生活智慧的警句俯拾皆是。我们可以把这些字字珠玑的智慧,创造性地应用在高尔夫上。下面是我们从《论语》中精心摘出的"高尔夫论语"的醒世恒言。

第三洞　跟随孔子和本·霍根，探寻高尔夫的"公平道路"（Fairway）

　　从孔子的话中我们可以得出，一个自信的高尔夫球员（仁者），知道打出的高尔夫球是好球还是坏球、是聪明球还是愚笨球（4.3）[Confucius tells us that the authoritative player (ren) alone knows the difference between a good shot and a bad, a smart shot and a dumb shot]①。孔子的一个学生说，尽最大的努力，按照合乎于道的方式，不偏不倚地去打高尔夫，就是打高尔夫大师级的方法（4.15）(One of his students notes that the Way of the Master is trying one's best and playing the game as the best would play, nothing more and nothing less)②。这样的高尔夫球手，知道合乎（义）的打球方式和卖弄式打球方式间的区别（4.16）[Such players obviously know the difference between what is appropriate (yi) and what is just showing off]③，并且球打得好的高尔夫球手，不仅会谦逊地把打得更好的球手作为自己学习的榜样，也会在不如自己打得好的球手面前不骄傲（4.17）(and, having found people with a good swing, they imitate them and avoid those with bad swings)④。所以所谓的优秀，来自砥砺前行，从不故步自封（4.25）(because excellent players always have partners and never play alone)⑤。

　　在《论语》接下来的表述中，孔子的言外之意是，有一些高尔夫球手在某些方面比自己做得好，但没有人比他更爱钻研高尔夫了（5.28）(A little later Confucius admits that there are clearly some players who are better at some particular parts of the game than he is, but that no one loves or studies the game more than he)⑥。事实上，按照孔子的理念，只有先学会如何应对困难，才能成为真正自信的高尔夫球手（6.22）[In fact, he insists that one can become an authoritative player (ren) only by first learning how to deal

---

① 子曰："唯仁者能好人，能恶人。"
② 子曰："参乎！吾道一以贯之。"曾子曰："唯。"子出，门人问曰："何谓也？"曾子曰："夫子之道，忠恕而已矣。"
③ 子曰："君子喻于义，小人喻于利。"
④ 子曰："见贤思齐焉，见不贤而内自省也。"
⑤ 子曰："德不孤，必有邻。"
⑥ 子曰："十室之邑，必有忠信如丘者焉，不如丘之好学也。"

with difficulties]（6.22）①。

练习是为了更好地打比赛，按照孔子的理念，通盘考虑挥杆和球的整体情况，是打好高尔夫，也是高尔夫球手（仁者）自信的关键（6.30）[As for the practical kinds of things one needs to do to play the game well, the Master says: correlating one's swing to the particulars of the conditions and lie in which one finds one's ball is the key to excellent play and being an authoritative player (ren)]（6.30）②。当你和两名高尔夫球友一起打球时，有一个人可以做你的老师，他的身上会有值得学习的优点。但也要认识到并克服掉他的弱点，这样才能提高自己的球技（7.22）(in strolling in the company of just two other players, one is bound to find a teacher—identifying his strengths, imitating him, recognizing his weaknesses, and reforming one's own game accordingly)③。好的高尔夫球手具有安静、镇定的心性，很少受外界影响；笨拙的高尔夫球手，常常会冲动、焦虑（7.37）(the good player is calm and unperturbed, whereas the hacker is agitated and anxious)④。要尽力避免四件事：大左曲球，右曲球，切杆触球前触地和空挥杆没打到球（9.4）(four things are to be avoided at all costs: a hook, a slice, a chili dip, and a whiff)⑤。成为自信的高尔夫球手（仁），说到底，取决于自己，而不是他人（12.1）[being an authoritative player (ren) depends on oneself and no one else]⑥。

无论是在琢磨思考还是在挥杆击球中，都不要仓促行事（13.17）(one must

---

① 樊迟问知。子曰："务民之义，敬鬼神而远之，可谓知矣。"问仁。曰："仁者先难而后获，可谓仁矣。"
② 子贡曰："如有博施于民而能济众，何如？可谓仁乎？"子曰："何事于仁！必也圣乎？尧舜其犹病诸！夫仁者，已欲立而立人，已欲达而达人。能近取譬，可谓仁之方也已。"
③ 子曰："三人行，必有我师焉；择其善者而从之，其不善者而改之。"
④ 子曰："君子坦荡荡，小人长戚戚。"
⑤ 子绝四：毋意，毋必，毋固，毋我。
⑥ 颜渊问仁。子曰："克已复礼为仁。一日克已复礼，天下归仁焉。为仁由己，而由人乎哉？"颜渊曰："请问其目。"子曰："非礼勿视，非礼勿听，非礼勿言，非礼勿动。"颜渊曰："回虽不敏，请事斯语矣。"

not rush things—in either thinking or swinging）①。优秀的高尔夫球手通常会眼观球道、胸有成竹；笨拙的球手则无明且鲁莽（14.23）（the good player usually finds the fairway, but the hacker almost always finds the rough）②。高水平的高尔夫球手（高尔夫仁者）戒急用忍，聪明的球手不会陷入困境，勇敢的球手无所畏惧（14.28）[the authoritative player（ren）is not anxious; the smart player is never in a quandary; and the courageous player is not timid]③。大多数高尔夫球手，满足于看上去得过且过，而不是实实在在的好（15.13）（most golfers like looking good rather than being good）④。伟大的高尔夫球手，会内观、反思自己的得失；笨拙的球手往往把失误归咎于外在因素，并要求别人帮他找那颗找不到的球（15.21）（truly great players make demands on themselves, whereas hackers are always blaming something for their bad shots and asking for help finding their ball）⑤。高尔夫和生活并无二致，重要的不是在说什么，而是在做什么（15.23）（in golf as in life, it is not about what you say but about what you do that matters）⑥，是高尔夫球手找到了球道，而不是球道找到了高尔夫球手和他的那粒高尔夫球（15.29）（it's the golfer who finds the fairway and not the fairway that finds the ball）⑦。错过球道而不立即返回，就会错过一切（15.30）（to miss the fairway and not return to it immediately is to miss the fairway indeed）⑧。那些在高尔夫球道上挥杆自如打球的人（生活在不偏不倚中庸之道中）和那些鲁莽打球的人（生活在极端中），不是一条道上的人，不能也不应该一起打球（15.40）[those who play in the fairway（and live in the mean between the extremes of

---

① 子夏为莒父宰。问政。子曰："无欲速，无见小利。欲速，则不达；见小利，则大事不成。"
② 子曰："君子上达，小人下达。"
③ 子曰："君子道者三，我无能焉：仁者不忧，知者不惑，勇者不惧。"子贡曰："夫子自道也。"
④ 子曰："已矣乎！吾未见好德如好色者也。"
⑤ 子曰："君子求诸己，小人求诸人。"
⑥ 子曰："君子不以言举人，不以人废言。"
⑦ 子曰："人能弘道，非道弘人。"
⑧ 子曰："过而不改，是谓过矣。"

excess and deficiency) and those who play in the rough (and live on the extremes) cannot and do not play together]①。每个高尔夫球手要打好球的愿望是一样的,但对什么是完美挥杆的认识差异很大(17.2)(golfers are similar in their desires but vary greatly in the excellence of their swings)②。笨拙的高尔夫球手,往往鲁莽骄傲和愚蠢,不自省也不做自我修正(17.16)(hackers tend to be rash, proud, and stupid—and they cannot add or count)③。优秀的高尔夫球手,会打出恰当而精准的球,笨拙的球手往往会逞一时之勇(17.23)[the authoritative player (ren) hits the appropriate shot, but the hacker is merely bold]④。杰出的高尔夫球手知道学无止境,知道什么有待学习,不会忘记已经学过的东西(19.5)(the exceptional player is aware of what is yet to be learned and never forgets what has already been mastered)⑤;无明的高尔夫球手,永远不知道他的球在哪里,也不知道打了多少杆(19.8)(a hacker never knows where his ball is or how many strokes he has taken)⑥。好的高尔夫球手,对最佳球位情况了如指掌,而笨拙的球手甚至不知道自己正确的站姿和握姿(20.3)(and a good player knows the conditions of his lie, whereas a hacker does not even know where or how to stand at address)⑦。

上面这些"高尔夫论语"的醒世恒言,会激发高尔夫球手的无穷想象力,会给人以深远的知行合一的启发!在《论语》中,孔子非常注重区分大人和小人两个概念,也就是高尔夫中的好球手和笨球手。遵循《论语》教诲的人,与采用其他方法的人会有知、行上的差异。能达到孔子心目中具备卓越品质并

---

① 子曰:"道不同不相为谋。"
② 子曰:"性相近也,习相远也。"
③ 子曰:"古者民有三疾,今也或是之亡也。古之狂也肆,今之狂也荡;古之矜也廉,今之矜也忿戾;古之愚也直,今之愚也诈而已矣。"
④ 子路曰:"君子尚勇乎!"子曰:"君子义以为上。君子有勇而无义为乱,小人有勇而无义为盗。"
⑤ 子夏曰:"日知其所亡,月无忘其所能,可谓好学也已矣。"
⑥ 子夏曰:"小人之过也必文。"
⑦ 子曰:"不知命,无以为君子也;不知礼,无以立也;不知言,无以知人也。"

不懈追求目标的人,都是超高水平的、罕见和珍贵的仁者(6.29)(In short, he recognizes and insists that the excellence required to hit the mark he is aiming at is not only of the highest order but also rare indeed)①。

本·霍根和他的声誉

本·霍根是美国历史上伟大的高尔夫球手。霍根虽然不是哲学家,但这并不妨碍他对高尔夫运动有深邃的哲思。事实上,霍根高尔夫体悟式的哲学思想,不仅对指导高尔夫价值非凡,也对启发每个人如何度过自己美好的人生都极有意义。我母亲以前总喜欢说:"我们都是哲学家,但还不够聪明到能想出来让别人为我们的想法付钱的主意。"如果我母亲都能说出这般具有哲学意义的话来,霍根这样伟大的高尔夫大师,对高尔夫对人生有洞见性哲思,简直就是再正常不过的事情了。

我们先了解下霍根个人的生活背景,这样可以更好地理解霍根的观点和思想[4]。

本·霍根出生在一个铁匠家庭,是家里第三个也是最小的孩子。霍根小的时候,他的爸爸就自杀了。迫于家庭窘境,霍根从小就开始卖报纸以贴补家用。小霍根后来幸运地找到了一份高尔夫球童的差事,从此开启了日后被人津津乐道的传奇人生:一个孤独的人,一个不屈不挠的人,通过努力,成为世界伟大的高尔夫球手。

即便是霍根最严厉的批评者和最大的竞争对手,都承认霍根的高尔夫职业道德和必胜的决心,在高尔夫业内是无出右者的。职业高尔夫球手汤米·博尔特比较了本·霍根和杰克·尼克劳斯,汤米说:"我见过尼克劳斯观看霍根练高尔夫球,但从没有看到霍根观看尼克劳斯练球。"众所周知,杰克·尼克劳斯在过去和现在都堪称有史以来最伟大的高尔夫球手之一,尼克劳斯还是觉得要向霍根学习点什么。通过这个小小的例子,可以管窥霍根是何等伟大的高尔夫选手!据传说,霍根笃信熟能生巧,常常一个人不停地练习,甚至练到手磨出血

---

① 子曰:"中庸之为德也,其至矣乎!民鲜久矣。"

为止。这个说法或许有些夸张，却道出一个事实：霍根正是凭借自强不息"胜己者强"的执着，最后成就了真正的自己，最终当之无愧地步入了高尔夫大师的名人堂。

高尔夫的现代基础五堂课与美丽人生

阅读霍根的成名之作《五堂课：高尔夫的现代基础》（以下简称《五堂课》），常常会惊叹霍根对高尔夫基础理论的深刻理解、对高尔夫实践念念分明的清晰感知，霍根当之无愧的是自己高尔夫教学理论的最前沿、最坚定、最忠实的实践者。让很多不打高尔夫的人也颇感兴趣的是，霍根精辟的高尔夫哲思，同样也可以润物细无声地实实在在地被用于日常生活中，帮助人们实现美好而幸福的人生。

霍根的《五堂课》，像笛卡尔的《第一哲学沉思集》一样，努力构建着高尔夫认知的观念基础和可触类旁通的生活智慧基础。霍根在书中告诫读者：如果不反复挥杆练习[5]（秉承道德的方式行事），就根本不可能打好高尔夫球（同样也无法过上美好生活）。《五堂课》充满真知灼见，是霍根二十五年高尔夫生涯的亲身实践的思想心血结晶（而非空洞的抽象理论），是他高尔夫毕生心得的总结，也是霍根与世界级高尔夫球员同台竞技，一杆一杆在比赛中鏖战的洞见[6]。霍根毫不掩饰地骄傲宣称，如果是宣扬他自己总结的高尔夫哲思，他不介意被说成是个要求苛刻、行事严厉的师父。霍根直率地说，他不宽容对高尔夫基本原理无知的傻瓜，在他的眼里这些人只是乐于用高尔夫运动和友谊的价值来安慰自己，只是在毫无结果的盲目练习中养成坏习惯，只会加剧他们自己的沮丧情绪。霍根主张每位高尔夫球手（包括生活中的每个人），就是要打好比赛（也过好自己生活）。通过正确练习、正确思考和不懈努力，心中的目标就可以实现。霍根坚定地认为，一个明智而谨慎的高尔夫球手（他们认真倾听、悉心理解并将心注入）不仅能打好高尔夫，而且会终生享受高尔夫这个上天所赐的身心灵礼物。

霍根的《五堂课》阐述了正确高尔夫的挥杆由四个基本要素组成：

（1）握杆姿势；

（2）站立姿态；

（3）挥杆第一步：向后起杆；

（4）挥杆第二步：开始下杆。

霍根认为，高尔夫的正确挥杆，还应该包括三个"绝对基础"：

（1）找到适合自己的挥杆击球的动作；

（2）臀部要适当转动；

（3）要保持适当的后挥杆平面。

正确理解和认真执行高尔夫动作的基本原则，通过刻苦练习，在任何情况下，都可以发挥出可信赖的习惯性的、可重复的固定挥杆潜意识。霍根相信，只需要六个月专注和正确的日复一日的练习，高尔夫的基础知识就会成为潜意识，就可以取得八十杆或接近八十杆的高尔夫成绩[7]。

不管你打不打高尔夫，把霍根总结的高尔夫智慧用在生活中，无一例外地都会惊讶高尔夫的智慧所带来的大道至简的两点启示：整体全观性和节奏精确性。

（1）整体全观性。霍根认为，打好高尔夫球和过好生活一样，都需要专注，都需要分析各个环节中的基本要素（这也是《大学》的系统思想智慧）。另外，各环节的相互的联系和作用也非常重要（这涉及《论语》的关系思想智慧）。要让高尔夫和生活成功而有意义，需要大事作于细、难事作于易。

（2）节奏精准性。霍根对高尔夫挥杆做了匠心独运的解构。他坚信只要秉持精益求精的态度，就会让高尔夫球技更上一层楼，与此同时还能帮助人们以雕刻时光般的"生活方式"过好自己的一生。

看过《五堂课》的有心读者，或许会注意到在书的第一章有幅霍根击球前"握杆"[8]的插画（安东尼·拉维利绘制），插图中有个发电机，在能量产生过程中迸溅出来火花，插图标注出高尔夫球挥杆就像"物理学中的动能反应"。虽然这幅插图有点刻板的机械性表达，但作者想要表达出握杆是高尔夫最基本、最实在的动作，是高尔夫挥杆动作的"心跳"，就像大脑和意识是道德或行为的源泉一样重要。

一些哲学家认为，纯粹机械性和被动性（心跳和消化系统的化学反应过程），与可自由选择的主观能动性之间的不同，标志着非道德因素和个人道德品格之间的迥异性。霍根认为，有了正确的高尔夫握杆，就像具备了正确道德原则的良心和大脑，不仅会有助于打好高尔夫球，也会彰显出人的道德品质。高尔夫和道德的双丰收，取决于如何做事，而不仅仅是听天由命，依靠化学或物理的作用。菩萨畏因，众人畏果[9]。

霍根在书中也做了高尔夫站位、站姿以及上杆和下杆的点化，这些高尔夫的洞见，同样可以启发人们对生活的思考，帮助人们奠定道德的基石，完善自己的思想和言行。霍根笃信人所持的立场和态度，有两个最重要的方面："感知性"[10]和"平衡性"[11]。人在采取行动时，应该随时意识到思想、言语、行为、感情和情感是相互依存、相互作用的。像亚里士多德和孔子一样，霍根强调正确的习惯（适当练习、思考和不懈努力）的重要性，好习惯会保证人在正确的时间、以正确的方式、根据正确的情况、基于正确的理由，能够毫不费力地做出正确的动作。霍根认为，学习高尔夫就像弹钢琴：一个人要每天都练习，才能夯实基本功。在此基础上，再练习一些更高级的技艺，就会事半功倍地不断提高水平[12]。在精进的高尔夫练习中，要像追求生活和道德中一样的美好（亚里士多德《尼科马伦理学》所言），需要正确发挥积极能动性（好好挥杆，好好放松，好好生活），把这些高尔夫的正念刻入潜意识。和孔子不同，霍根主张要成为道德高尚之人，关键在于一个人的卓越品质和执行力，而不仅是与其他人的关系。霍根的主张体现了西方崇尚个人的文化，而孔子理论则更多体现的是东方更重视的群体文化。

霍根上述有关个人卓越品质和执行力的观点，不禁让我联想和思考到柏拉图（完美理想挥杆）和孔子（个性化实用性下场方式）两位东西方圣哲的异同。在本书第十四洞《柏拉图和孔子眼中的高尔夫：从真实到理想》一文中，我将撰文详细深入探讨。霍根指出，伟大的高尔夫球手，尽管彼此差异很大，却有基本的相似之处：他们都无一例外能做到关键的事情。霍根强调："说到底，风格就是功能，功能就是风格！"[13]霍根在这里采取了现实主义的主张，以此来平衡他的理想主义和通用主义。虽然人们在挥杆、比赛和生活中会有相似之处，但归根结底，每个人都是其自己，每个人都要对自己最终的样子负完全的责任。

霍根在《五堂课》上杆[14]和下杆[15]章节里，诠释了精准性这个概念。像孔子和弟子们一起"论语"一样，霍根只和那些对提高高尔夫球技有强烈兴趣的学生一起研修。霍根也像孔子一样，对差的高尔夫球手和好的高尔夫球手做了严格区分。在霍根眼中，好的高尔夫球手，深谙挥杆中各种要素是和谐并存的；而差的球手，由于无知和坏习惯，会不断重复错误的动作，导致结果不尽如人意。品德高尚的人和优秀的高尔夫球手都知道，要养成良好的行为习惯，让好习惯成为本能；而差的高尔夫球手和不道德的人，则对高尔夫挥杆的基本原理和道德的缺陷缺乏了解，所以既打不好球，也过不好生活。

霍根对自己总结的高尔夫方法的可靠性以及道德观点的真实性充满自信，因为这些都得到了他身体力行的验证，并被证明是有效的。霍根充满智慧地践行这些原理，并在实践中精进自己的技艺，就像那些优秀的人一样，在正确的时间，以正确的方式，感知正确的情况和环境，且基于正确的理由，做出正确的事情，最终从优秀跨越到卓越。霍根认为无论在道德中还是高尔夫中，成功者不同于失败者的原因在于：成功者能不懈努力，具有坚强的意志去做该做的事情，并会坚定地去做。阻碍一个人成功的只有自己，唯一要对结果负责的也是自己。如果本·霍根活在今天，他或许会对渴望提升高尔夫水平的球手这样说："要想成功，那就按耐克和阿维斯广告语说的：'"去做！"'，'更加努力地去做！'"

关于人类与人类繁荣的两个概念

孔子和本·霍根对高尔夫和生活的态度是截然不同的。为清晰表达起见，我把孔子的态度，称作"社会群体主义"；把霍根的态度，称作"精致个人主义"。按孔子的观点，无论是一个人还是一位高尔夫球手，成功与否，取决于他如何与人相处。而成为好人和好高尔夫球手的关键，在于认识到这样的道理：不管是好人还是好的球员，他们都是根植于社会的，他们无法不依赖环境和他人而生存。社会关系不仅构成自身生存的基础，也是让人优秀的原因。儒家学者赫伯特·芬加雷特说："对孔子而言，除非有两个人，否则就没有人。"[16]

不同于孔子，霍根持"精致个人主义"的观点：一直追问人到底是谁？霍根认为一个人和一名球员到底如何，是靠自身性格和努力提高自己而赢取的，不取决于其他因素。最终成为什么样的人，完全是个人的选择、决定、承诺和努力的结果。每个人都会有来自人身体结构限制的某些局限性，所以霍根特别关注一个人有什么样的决心和承诺，霍根的格言和智慧包括：

"练习，练习，再练习，是变得更好的唯一方法"；

"你和你自己，要为你所做的和你所成为的负责。"

"成功者永不放弃，放弃者永失其爱。"

"所谓障碍，就是把目光从目标上移开时所看到的东西。"

霍根"精致个人主义"的精髓是：不管作为一名高尔夫球手还是其他，成功的关键是要自始至终自强不息。这个立场，完全符合美国梦中的那个前行的孤勇者角色，即靠自己的力量，通过纯粹的个人努力取得成功。正是凭借这种坚定的心念，本·霍根得以步入伟大高尔夫球手的名人堂。

我们跟随孔子和霍根的思想，一路峰回路转下来，有两个值得认真思考的问题：孔子和霍根分别代表中西方两种观点，它们各自的优缺点是什么？哪一个是对的？更进一步我们需要自问：是否存在超越这两种观点，取两者精华但去两者糟粕的第三种观点？

找到一种普遍的方法

孔子和霍根的观念是东西方思想的两种面向：在孔子，是普遍、绝对和客观的个人与人类"社会群体概念"的面向；在霍根，是特定、相对性和主观的"精致个人主义"的面向。孔子更倾向于关注人的共同点是什么，这有助于充分认识和实现人的本性，有助于最终实现人们的目标。霍根则更倾向于关注个人的独特之处及个人所处的环境。总的来说，儒家观点更接近"社会群体观念"，本·霍根的观点更接近"坚定个人主义"。我们则倾向于采取中庸之道的立场，介乎于孔子和霍根的观点之间。

社会群体观或儒家思想观的优势，在于其基本符合生产和社会关系（相互关联性）；社会群体观洞悉了人与人相互的依赖性和实用功利性。但我们也认识到，社会群体观也有自身的明显弱点：在需要个人自主和个人承担责任时，因为过于注重关系和谐，会太过关注集体和企业形象，从而会忽视个人努力的作用，结果往往会以牺牲真理为代价。社会群体观念缺乏了相对主义和主观主义的特点，也缺乏了不变的绝对的超越性。

精致个人主义的优点，在于充分地认可和奖励个人努力和卓越追求，注重个人责任，符合当代的动机行为心理学的研究结论。但精致的个人主义也有突出的弱点：会不自觉地将个人从社会背景和环境中抽离出来，从而忽视人与人相互依存、心理和社会相互作用的事实。面对不断变化的环境，精致的个人主义往往带来顽固僵化倾向（比如，相信"只要你下定决心，你就能做任何事情"，即使有碾压性的相反证据证明并非如此，但还会迷执盲信）。

孔子和霍根的观点都有各自的优缺点，不能轻言在生活和高尔夫中，两种观点中哪一种是绝对正确的，哪一种是绝对错误的。我们认为真理应该更接近中庸之道（孔子或霍根观点的折中），这样会更接近实相。我们也认为，应该有一种多元主义，介乎于传统的极端普遍绝对主义（认为所有×类行为都是对的或错的）和个人相对主义（认为任何你认为是对的或错的都是对的或错的）之间。这种多元主义同时承认客观的指导原则以及灵活的语境依赖性应用，协调两者而不偏向于任何一端，用高尔夫术语来说，就是要对高尔夫心存敬畏（尊重客观指导原则），并谨慎行事。一个高尔夫球手在特定条件下（身体状况、比赛或回合的某阶段、特定日期时间）对自己的高尔夫挥杆充满信心，找到了打球的感觉，虽然有时太过刻意，也会打坏球，但实际上，只要掌握得当，即便稍许刻意为之，还是能够打出完美的一球。我们承认个人努力的必要性，但也要认识到，我们的成功是因为有他人的帮助。我们试图实现个人的精进，但也深知，我们有义务在高尔夫社区自愿地去引导和教育青少年的高尔夫群体。

我们提出的中庸之道，或许会被柏拉图、亚里士多德、托马斯阿奎那、康德和密尔认为是错误的，因为中庸之道似乎缺乏一个普遍、客观和不变的善恶或是对错标准。同时，中庸之道观点，也或会被主观主义者或相对主义者所拒绝，在这些人眼里，中庸之道观点是僵硬的、一成不变的，是采取了对所有道德问题一视同仁的态度。正如每个哲学家都知道的一句话：折中的问题在于，一个人的对手和敌人的数量，是这个人在极端时的两倍。

我们不得不说，是否存在一个结合了孔子和本·霍根两者观点的一致且有说服力的中间立场，并且该立场有扬长避短的优势，这还有待商榷。事实上，真正的问题是，能否可以贯通性构想出类似多元主义情境的事物。情境多元主义的愿景是指，一个人既是有道德的人又是优秀的高尔夫球手，不仅需要每天不断努力（如霍根坚持的基本原则），要培养对职业发展至关重要的各方面的关系（如孔子孝和仁的概念所建议的那样），而且在很大程度上取决于一个人以新的创造性方式应对生活或高尔夫球场上不断变化的环境的独特能力。我认为答案究竟如何，是我们为何在本文中首先采用思想实验和类比论证，随后在本文中提供解释它们的资源。

Notes

1. See my essay "Plato and Confucius on the Form of Golf: From the Real to the Ideal" —especially the section titled "Confucius's Views about Reality and Golf " — in this volume.

2. I am using the James Legge translation, which may easily and readily be found online at www.sacred-texts.com/cfu/conf2.htm.

3. My "creative translations" are based on the original scholarly translations found in The Analects of Confucius: A Philosophical Translation, trans. Roger T. Ames(New York: Ballantine Books, 1999).

4. I recommend two recent biographies, the first by Curt Sampson, Hogan (New York: Broadway Books, 1997), and the second by James Dobson, Ben Hogan: An American Life (New York: Broadway Books, 2005).

5. It should be obvious to those who have worked their way through Ben Hogan's Five Lessons that he is first and foremost concerned with specifying, clarifying, and teaching the fundamentals of the golf swing and that each element must be executed in its appropriate order. In short, a rightly ordered swing (with its grip, stance, posture, backswing, downswing, and follow-through) is the key to success in golf, because a

rightly ordered swing is and will be a reliable and repeating swing.

6. Ben Hogan, Five Lessons: The Modern Fundamentals of Golf (New York: Cornerstone Library, 1973), 15.

7. Ibid., 126.

8. Ibid., 19.

9. Ibid., 33.

10. Ibid., 40.

11. Ibid., 55.

12. Ibid., 57.

13. Ibid., 60.

14. Ibid., 61–83.

15. Ibid., 84–108.

16. Herbert Fingarette, "The Music of Humanity in the Conversations of Confucius," Journal of Chinese Philosophy 10 (1983): 217.

第四洞
"嘘,请保持安静!"
高尔夫与礼貌的反思

大卫·L.麦克纳伦(David L.McNaron)

> 有礼貌绝不是浪费时间,礼貌,夫人,永远要礼貌。
> ——劳伦斯·蒂尔尼:《星际迷航》(1988年)

若被问到哪项运动最文明,多数人会毫不犹豫地选择高尔夫。彬彬有礼的人当然会爱打高尔夫,但高尔夫能促进礼貌吗?理由也许不那么容易枚举,但答案却是"肯定"的!下面,我们会分析礼貌的概念,解析运动促进的含义,探讨解决礼貌和竞争冲突的思路,驳斥高尔夫礼仪是过时的观点,最后我们会讨论高尔夫运动中有哪些可能对礼貌行为产生威胁的因素。

本文主题贴近亚里士多德的美德伦理论。亚里士多德没有过多纠缠什么是正确行为,而是提出被他视作处理极端情感的"黄金手段"的美德论,比如,勇气是介乎怯懦和鲁莽间的中庸之道。亚里士多德的理论包括两个递进的观点。

观点一:亚里士多德认为,中庸之道在某种程度上与个人气质有关。尽管亚里士多德是客观伦理主义者,提倡善或道德价值("符合美德的心理活动")。亚里士多德却不认同柏拉图的理想化乌托邦,他认为实现善的方式多种多样,并且会随个人倾向的不同而不同:一个天生胆大的人,可以通过克制自己来展示勇气；而胆小之人，也可以因进取而张扬自性。

观点二：亚里士多德认为伦理不可能独立于政治而存在，人类天生就是政治动物；只有在推崇美德的政治社会中，美好的生活才有可能实现（尽管亚里士多德不认可乌托邦）。本文还会讨论：文明是良好社会的必要条件；促进文明的社区活动，在道德上是非常重要的。

高尔夫规则要求球手慎独：自己记分，自己对自己进行处罚，这些规则彰显了高尔夫崇尚诚实正直的传统，也是高尔夫被公认为是一项彬彬有礼运动的基础。高尔夫慎独的风骨，强化和传递了对他人尊重的礼仪，让高尔夫的礼貌形象深入人心。但我们必须强调，规则和礼仪是不一样的，规则决定游戏。比如，在国际象棋中，不能对角移动"车"。规则确定某一特定游戏中，什么能做和不能做；而礼仪则规定了适当的行为是什么。高尔夫和礼貌的关系也可能会发生变化：官方可以制裁违反礼仪的行为，也可以抛弃某些已有的行为准则，以尊重和看齐其他体育运动中的流行的趋势。准确地说，不管高尔夫与礼貌的传统联系有多么紧密，这种联系还是有偶然性的。

上述第二种观点较复杂，我们再进一步分析一下。我们注意到在观点表述中，用到了"促进"这个词语，它有两种含义：经验性的"导致"和规范性的"代表"。经验性导致所带来的问题是：打高尔夫球是否真的能培养礼貌？大多数高尔夫球手的良好行为，以及高尔夫运动的一些传奇轶事，都证明了这一点：高尔夫真的能培养礼貌[1]！规范性代表可以这样理解：如果高尔夫在规范意义上促进了礼貌行为，那么高尔夫就是一种文明的运动！即使高尔夫球员有时会行为不文明，但诉诸规范意义上的认识，可以让"高尔夫本身，就代表着文明礼貌"这个判断，不受球员偶尔不当行为的影响。

文明礼貌的冲突

礼貌是一种暖心的体贴，是关系的奢侈品。当今世界，无论美国或世界其他地方，在各种日常交往中，充斥着对礼貌缺失的抱怨。如果礼貌会让社会变好，那么目前普遍的抱怨，就说明整个社会出了问题。《高尔夫文摘》讲了一个案例:"在高尔夫练习场上,一男人边打球边用免提手机说话。我走过去跟他说是否介意到别的地方讲电话。"他回答说:"是的,我介意!"唉!是我的要求过分和过时了吗?《高尔夫文摘》编辑引用萨特的观点对此作答:他人即地狱!和这个男人的不礼貌行为相比,萨特文绉绉的回答,已经算是有教养了,是对当代存在的众多不文明礼貌行为的一种鞭挞。人们注意到高尔夫礼仪的一个困境,高尔夫礼仪在练习场和球场表现会有不同:

> 通常表现为,一个糟糕的高尔夫球手,会给更糟糕的球友,唠唠叨叨提供指导意见(伊拉斯谟:在盲人的国度里,独眼就是国王)。有些人在高尔夫练习场打手机,不能算是严重的罪过,你制止他们时的态度不礼貌?对,就应该不礼貌!不必非要这么做?是的,不必非要这么做!但是,你需要直率地表达你的情感,让你的感受为人所知,你需要让不满的情绪从骨髓深处爆发出来,否则被压抑的情绪会化脓、腐烂,并可能变成肿瘤。如今,文明是如此罕见,以至于有时需要采用反叛的行为予以抗争。让我们都尽力保持高标准的文明修养,在公共场所,不在打手机时大声说话,好吗?即使无人遵从,我们也要敢于做真的勇士,直面惨淡的现实[2]。

人人都需要更真诚地面对现实:不管在高尔夫球场上还是在生活中都会碰到这样的问题,即不文明似乎占了上风,在主持正义时,可能会感到孤独无援,可能会感到似乎违反常规与现实格格不入。

一些学者试图通过文明培训,来应对这种文明的危机。皮尔·福尼教授是约翰·霍普金斯文明项目联合创始人,是文明培训运动的领导者[3]。福尼对日益增长的学生不文明行为做了如下解释:"一个(原因)是权威原则持续被侵蚀,学生中普遍存在着消费者至上的心态,此外数字通信也加剧了问题,最后是父母溺爱的行为助长了自恋情绪。"[4]福尼教授补充说:"社会在向年轻人灌输自尊这方面,一直做得令人称赞,但在教育年轻人自我约束方面,做得则逊色得多。"福尼教授建议教师"要建立一种宽松的礼节气氛,明确礼节教育是文明培训的目标,但要有举重若轻的智慧,要寓教于乐,以保证文明培训确乎有效。

实践表明，这样做确实很有效"。当我们谈论有效的文明培训时，仿佛是在谈论不可思议的高尔夫运动，福尼教授深情地补充道：

在年轻人心中，要培养这样一种信念：胜利重要，但如何比赛是更重要的。要明确无误地传递这样一种信息：尽最大能力比赛，尊重比赛规则和对手，就是打好了比赛！这会带来全新的心态变化，即便输掉一场比赛，人们仍然会享受比赛。最后的比分可能不甚理想，但真正的理想，是按照自己内心的良知，在比赛中尽心尽力。这种刻骨铭心的身心成长，将让人终身受益。因此，失败变得可以忍受，今天的失败变成了未来的胜利之母，而不是毁灭性的打击。身心蜕变后，可以放松，可以让自己踏入"静""定""慧"的坦途，失败的烦恼将被抛在脑后，会满怀信心地争取下一次的胜利，这样，从某种程度上说，你已经是赢家了。这就是文明的力量：好好比赛，比单纯的得好分更重要，这个文明礼貌观需要内化于心，万法归心，一心不乱[5]。

比赛的过程永远比结果更重要。高尔夫球手将文明礼貌内化于心，就会自觉自发地遵守高尔夫规则和礼仪。亚里士多德说，积极履行义务去行动并满怀正确的期望，以文明的方式行事，美德就会水到渠成，彰显出来。下文中，我们会深入探讨文明礼貌的本质。

什么是文明礼貌？

在高尔夫语境中，文明礼貌经常与彬彬有礼、正直、荣誉、诚实和尊重这些积极的概念一并被提及。约翰·凯克斯在其有关文明的哲学文章中，详细分析了亚里士多德的公民友谊论观点和休谟的情感习俗论观点，得出了习俗定义文明的结论。亚里士多德认为，所有公民哪怕是陌生人之间都应该建立友谊，需要关心彼此的福祉，才能促进社会进步并斩获美好人生。然而，凯克斯认为，亚里士多德没有解答是什么使人们更倾向文明。根据休谟的思想，同情是迈向文明的台阶。同情如何会导致利他行为的呢？作为休谟观点的补充，我们在此说明一下理性是如何引导和纠正同情的。理性的实现，需要建立在假定的一般规则基础上，遵循规则就不会迷信、不会狂热和不会作出偏袒的道德判断。社会是美好生活的栖息地，克服非理性缺陷，才能造福社会，这就是必须倡导文明礼貌的根本原因[6]。

据此我们认为，理性可以"通过建立特定社会的公约"，来引导人们狭隘的同情心[7]。

遵守公约文明和道德要求冲突吗？如果社会习俗停留在种族主义、性别歧视或不诚实的流弊中，那该怎么办？作为美德的道德，真能独立于初心而遵循规范吗？卡尔霍恩将道德态度的保有和表现做了区分："文明的一种功能……在于传达尊重、宽容和体贴的基本道德态度。只有遵循相应的社会规则，才能完成传递这些珍贵的基本道德态度。"这番叙述清楚地表明社会习俗和道德相互联系又相互冲突的状况。社会习俗是在道德不完善的社会环境中，传达道德态度的一种公约性语言。我们认为，文明在理性或道德间起着桥梁作用。文明是道德沟通的一种美德，不文明则是邪恶的。理性和习俗间的冲突不可避免，有时，需要有勇气，要在两者中作出艰难的抉择[8]。

简言之，文明礼貌是尊重、宽容的表达，是有容乃大；文明礼貌也是建立的社会公约，是无欲则刚。此两点是文明礼貌的必要和充分的条件。文明的定义包含普世因素，即对人的尊重，也包含相对因素，即对现实社会规范的依赖。但凯克斯对文明礼貌的表述，明显存在着缺陷和冲突的可能性，他没有考虑如果要将文明礼貌落到实处，应遵循哪些公约。虽然卡尔霍恩所强调的尊重和容忍的理性态度是文明礼貌所必需的，但她也依然承认会有冲突：男人要为女人开门，尽管这个行为本身就反映了一种不平等的态度，但这种行为依然是一种文明礼貌的惯例。有时，在人们决定是否遵守类似规范时，往往会陷入两难境地。凯克斯证明了文明礼貌的重要性和原因，但对文明礼貌的定义，并没有排除遵循道德上有问题行为的义务；而卡尔霍恩则从道德态度方面做了辩护[9]。

现在陈述一下我的总体立场：高尔夫运动，通过官方规则和非正式传承的礼仪，即通过规则和经验促进了文明礼貌的发展。高尔夫的规则，要求诚实比赛和自我报告分数。为遵守悠久历史传承的高尔夫礼仪，球员必须进行自我严格要求，同时为了他人和自己的利益，也要爱护球场，最大限度减少对球场的损伤和破坏。

特有的惯例，让高尔夫相比于其他运动，具有了独特的文明基调。高尔夫运动，有助于对抗斯科洛卡（Skloka）丑恶存在。斯科洛卡是凯克斯笔下反对文明的人，是丑陋、庸俗、偏袒、自私和缺乏同情心的黑暗之徒。苏联作家鲍里斯·帕斯捷尔纳克和奥尔加·弗雷登堡间的通信，痛斥了彼时苏联社会存在的弊病。评论家约翰·伦纳德对1910—1954年两人的通信评论道："奥尔加对斯科洛卡的特殊定义（俄语中金钱和麻烦的意涵），或许更接近问题的核心：斯科洛卡代表着卑鄙、琐碎的敌意、滋生琐碎阴谋的不合情理的怨恨、一个派系与另一个派系之间的恶斗。"斯科洛卡丑恶，也在许多体育项目中随处可见，在这些运动中，运动员为获胜，可以无所不用其极。众所周知，这种反文明的现象，其实也大量存在于当今的社会中[10]。

高尔夫礼仪与其他运动礼仪的比较

高尔夫是体育运动中唯一的文明堡垒吗？新闻头条报道弗雷德·芬克因斗狗或强奸罪被捕；迈克·威尔轻蔑地嘲弄对手；一名球员在别人演讲时候闲聊……在高尔夫运动中，很难找到这类粗俗、犯罪和不礼貌的例子。高尔夫球手会根据历史传承的高尔夫规则对自己进行处罚。这与其他依靠"负面攻击抑制对手"来保护自己和暗中鼓励球员耍花招作弊的体育运动相比，有天壤之别[11]。其他运动的运动员总在努力避免被发现其猖獗的违规行为，这些不良行为给这些运动员会带来所谓的收益。比如在棒球运动中，接球者不诚实地表示接住了球，足球运动员中有大量"犯规"趋势等，凡此种种恶劣的行为，侵蚀了体育作为一项有道德事业的吸引力[12]。

网球曾被认为是有道德的体育运动（抱歉！我从不这么认为）。随着将网球与高尔夫对比，网球礼仪运动的名声被坏孩子伊利·纳斯塔斯、米·康纳斯和约翰·麦肯罗的拙劣表演所侵蚀。另外，网球比赛中的咕咕噜噜声和其他自私自利的举动，在网球巡回赛中也越来越常见。一位体育评论员说，康纳斯和他的公司所贡献的创新，只是使网球规则仅仅成为比赛的一部分。1991年法国网球公开赛期间，诺尔斯在罗兰加洛斯球场横穿球网，擦掉他的球痕以防被判罚。这种对边界不尊重的举动，妨碍了公正规则的实施，毫无运动精神可言，是不文明的一个例子。尽管人们可能欣赏不文明球员高超的运动技艺，但对他们的总体评价连带对比赛本身的评价，却是负面和暗淡的，因为这样的体育比赛，已经与追求理想的崇高精神相去甚远甚至南辕北辙了。

　　为什么说高尔夫是文明的堡垒呢？为什么说高尔夫有独特的礼仪？这是源于历史传承吗？除传统原因外，高尔夫独具的礼仪还有其他来源吗？为什么在高尔夫球手准备挥杆时要保持安静？对最后一个问题的回答是：高尔夫球手挥杆时，需要高度集中注意力。但当球手罚球时，有巨大人声嘈杂该怎么办呢？对这个问题，我们只能说，虽然任何运动都需要集中注意力，但如果运动员注意力真正全然集中到忘我，运动员将不会受到任何噪声的影响！杰克·尼克劳斯在美国高尔夫公开赛上，当被问及如何应对人群噪声时回答说："什么噪音？！"假设观众的喧哗声让球员感到不安，可能因为运动员内心希望更安静些，但如果喧哗是一个常数，像在体育场中的其他运动一样，那么高尔夫球手可能会适应这种背景喧哗。但这不是重点，重点是高尔夫球手在任何时候都应该保持礼仪，这是高尔夫运动的天条。高尔夫运动安静的氛围为体育活动平添了一道风景：静定让高尔夫成为一项可以深度自我观照的智慧运动，高尔夫球手和高尔夫观众都可以借此静定，随之产生的智慧不仅会让高尔夫也会让更广阔的世界都变得更加好。在高尔夫运动中，理性与习俗是相得益彰的。

　　有一些质疑高尔夫的声音，认为广受吹捧的高尔夫传统古典文明是一种不平等主义。批评者认为，诸如绅士风度、淑女气质这些高尔夫传统是过时的观念，反映了阶级偏见和排外行为，是将文明礼貌概念限制在古板或有污点的美德中了。我认为这种意见是错误地将传统起源与现实正当性混为一谈的谬论。高尔夫的行为准则从高尔夫传统中产生，这是历史事实，与说辞无关。高尔夫传统的礼仪，在主张平等的当下仍然是正念，高尔夫礼仪塑造了人的良好性格。高尔夫不是精英主义者才可以参加的运动：高尔夫的高贵，泽被了高尔夫爱好者的身心灵，任何人都有可能成为精英中的一员。许多低收入但酷爱高尔夫的人因为打高尔夫，脱胎换骨，也成了高尔夫精英，酷爱高尔夫的勇敢之心让他们成为一个高贵的人。可以在风景优美的高尔夫球场畅打，也可以空挥高尔夫杆，在不击球的情况下练习。高尔夫的二手球杆很便宜，事实上，高尔夫比许多运动的花费便宜得多。高尔夫传统而完善的规则、高尔夫运动方式的灵活多样，让高尔夫既高贵又充满烟火气，正是这些因素，最终造就了高尔夫和光同尘的高贵又亲和的气质。

竞争欲与礼貌观

泰特利斯（Titleist）公司有则广告："每个高尔夫玩家，都想打出更低的分数。"如果渴望在高尔夫上打出更低杆数，参加竞技性高尔夫比赛是可以考虑的途径。泰特利斯的广告还说："让我们今天畅打高尔夫……用最新的技术赢得比赛……毫不留情地赢得比赛。"加里·普莱尔说："对胜利全力以赴，会让人在高尔夫球场上变得苛刻、紧张、严肃。"这些广告词和话语听起来不那么文明，是吗？有些人会反问：既然高尔夫比赛的目的就是要取得胜利，高尔夫又如何能促进文明礼貌呢[13]？

这个问题的答案是：打高尔夫除争取胜利外，还有其他目的。在欧洲，高尔夫被视为一种高尚的休闲活动，是一种代表社会阶层的仪式性活动，比单纯取得胜利更重要；在美国，高尔夫则更多是大众的业余运动，职业的高尔夫球手尽管球技高超，但有时会被轻视为"后球童阶级"。高尔夫运动还有一个重要目标：帮助每个参与的人完成自我控制和自我实现。自我控制是指一个人可以单独打高尔夫，而不与任何人竞争。打高尔夫，是在修独孤求败的境界，独孤求败就是孤独获胜。每个高尔夫球手在自己打球时，仍然可以累积自己的差点。每次比赛，不管在任何情况下都可以完美挥杆，是每个球手想要达到的目标。即使是一个人在球场打球，其实是以标准杆或自己最佳的分数作为影子对手，自己跟自己比赛。独自打高尔夫是一种慎独的精进，但真正的高尔夫比赛必须和球伴以及其他见证者一起玩。如果我们认可柏拉图和亚里士多德是正确的，那么利己利他就是并行不悖的。高尔夫的规则公约是用文明来调和竞争，培养比"胜利本身"更为重要的行为规范。下面，我们从团体与个人、业余与专业及新闻媒体的不同角度，检视一下威胁高尔夫文明准则的行为[14]。

高尔夫运动中对文明礼貌的威胁因素

团体赛和莱德杯

　　高尔夫莱德杯赛，是比单独的国家队之间的竞争更有创意的更好的体育比赛范例，在沙文主义和党派主义愈加猖獗的背景下更是如此。高尔夫是塑造个人品格的优秀运动，参加莱德杯的高尔夫球手是为了民族的荣耀而比赛，这一点尤其难能可贵。近年来，美国赢得莱德杯高尔夫赛的次数，甚至超过美国梦之队赢得奥运篮球锦标赛的次数。在莱德杯赛场上，"美国！美国！"的叫喊声此起彼伏，打破了传统高尔夫固有的宁静与矜持。参加莱德杯赛的高尔夫球员，也为莱德杯赛所激发出的热情和能量感到惊讶。莱德杯赛为高尔夫带来了澎湃激情，激励和筑牢了更加强大的球迷根基[15]。

　　必须指出的是，高尔夫莱德杯赛不能免俗地也表现出团队运动中所特有的不文明征兆。在莱德杯比赛中，随着球迷、观众爱国激情而来的偏袒，是对"同情"这一品质的扭曲。我认为，莱德杯高尔夫赛应该暂停，直到该杯赛能够按理想的体育精神进行为止。李·特雷维说："我现在不会参加莱德杯。在我的记忆中，莱德杯曾经是友谊的赛事，双方球员一起共进晚宴，双方球员的妻子一起结伴去购物，当我比赛输了的时候，球迷给我的掌声和我赢的时候一样多。我很不喜欢莱德杯现在的样子，它演变成了一场双方处心积虑让对方更坏的高尔夫比赛。"[16]有位记者抱怨美国人在1999年莱德杯赛上，声名狼藉地在第十七洞果岭就开始庆祝美国队的胜利。该名记者报道说，在那一刻，高尔夫已经输给了相扑和摔跤运动。不要忘记，相扑和摔跤运动，被称为体育文明最后余晖的保留物[17]。

　　如果高尔夫真的促进了文明礼貌，职业球员在赛制改变后就不应该有恶劣行为。莱德杯球员的行为不端，是我主张的高尔夫促进文明论点的反例吗？我认为，要辩证地看待这个问题。首先，高尔夫"改头换面"，出现在了莱德杯上，在莱德杯赛团体赛制风气裹挟下，唤起了传统高尔夫没有的类似激进的党派主义的潜规则。其次，莱德杯仅仅是一个特殊赛事的版本，高尔夫总体的规范仍然一字不改，所以，还是可以断言高尔夫促进了文明礼貌，尽管球员个人的文明行为偶然会因为一些特殊因素而开小差。

一些胜利：泰格·伍兹

一些对高尔夫运动不文明行为的抱怨，源于球员个人（包括"老虎"伍兹）的失当行为。本文只聚焦伍兹在高尔夫球场上的行为。我们认为文明只与公众行为有关，有关伍兹的婚外情，无论有多么不道德，都不在本文有关文明的讨论范围内。我们可以这样来思考这个问题：一个小偷盗窃了火车保险柜，但对乘客却极礼貌，尽管小偷的盗窃行为让其信用破产，却无损小偷外在的文明举止。

伍兹曾被指控在高尔夫球场上举止不文明。高尔夫评论家布兰登·塔克批评伍兹说："作为世界最知名的运动员和顶级商业代言人，伍兹在球场上的举止却是不值得称道的，特别是把伍兹和勒布朗·詹姆斯（同为耐克赞助的NBA运动员）在压力面前表现的文明举止相比的话。"[18]那么，伍兹做了什么有损文明的举动呢？伍兹对一位摄影师"发了一通带有亵渎意味的长篇大论"[19]。我认为塔克在这里滥用了文明的概念。伍兹被激怒了，因为该摄影师在伍兹挥杆时做出按下照相机快门的不文明举动。按照高尔夫规则和礼仪要求，在球员的站位准备和挥杆过程中要保持安静。我认为摄影师错在先，他应该向伍兹道歉。伍兹有理由愤怒，不必理会质疑[20]。亚里士多德没有将愤怒归为本质上的不良行为中，认为愤怒有时是合理的。如果球场管理人员未能得力监管比赛，球员就不应该容忍观众或摄影师的不良行为。塔克继续说道：

> 对许多家庭来说，他们在"第一球座"（First Tee）或当地高尔夫俱乐部项目中，向自己的孩子推荐高尔夫时，通常会说高尔夫运动会用体育操场上学不到的方式来传授礼仪，孩子们会在高尔夫球场上培养出文明举止。如果作为高

尔夫榜样的伍兹无视礼貌，就会发出错误的信号，让高尔夫失去在人们心目中的高贵形象。伍兹不应该太在意杰克取得了十八个大满贯、萨姆·斯奈德赢得了八十二场胜利或拜伦·纳尔逊有过十一连胜，伍兹应该努力在正直品格上与他们一较高下，这才是正途[21]。

塔克上面的表述虽然说明了高尔夫与文明间的传统关联，却忽略了伍兹这个举动蕴含的深层意义：伍兹对摄影师的指责并不代表对高尔夫礼仪的漠视，而是像一句哲学警句所说的：要求礼貌，并不是不礼貌的行为。

尽管如此，人们通常还是会认为，在公共场合做出亵渎行为是不文明的，这种想法也是可以理解的。但我们需要区分有理由的愤怒和表达性的愤怒，只有后者才是有争议的。由此，也引发了一个有趣的问题：表达的内容和表达的方式是否应该被区别对待？在科恩诉加州一案中，加州最高法院辩称，将表达内容和表达方式区分开是有问题的。被告科恩在越战期间因穿着印有"去他妈的征兵队"字样的夹克而被捕。法庭认为，科恩如果使用礼貌一些的语言（例如"选择性服役是一种令人憎恶的行为，应该被废除"），就不可能表达他内心的真实想法。所以，科恩亵渎性的情感表达是传递其强烈反战情绪的必要条件！再比如，假设有人在餐馆里大声地、故意地打嗝，旁边顾客对这位老兄说："闭嘴！"通常，"闭嘴"是粗鲁和不文明的表达方式，但在这种情况下，这样严厉的回怼能够传达出对这种粗鲁和不文明行为的厌恶和不容忍。但是，假设对这种严厉回怼的反驳中，也可以有亵渎的解读：现在看来，受到冒犯的一方的行为也并不文明[22]。

与科恩不同，伍兹的问题不在于伍兹的行为是否应该被禁止，相反，我们的焦点应该是伍兹的亵渎行为是否是不文明的。伍兹对摄影师的不良行为表达出他的反感情绪，是否构成了对高尔夫礼仪的严重漠视呢？也许是吧。但摄影师的行为就不应该检点吗？我认为，应该原谅伍兹的暴怒，只要这种情绪化不是一种行为模式的征兆就可以。在伍兹事件中，不应该忽视对文明礼貌的主要侵犯：摄影师违反了高尔夫规则礼仪，这本应该是争论的焦点，而伍兹的行为只是对此的必要回应，虽然球员有义务在赛场上保持克制的情绪。

无论伍兹的行为是否违反了礼貌，我们都要承认，伍兹愤怒的爆发是一种自我控制和静心修养的丧失，而这些珍贵的品性正是高尔夫高贵性的特质。伍兹的举动，就像亚里士多德描绘的不完美但不邪恶的人：是Enkratēs①而不是Sōphrōn②。马丁·奥斯瓦尔德重申了亚里士多德的观点："圣人在任何时候都应该保持中和，保持平衡……我们也应该承认Enkratēs具有一种强烈而激情的天性，确实需要足够的力量才能去控制，而且在控制它的过程中，可能会有战斗。"伍兹这次没能控制住自己，作为运动员是败下阵来了。亵渎别人很难被认可是在文明范畴之内。对伍兹这样的顶级的高尔夫球手具有的强盛的竞争性气质，亚里士多德主义者会建议，伍兹需要比性情温和的人更多一点的克制。高尔夫是运动形象中的文明礼貌楷模，高尔夫球员应该始终克制自己。如确必要，可以寻找其他方式，来表达对粗暴违反高尔夫规则礼仪的行为的愤怒[23]。

业余选手

对高尔夫规则礼仪的主要破坏，通常来自业余高尔夫爱好者。在许多高尔夫球场，都能看到这样的人：因打加杆（Mulligans）而拖慢比赛节奏，在别人站位时发出声响，错误判断自己的击球位置，对允许打得较快的球员顺利进行比赛的建议置之不理。如此种种违反高尔夫礼仪的球员，会让其他比赛者忍受比赛拖延的煎熬，比赛常常会耗时五个小时以上，让一些人不得不退出高尔夫比赛。

观众行为

"好厉害！""进洞了！"这种无处不在的陈词滥调，一波未平、一波又起，影响了高尔夫运动宁神静气的内敛气质。高尔夫是需要克制的绅士淑女类的运动。有些人觉得用礼貌的掌声来鼓励运动员的行为已经过时，且与当今的时代格格不入。如果一些人支持吵闹和粗鄙的比赛气氛的话，我只想说，对这个已

---

① 希腊神话中的一位因为反对宙斯而战败，后来被雅典娜埋葬在埃特那山下的癸干忒斯之一。——译者注

② Sōphrōn是一个从积极和消极的意义上意识到自己的局限性的人。他知道自己的能力和本性允许他做什么、不允许他做什么。从某种意义上说，他是一个善于自我控制的人，他永远不会想做他知道他不能或不应该做的事情。——译者注

经足够纷乱嘈杂的时代，只会火上浇油。高尔夫观众应该敬畏高贵的高尔夫行为标准传统，而不是不加约束地随波逐流。

新闻媒体

摄影师在高尔夫球手挥杆时点击快门，与此同时，小飞艇也在锦标赛"领头羊"的上方发出盘旋声，高尔夫传统的安静、沉思的特质就已经被破坏了。再有，体育评论员也更热衷将议论焦点放在球员彼此的竞争和他们的缺点上。杰克·尼克劳斯写道："我们那个年代跟现在非常不同，媒体很温和，不热衷挑起争端，对所报道的球员谨慎有加，认为球员也是人，是人类大家庭的一员。我不能理解今天的媒体为何总爱强调消极而不是积极，为何总爱看坏的方面而不是好的方面。"[24]负面的媒体报道破坏了高尔夫独具的礼貌温煦的基调，让我们无时无刻不意识到，斯科洛卡这样的攻击情绪无处不在弥漫。

高尔夫运动特有的强烈而诱人的魅力，会激发人们善良的天性、抑制贪得无厌的习气。高尔夫对促进文明和道德的行为起到了积极正向的作用。高尔夫是静心观照的运动，在高尔夫球场内外，能促进人们的反思和自我成长。高尔夫是沉思性的运动，特别是在践行中体悟亚里士多德那颗追求完美主义的理想之心。然而奇怪的是，二十世纪初，美国高尔夫协会对质疑其政策的高尔夫俱乐部保持了强硬的立场，声称这些俱乐部的质疑，是不文明的，并禁止提出质疑的俱乐部成为协会会员。在伍兹案例中，文明的概念被夸大到超出文明应有的意义，被用作维护美国高尔夫协会严厉和过度保守的监督风格，结果导致习俗与理性道德的分歧扩大，让人错误地认为文明需要符合社会规范。我们以为，没有一个简单的公式可以对类似的冲突作出裁决，我们需要的是寻求道德反思式的解决方法：会得到什么，会失去什么，需要坚持哪些公约[25]？

高尔夫有助于人们获得幸福感和自我完善。亚里士多德说：美德只有在崇尚美德的社区内才能得以彰显。高尔夫是培养文明和正直的诸多法门之一。高尔夫运动，让社区呈现本真的美好形象。高尔夫运动激发了让人成为更好的人的愿望。因此，高尔夫运动在促进自我控制和礼貌行为以及审视生活方面作出了巨大的贡献。

Notes

This paper is dedicated to Glennon Bazzle, founder and CEO of Global Golf Institute, who enhanced my appreciation for and understanding of golf. See his excellent book, Anatomy of the Perfect Golf Swing: Th e Surest Way to Better Golf (Birmingham, Ala.: Lobdell and Potter, 2006).

1. For example, see David C. Lewis, "How Golf Transformed a Blighted Neighborhood," April 22, 2008, www.msnbc.com/id/24185797/from/ET/print/1/displaymode/1098 (accessed April 29, 2008): The remade neighborhood of East Lake is wrapped around a spectacular new public golf course, which became the setting for another one of [Tom] Cousins'dreams: a free mentoring program that teaches golf lessons and life lessons. "One of the better things is (that golf) teaches integrity," he said. "In other sports, basketball, football, you break the rules and there's a penalty. But there's no moral issue there. But in golf, it's all on your personal integrity. You don't improve the ball in the rough. You don't change the position." Cousins hopes kids can learn the cherished values of the game he loves. Phys-ed classes at the Drew charter school are taught on the golf course, and the school may be the only inner-city school in America with a golf section in its library.

2. Golf Digest, October 2008, 56.

3. P. M. Forni, Choosing Civility: The Twenty-five Rules of Considerate Conduct (New York: St. Martin's Press, 2002). See Forni's Web site at http://web.jhu.edu/civility for the full range of his projects. Judy Nadler and Miriam Schulman also have a good discussion of civility and its relation to virtue ethics; see their article "Civility" at the Markkula Center for Applied Ethics Web site: www.scu.edu/ethics/practicing/focusareas/government_ethics/introdcution/civility.html (accessed May 21, 2008).

4. J. J. Hermes, "Civil Engineering," Chronicle of Higher Education online, March 28, 2008 http://chromicle.com/weekly/v54/i29a00601.htm?utm_source=at&utm_medium=en (accessed March 28, 2008).

5. Forni, Choosing Civility, 177.

6. John Kekes, "Civility and Society," History of Philosophy Quarterly 1, no. 4 (October 1984): 439; emphasis added.

7. Ibid., 441.

8. Cheshire Calhoun, "The Virtue of Civility," Philosophy and Public Affairs 29, no. 3 (Summer 2000): 255.

9. One could point to the convention of women's tees in golf as a possible example. At least here, however, some relevant physical diff erences exist—namely, statistical differences in upper body strength between men and women. Removing the label "women's tees" might solve the problem: there would then be only a range of color-coded tees from shortest to longest, and no stigma or gender bias would be attached.

10. John Leonard, "Books of the Times," New York Times, June 23, 1982.

11. The distinction between positive and negative restrictions comes from Monica K. Varner and J. David Knottnerus, "Civility, Rituals, and Exclusion: The Emergence of American Golf during the Late 19th and Early 20th Centuries," Sociological Inquiry 72, no. 3 (Summer 2002): 426–41.

12. For a full discussion of the constitutive skills of a sport, intentional rule breaking, and the values that make sport a morally attractive enterprise, see Robert L. Simon, "The Ethics of Strategic Fouling: A Reply to Fraleigh," Journal of the Philosophy of Sport 32 (2005): 87–95.

13. The ads aired on the Golf Channel as well as Gary Player's comments in an instructional segment.

14. For a full discussion of the origin of American golf and the importance of its emphasis on civility, see Varner and Knottnerus, "Civility, Rituals, and Exclusion."

15. For example, Curtis Strange has said: "I don't think it's animosity toward the other team. You have to learn from your mistakes, and we're doing that. But I don't think the Ryder Cup was better back then. It's better now. You could arguably say it's the biggest event in sports." And Jesper Parnevik has noted: "I like the chaos, the energy that comes with the Ryder Cup. But there's a very small line between doing that

and stepping over the line. It should be right on top of that line." The same article that quotes Strange and Parnevik documents incidents of jingoistic incivility that occurred in Ryder Cups in the 1940s and 1950s. Mike Stachura, "Civility vs. Hostility," Golf Digest, September 2001, http: findarticles.com/p/articles/mi_m0HFI/is_9_52/ai_77453562/ (accessed May 5, 2008).

16. Cited ibid.

17. David B. Goldenson, "Golf Losing Out to Sumo Civility," editorial, New York Times, October 3, 1999, http: //query.nytimes.com/gst/fullpage.html?res=9B02E4DA1E3Ef930a35753C1A96F9582 (accessed May 5, 2008).

18. Brandon Tucker, "Game of Honor? Tiger Woods' Behavior Reveals Golf Has Lost Its Gentlemanly Ways," April 1, 2008, http: //www.worldgolf.com/magazine/archive-2008/apr01.htm (accessed March 17, 2010).

19. Brandon Tucker, "Tiger Woods Feels No Need to Apologize for Profanity-Laced Threat at Doral Photographer," March 26, 2008, www.worldgolf.com/blogs/brandon.tucker/2008/03/26/hey_tiger_lay_off _the_photographers (accessed May 19, 2008).

20. On the "bounds of civility," that is, behavior that does not deserve a civil response, see Calhoun, "Th e Virtue of Civility," 267-72.

21. Tucker, "Game of Honor?"

22. Cohen v. California, 403 U.S. 15 (1971).

23. Aristotle, Nicomachean Ethics, trans. Martin Ostwald (Indianapolis: BobbsMerrill, 1962), 314.

24. Jack Nicklaus, with Ben Bowden, Golf My Way (New York: Simon & Schuster, 2005), 292.

25. Varner and Knottnerus, "Civility, Rituals, and Exclusion," 437.

第五洞
高尔夫如何塑造道德品格

詹妮弗·M. 贝勒（Jennifer M.Beller）和莎伦·凯·斯托尔（Sharon Kay Stoll）

纵观历史，体育教练、老师和体育支持者们都认为，体育运动可以塑造个人的品格。许多体育爱好者也确信，体育运动可以培养积极的道德价值观念，诸如诚实、责任感、公平和尊重，他们认为参与体育运动的一大目标就是最终养成这些品格。参与运动本身和体育制度反映了美国人的态度、价值观和信念，这些价值观的形成都来源于亲身参与[1]。杰弗里·斯托特提出，体育是一种错综复杂的道德实践，我们为之骄傲的道德观和品格皆可由体育塑造而成[2]。伯纳德·穆林、斯蒂芬·哈迪和威廉·萨顿也认为，竞技体育教会人们团队合作、自我牺牲和严以自律，这些在运动场上形成的品格完全在职场或工厂中发挥作用[3]。最近，穆琳·维斯在一场国会听证会中说："教育工作者和家长们已经证实，参与体育运动，可以教会孩子们诚实、尊重、同理心、责任感和公平竞争的价值观。"[4]

维斯说道："有些批评者认为，体育不是在塑造品格，而是在培养性格，让人们学会如何规避规则，不惜一切代价取胜或是认为他们可以逍遥于一些规则之外。"[5]布鲁斯·奥格尔维和托马斯·塔特科说："如果你想塑造品格，还是试试别的方式吧。"[6]有十分可靠的实证研究，可为这些说法提供佐证。研究表明，参与体育本身并不能塑造道德品格，一个人参与体育运动的时间越长，反而对体育以及体育外的重大问题进行道德推理的能力就越差[7]。尽管研究人员发现，体育运动一般没有塑造品格的作用，而且与个人项目的运动员相比，团体项目的运动员似乎更容易受到其运动竞争经历的负面影响；但是，在各种个人运动中，高尔夫球员受到体育的负面影响似乎是最小的[8]。

四十多年来，这一场关于体育运动能否塑造品格的争论愈演愈烈，至今仍未平息。美国青少年将大部分的课外活动时间用于体育锻炼，社区、青少年、学校和机构主办的体育活动估计有3000万到4000万人参加，参与者的年龄在五到十八岁之间。体育运动作为一种塑造品格的方式，究竟起着怎样的作用呢？仅在美国，就有大约3000万名高尔夫球员（约17%的球员年龄在五到十七岁之间，19%的球员年龄在十八到二十九岁之间），这些人活跃在16000多个高尔夫球场上，约五亿场高尔夫球赛上都有他们的身影。我们不禁要问：究竟是什么让高尔夫运动有别于所有其他运动？高尔夫会对品格发展的影响更显著吗[9]？有哪些经验证据可以表明，参与高尔夫运动可以促进个人道德品格的发展呢？

为回答以上这些问题，我们必须研究品格的本质、品格的发展历程、竞争对品格发展的影响，高尔夫的历史、文化和传统（在高尔夫比赛中，每一名运动员都单独记分、自行提出判罚、遵循根植于传统和历史的荣誉行为），以及如何将高尔夫和所有其他体育活动区分开来，如何把高尔夫视作品格塑造经验的潜在楷模等。那么，什么是道德品格呢？

品格的本质

希腊人认为，道德就是个人对待彼此的方式，这种方式会影响每个人自身的幸福感。亚里士多德曾说，所谓具有道德观，就是指对他人有礼貌、行为端正、公平竞争和拥护正义[10]。亚里士多德把这种品格称为践行正确的举止优雅的生活。这要求人知道什么是正确的，并且做正确的事。道德观最高的境界是要养成"慎独"的习惯[11]。在亚里士多德看来，一个人只有知道什么是正确的，才能习惯性地保持正确的道德行为。因此，道德感对于习惯性的道德行为是不可或缺的。劳伦斯·科尔伯格的学生，心理学家、教育家托马斯·里克纳使用了与亚里士多德相同的正确的行为概念，并做了进一步扩展延伸，全面地建立起道德感、道德认知和道德行为与个人的道德发展的相互关系。作为一名心理学家，里克纳指出，道德认知包括道德意识、观点选择、道德推理、行为决策、自我认识和道德价值；道德感与良知、自尊、同理心、向善、克己和谦逊有关；道德行为与能力、意志和习惯有关[12]。所谓品格（知道、重视和做正确的事）的基础是道德，"一个人的行为、意图和动机会影响他人"[13]。另外，道德品格还涉及个人与他人之间的关系，蕴含诚实、责任、文明和礼貌等品格的相对价值，以及核心的普世价值。善待他人，个人要负责任，要讲文明，要公平竞争。高尔夫运动中球员自行判罚的传统，培养了高尔夫球手良好的道德品格。高尔夫可以说是唯一一项参与者在所有级别的比赛中重视并遵循规则和体育精神的运动。

社会品格特征与品格基础的道德价值观相对应。社会品格特征涉及西方社会所倡导的辛勤工作、全心投入、奉献牺牲、认真专注和团队合作的价值，这些与道德品格特征并不相同。这些社会价值备受美国人推崇，被视作体育经历中不可或缺的一部分，主要聚焦的是个人的成就，包括运动员辛勤工作、无私奉献、认真专注、配合团队。许多经验表明，体育运动可以塑造或至少促进这些社会特征的发展[14]。尽管社会性格特征是体育塑造品格中的固有特质，但这些价值观不应只成为个人性格的一小部分。强大的社会品格需要有坚实的道德基础，才能克制个人对他人的自私欲求，以及过分需要和不切实际的期望。换言之，即便一个强奸犯再勤奋、再专注，他终究还是一个强奸犯。道德是促进个人推理和个体决策的指南针[15]。所以说，道德品格是一个人心理和情感倾向的总和，带有强烈的个人色彩。

品格发展

大多数人对品格发展的概念一知半解。我们遇到的每个人，都会自认为自己品行端正、通晓品格发展的奥秘、有资格向全世界传道授业解惑。最近，在一场以品德教育为主题的重要会议上，一位小组成员表示："我们都知道品德是什么，我们要做的就是教导别人什么是品德。"[16]因为有这种看法存在，所以大家需要在探讨品格发展的话题时，适当回避一些内容。结合过去三十年来与实战经验相关的实证研究来看，尤其需要如此。仅仅思考自己知道什么是道德是不够的，还需要进行研究、思考、反思，经历认知失调，承受与专业实践和体育实践相关的个人价值观的冲击。

道德品格教育的主要部分，围绕下面一些不同的方式展开，主要有：

（1）榜样；（2）社会环境；（3）道德和品格教育。

向榜样学习

日常生活中的某些大人物，可以成为我们的榜样。我们向榜样学习时，不仅要听他们说了些什么，还要特别注意他们的非口头语言所起的教育作用——包括手势、面部表情和肢体语言。父母、同龄人、老师、教练、同事、老板甚至是艺人，都可以是学习的榜样。事实上，任何人都可以是榜样，人人都可以通过行动、言语和行为教导他人。在这方面，父母担负着相当大的责任；孩子们最先将父母视作自己的榜样，学习道德的是非对错。下面讲一个父母的榜样和品格教育的老故事，说明榜样的重要性：

一位父亲在家里教育十二岁的儿子要诚实。周一，他给儿子讲了乔治·华盛顿和樱桃树的故事；周二，他谈到亚伯拉罕·林肯；周三，他叙说特蕾莎修女的事迹；周四，他敬忏耶稣基督；周五，他带着儿子去看电影。电影院标示牌上写着："所有十一岁以下的儿童，都能免费入场。"父亲对儿子说："记住，今天你只有十岁。"

相比于给儿子讲的四个故事，这位父亲在周五用实际行动告诉儿子什么才是真正的品格，让之前的种种品格教育的努力都灰飞烟灭。儿子从父亲的行为中领悟到何为品格，远比从父亲给他讲的故事中了解的要真实得多得多！所以品格教育的关键在于父母：如果真的重视品格教育，那么父母就必须负起责任，做到"言行一致"。当然，我们能从非常多的经验、环境中学习，向老师、老板、艺人、运动员等无数榜样学习。高尔夫球坛就有很多这样的榜样。1925

年的美国公开赛，鲍比·琼斯在长草区做准备动作，不小心触到了球，球只是稍微移动了一点，除琼斯本人，没有人看到球动了[17]。当时锦标赛冠军尚未产生，在记分卡签字上交时，所有人突然发现，琼斯给自己判了一杆罚分。判罚球动，对他没有任何好处，而且他的行为也不算严重的犯规，但琼斯还是选择遵守高尔夫规则，进行了自我判罚。琼斯因为这个罚球，在常规赛结束时，和威利·麦克法兰打成了平手，最终在三十六洞的加时赛中，输掉了这一届的美国公开赛。后来，当被问到为何选择自我罚杆时，琼斯只表示这是高尔夫规则的要求。琼斯还要求记者不要报道这件事："如果这种事都要拿出来夸赞的话，你还不如夸我没有抢银行。"同样，梅格·马龙（四次赢得LPGA大满贯冠军）曾经说过，尽管很多运动员的座右铭都是"不作弊就代表没有努力过"，但高尔夫球手不在此列。高尔夫"从一开始就是一项绅士运动，并且始终如此。你应该懂得：遵守规则并自己对自己判罚，是一种荣誉的象征。高尔夫是正直的游戏"。当梅格把高尔夫球掉到果岭上的标记硬币上时，她给自己加罚了一杆。"如果不罚杆，我就没法心安理得地继续比赛。"在2007年本田精英赛中，马克·威尔逊在意识到自己的球童无意中对他喊出混合杆的杆面倾角数字时，对自己加罚了两杆，而这种举动，可能让另一名运动员占得先机。后来，马克在加时赛中还是赢得了这场比赛。虽说如此，但如果他不自我判罚，可能不用进行加时赛就已经赢得了本田精英赛。还有一例，在1996年弗罗里达贝希尔邀请赛中，仅落后两杆的杰夫·斯鲁曼认为自己的罚球抛落不当，尽管不能完全确定是否真的不当，杰夫还是自己取消了自己的比赛资格。高尔夫球手和其他任何运动的运动员都不同，高尔夫球员会自觉不自觉地将遵守规则及其精神的信念内化于心，这不仅是自己对自己的行为负责，而且对维护高尔夫特有的气质、保持高尔夫球员个人的形象都是至关重要的。

从社会环境中学习

每个人的生活都会受到所处环境的影响。最初的环境影响，来自我们的直系亲属。我们通过家庭传统、家庭价值观、宗教信仰和家庭传承，间接地受到教育。外在影响主要来自学校、工作和娱乐。我们通过观察同龄人的做法和价值观以及所言所行来学习。环境还通过更广泛的社会规范、价值观和行为影响着我们。目前，社会的影响在很大程度上是通过媒体来施加的，如电视、体育、电影、互联网和新闻报刊。为保证周遭的环境促进个人品格的培养，父母必须积极监督儿童和青少年所接触的环境内容。电视和好莱坞影片通常没办法教育孩子怎样才能拥有优良的品格。相反，大多数娱乐活动热里面的负面内容太多，包括欺骗、不诚实、不忠、不负责任等，这些不良内容与我们推崇的优良品格是背道而驰的。所以，父母必须警惕各种"盒子"（包括电脑和电视）和大银幕上的教育内容，以确保教育发挥积极作用。

道德和品格教育的正式学习

要提高道德推理能力，必须经由一种特殊的思维模式，这被称作"认知失调"，即通过道德推理进行认知挑战，是一种评估个人价值观的系统性过程。人们意识到，价值观可能相互冲突，要处理冲突引起的焦虑，就需要形成一套统一且公正的道德准则并躬身践行[18]。要克服认知失调产生的个体内在混乱，道德推理是不可或缺的。道德推理是一种基于哲学推理的过程，任何人都能从中受益。过去四十年的研究表明，参加过专门课程培训的所有年龄段的人都取得了明显、积极的道德认知成长。道德推理不是意识形态或神学，也不是让人变好的某种神秘主义应用。相反，道德推理基于这样的假设：作为推理的个体，每个人都可以自我审视个人价值、设立更高标准的价值观，都可以在认知层面深化其道德决策。道德推理不能确保行为发生改变，但确实促成了个人对信仰、价值观和原则的内省和反思。没有道德推理，就不可能解决认知失调问题，道德成长和行为的改变也就不会发生。

当前有关大脑神经可塑性的研究表明，道德推理是一种哲学性思辨过程。研究人员指出，大脑额叶的发育，受特定类型的道德教育、经历类型和道德推理实践的影响[19]。人的大脑额叶，直到二十出头到二十五岁左右才完成发育。我们由此认为，年轻人需要一种建立在高层次推理基础上的教育计划。例如，第一层推理涉及"作弊是错的吗"这类的问题；第二层推理则更进一步，提出"为什么作弊是错的"这类问题；第三层推理的问题对大脑发育更为重要，它们类似"让我们一起研究，为什么在课堂上作弊可以，但女朋友出轨就不可以"。神经科学领域的最新研究也清楚表明，人类的大脑其实是与道德感有硬连接的[20]。大脑具有持续的可塑性成长的能力，所以道德方面的培训和教育就成了一项重要的任务。富有挑战性的规范和批判性推理会对这种可塑性产生影响，特别是高层次的推理对于大脑的成长更加至关重要。精神病患者的大脑额叶很小，而那些道德高尚的人拜神经可塑性所赐，却有着很大且发育良好的大脑额叶。劳伦斯·唐克雷迪说："可以利用神经可塑性，借助积极的体验和培训，来产生道德的力量。除非人有严重的生理缺陷，有着遗传病或后天疾病，否则人的大脑几乎能够在全年龄段都进行自我重塑，帮助改善人的身体和心理状态。当人们误入歧途，想改过自新时，神经可塑性就是他们最好的朋友。"[21]这样的另类观点，引发了人们对"好人"的重要性的讨论、思考和反思。做"好人"能够促进大脑额叶的发育，所以我们更希望借由行动、言语和行为，把自己培养成一个好人。因此，道德推理的高层次问题迫使个人审视价值观体系、思想中的矛盾、经验价值的差异，以及这些差异所带来的复杂后果。在教学形式的讨论中应用这种观点是一种截然不同的教学方法，这就要求教师提出更尖锐的问题，对学生要有足够了解，能质疑，以便促使学生反思和深入思考。

了解、评估、做正确的事

品格的发展，可以是系统性的或是非系统性的。换句话说，可以用正式和非正式的方式进行教育培养。最好的情况是，把三种要素（榜样塑造、环境和认知失调）结合在一起，为个人提供坚实的价值观基础和思考价值观的方法。这些因素影响着道德认知、道德评价和随之而来的道德行为，这三者是对道德品格的整体反映。利克纳把它们说成是重视和了解正确的事。当一个人把品格塑造三要素结合到一起时，就掌握了做道德正确之事的关键[22]。

不过，知道什么是正确的事和做正确的事，还要以相互关联的因素为基础，这些因素是道德认知、道德评价和道德行为。这几个因素与推理者及其在世界上所处的位置和存在的状态有着共生关系。道德认知是一种特定类型的认知，涵盖多种技能，道德推理是其中不可或缺的一部分[23]。一个人必须先要认清是否存在道德问题，也要知道并理解驱动其行为的基本道德价值观，并且能从另一个人的角度来看待问题。要对一个人的行为产生潜在影响，这个人还必须拥有道德感：良知、自尊、同理心、向善、克己和谦逊。我们从大脑神经可塑性的研究中了解到，有些人（精神病患者和反社会者），从未真正拥有道德价值感[24]。要让个人形成强烈的是非观念，就要让他们沉浸在一个支持、示范和教导善的道德共同体中。

道德共同体的特征

道德共同体由若干个部分组成。第一，要有和谐温暖的氛围、德润人心的环境。孩子们常常从钦佩的人身上学到东西。因此，如果孩子们可以和可敬的成年人一起生活在良好的环境中，就会受到鼓励，利于得到正向的学习。第二，要有设定、传达和理解明确的界限和期望。孩子们必须有明确的规则、标准、期望，要有希望实现的目标和希望成为什么样人的愿景。第三，共同体要从代际鸿沟变为代际桥梁：孩子们在人生中的各个阶段都能从长辈那里得到爱和关怀[25]。第四，道德共同体要反映和传达怎样做一个好人的共识[26]。总之，要让孩子了解作为道德共同体的一员意味着什么，了解什么是善、什么是重视善、什么是做善事，孩子们需要在有各年龄段人的环境中被爱和被滋养，共同体要帮助孩子们设定和示范明确的期望和标准，并传达善行的共识。

亚里士多德认为，品格就是良好道德素质的组合，一个具有高尚品格的人会表现出坚定践行诚实、公正和尊重等美德的信念和决心。亚里士多德还认为，品格也是一种对他人和自己的正确行为。亚里士多德指出，当使用道德推理能力来控制和调整自己时，推理能力和注重结果的能力就体现出人性[27]。例如，勇气是介于怯懦和鲁莽之间的折中选择。理性帮助我们找到这个折中选择。利克纳在亚里士多德的主题基础上拓宽了品格定义的范围："良好的品格，包括知善、乐善和行善，也就是头脑的习惯、心灵的习惯和行动的习惯。"[28]利克纳认为，推理本身还不够，必须拥有深埋于心的强大价值体系，并且需要理解并表达出这种价值体系。仅仅说"作弊是错的"还不够，必须知道作弊为什么是错误的，违背了哪些价值观。当"老虎"伍兹被问到为什么没有在婚外情被公众所知前及时终止这段关系，他说："哦，我不知道我有那么糟糕……想要去否认、去合理化，我现在明白，只有把这些借口都去掉，才能发现真相。"[29] 真正的检验，是将一个人重视、了解和推断为正确的东西付诸行动，就是要有"做"的精神。人不应该作弊说起来容易，但当你身边的人都在作弊时，你还可以坚守自己，那就完全是另一回事了。利克纳强调，"做"必须成为一种习惯，一个人必须有勇敢践行的珍贵品格。希尔兹和布雷德迈尔在"品格［是］拥有可以持续表现道德行为的个人品格或美德"的定义中，表达了同样的意思[30]：品格是重视他人，并且对他人实践某些原则的个人特质。这些原则表现出对某些信念的执着，认为诚实、可信、公正、尊重和文明是非常重要的。从道德层面来说，品格是原则的总和、对原则的重视以及个人在遵循这些原则时采取的行为[31]。过去二十五年间，我们从在体育运动和品格领域里开展的研究中，总结出我们对品格的定义：品格是诚实、公平和文明的能力，即使没有旁人在看，甚至无人遵从这些道德规范时，也应该如此遵从。品格是有勇气捍卫正确的事，即使在不做正确的事也能获利的不良环境中，坚定地能捍卫正确的事[32]。

在大多数竞争性体育活动中，不少人会违反比赛规则和比赛规定，并且不以为耻。一直以来，在足球、曲棍球、长曲棍球和篮球等团体运动中，运动员都受到训导，认为在比赛中可以采用一些花招（以不良方式将规则应用到极限却不被抓）。受训的运动员常常会是现实主义者而不是理想主义者，会在比赛规则以内或以外做需要做的任何事来确保自己取得胜利，只是为了取得保障自己参与第二轮或第三轮比赛，而不管自己的行为是否意味着破坏了规则将对手淘汰出局。对这些人而言，比赛过程不重要，重要的是如何取得胜利，最终目标是获得优势以确保胜利，他们不在乎别人的看法。

体育运动中许多塑造性格的因素，直接来自各种社会性格特征。比如，大多数人所看重的全身心投入、团队合作、为共同利益牺牲、无私、自强不息、克服障碍等。这些特征受到人们的高度重视，被视为体育运动中"塑造品格的特质"。但是，个人也可以在没有道德约束时表现出这些特质。一个人可以非常有竞争力和取得成功，但同时也表现出不道德的动机、意图和行为。无论一个人得分怎样、输赢与否，只要参加比赛，就会影响自我的品格发展，但这种品格可能只是社会性的，而不是道德性的。

竞争的复杂状况，也似乎会对运动员的运动经历产生负面影响。过去二十五年，研究人员发现，运动员进行道德推理的能力，从某种角度来说与那些不是运动员的同龄人截然不同：运动员的推理水平明显更低[33]。特别是曲棍球、足球、冰球和篮球运动员，他们的道德推理得分最低！这是因为他们的道德推理往往基于被告知的外在的是非对错，只遵从字面规则，而且特别强调个人利益的得失。此外，尽管团队运动中男女运动员的道德推理水平差不多，但男性运动员似乎比女性运动员更容易受到竞争环境的负面影响。有趣的是，男性和女性高尔夫球员之间却不存在差异，而且高尔夫球员的道德推理得分明显比其他运动的运动员要高出很多。高尔夫运动员在做道德推理时，通常会考虑他人、社会规则和制定规则背后的初衷[34]。这些重要的发现，完全打破了一个由来已久的观点，即认为女性在一些道德开发的工具上明显得分更低。卡罗尔·吉利根等人声称，由于女性更关爱他人、更无私，也更容易受到这些价值观的驱动，通常她们在这些工具上的得分不会像男性那么高[35]。利用这些工具来衡量女性是错误的，具有误导性。不过，吉利根的观点似乎没有实际意义，因为从我们二十五年来收集的竞技和非竞技人群数据来看，女性的道德推理得分一直都比较高[36]，男性的道德推理得分低于女性。从时间上看，男女运动员的道德推理得分都在以恒定的速度下降。男性的得分始终低于女性，这可能不仅是体育运动的竞争环境所致，还因为男性更早且更经常地因其运动成绩而得到同龄人、球迷和父母的奖励，从而会更倾向于在比赛中采用花招。不过，我们在查看高尔夫球员的道德推理分数时发现，无论男女的高尔夫球员，通常都能获得相比其他运动的运动员的最高道德推理得分。所以，我们有理由认为，比赛的性质和模式也会对运动员看待道德问题的方式（作弊、获得优势、报复等）产生很大影响。

打开天窗说亮话，运动员，尤其是团体运动的运动员，会自觉不自觉地将花招作为比赛策略应用在比赛中。对运动员提供指导的教练和一些坏的榜样也促使运动员们相信：规则的存在，就是供扭曲和操纵的，为了胜利什么都可以做。如此一来，就不得不制定新规则，以阻止新的犯规行为，因此，规则手册变得更冗长、更复杂。而规则不断发生的演变或改变，令运动员更难勇于承担个人责任。比如，过去无论裁判是否叫犯规，排球运动员在碰到出界球时都要喊"触球"，篮球运动员在犯规时都要举双手示意，而现在再这样做，则会导致球员被裁判或教练赶出比赛，并且受到队友的排斥。队友们会说："要是我的队友主动傻乎乎地说触球了，我会踢爆他那颗愚蠢的头。"[37]即使教练鼓励球员喊"触球"并举起双手，裁判也常常会告诫教练不要让球员这样做。美国西点军校与体育协会的排球对抗赛上就发生过这一幕[38]。西点军校的主要目标之一，是"培养实现共同防御的有品格的领导者"。西点军校极为重视军校学员的品格发展，因此西点军校学员所做的一切，包括被强制要求参加体育运动，都是以品格发展为目标。当排球比赛规则变更为运动员在自己碰到犯规球不再要喊出"触球"时，西点军校的教练认为这种规则变更涣散了西点军校学员的责任意识，不利于对学员品格的培养，因而西点军校教练要求军校运动员如果触球了还是要喊"触球"。当西点军校的这场排球比赛进行到一半时，一名裁判走到西点军校教练面前，要求教练下令自己的运动员不要再喊"触球"。在交涉过程中，西点军校教练解释了为什么要这么做的原因，而裁判则向教练解释了变更后的新规则。比赛结束后，NCAA的裁判表示，如果西点军校继续无视规则的改变，他们将不得不要求西点军校退出体育协会，因为西点军校不"遵守官方规则"[39]。

按照上述观点，裁判有责任判断所有的犯规行为，并作出判罚；而运动员对规则本身或规则制定的初衷，几乎不负任何责任。这种责任的涣散会让运动员错误地认为，只要不被抓到，就不算作弊。我们要问，为什么NCAA要改变规则呢？因为在此之前，运动员将部分注意力放在自己身上，部分干扰了比赛进程。因此，改变规则可能是出于善意，却让运动员承担了个人责任涣散的消极影响，因为尊重、重视和遵守以前喊"触球"的高尚规则，就会减少己方获胜的机会，如此一来，运动员就很难再坚持这样做了。

接下来的文章会探讨一个有意思、有意义的话题：为什么高尔夫球员在道德推理和品格发展方面，迥异于团体项目的运动员？为什么高尔夫球手在没有其他人知道的情况下，在明知自己可能会与冠军失之交臂的情况下，也愿意为不小心让球发生移动而自我判罚？下面让我们来揭秘高尔夫球手的行为如此高贵的背后深层原因。

构建并鼎力支持道德共同体

高尔夫球运动与其他有组织的运动相比，既有相似之处，也有不同。只要是体育运动，都会影响运动员的品格，所有有组织的运动，都是身体技能、运动能力、战术、策略和竞争力的比拼。哲学家罗伯特·西蒙认为："体育竞技是对参赛者能力的测试，参赛者要能应对规则所带来的挑战。更为宽泛地说，体育运动是他人检验我们的竞技场，在这里，我们尝试通过突破规则设置的特定身心阻碍来学习和成长，最后达到追求卓越的目的。"[40] 所有有组织的运动都受规则的约束，都应有明确定义的规则。西蒙认为，体育"可以围绕建构规则、追求目标、规则设置的障碍来定义。这些设置的障碍，离开了规则，便无从分辨"[41]。比赛中的行为和动作以及胜利达成的条件是由规则决定的。实际上，这些规则通常会被比赛者操纵以确保自己取得胜利。

体育运动还会受到一系列与体育精神或道德相关的规则约束。这些规则包括尊重队友和竞争对手、承诺公平竞赛和尊重荣誉等行为。例如，在高尔夫果岭上，走在其他球员的球线上是错误的。所有规则制定背后的初衷不外乎是：运动员不应通过干扰对手比赛而获得自身的竞争力。尊重体育精神和遵守规则，是体育比赛得以正常进行的基础。体育规则约束比赛本身，而体育精神规则是针对球员、教练和球迷在场内外的行为规范。正如卡因·琼斯和迈克尔·麦克宁指出的，"体育规则以公平为前提。因此，违反规则就会彻底打破比赛的平衡。追求胜利的过程中，所有参赛者都应受到公正和平等的对待。运动员决定参加比赛，某种程度上就是运动员默认要遵守比赛规则，违反规则就是背弃了自己的承诺"[42]。

如果某些不受规则约束的行为强化和促进了竞争，这种行为也应该被禁止。

例如，个人不是故意地误报了比赛的时间和地点，或为了取胜贿赂裁判。有一种默契是，参赛者应尽力创造自身胜利的条件，这样会让对手也最大可能地发挥自己的实力。有趣的是，为了应对不断增长的违规行为，大多数体育项目的体育精神规则数量都有显著增加，但唯独高尔夫运动除外。

是什么让高尔夫运动卓尔不群、与众不同？

尽管所有体育运动都受到规则和体育精神规则的约束，但高尔夫运动独具的几个要素将高尔夫与其他体育运动区分开来。首先，高尔夫有丰富的历史、传统和文化，充沛的底蕴让高尔夫球员形成强烈的荣誉意识，会自觉反思在规则和道德层面哪些行为才是正确的。高尔夫可能是唯一在各级别赛事中一以贯之进行自我监管的体育运动，而且在这里必须强调的是，有时高尔夫球手的自我监管还可能成为左右比赛输赢的关键性自律。也许，很多人认为网球也是如此，但在网球职业和精英比赛中，有裁判在场判定出界、擦网和其他犯规行为。高尔夫职业运动员为自己的判罚和得分负责，可以说除高尔夫之外别无他家运动如此。在高尔夫比赛中，其实只有高尔夫球员才真正知道自己打了多少杆。高尔夫球运动事关荣誉，荣誉是高尔夫的传统，也是公众对高尔夫的期望。失掉对荣誉的坚守，高尔夫就将不再是高尔夫了。

高尔夫球员作为这项运动的榜样，是在荣誉和正直的环境中受教育、在相互交流中成长起来的，这为高尔夫球员的行为设定了很高的标准。只要留意一下大多数乡村俱乐部和高尔夫俱乐部会员资格要求，会发现会员申请时，申请人必须具备"良好的道德品格"。人们很少会见到其他体育项目对参加者的资格有类似要求。下面举一个高尔夫俱乐部的文书例子："在希兰代尔高尔夫俱乐部球场，我们不仅看到了年轻的高尔夫球员继续为伟大的高尔夫运动带来价值，还认识到开展品格发展课程的重要性。经过培训，我们的PGA和LPGA员工不仅向年轻球员们传授高尔夫挥杆动作的基本功，还教育他们享受高尔夫'神奇之旅'的蕴含和意义。"[43]

尽管良好道德品格很难确切定义，但希兰代尔俱乐部还是规定，只有具备高尚道德品格的人才能申请俱乐部资格。这种品德要求,也得到了希兰代尔俱乐部其他成员的支持。回到培育个人道德品格的话题,从俱乐部会员资格声明中就可以看出,高尔夫确实有着丰富的传统和文化,这些传统和文化希冀球员不仅了解规则,还要遵守规则以及明白规则制定的初衷。这就要求在高尔夫比赛中必须要诚实守信,诚信是取得高尔夫比赛胜利的必要条件。诚然,现实中可能无法达成这种理想,但问题的关键是,这是一种高尔夫文化的传承和希冀,即使有些俱乐部的一些排他性规则违反了诚实、尊重和责任这些高尔夫的基本理念,但高尔夫的传统仍然薪火相传、永续存在着。

高尔夫具有高贵的传统,所以高尔夫运动不像其他大多数运动那样,会默许在比赛中采用花招策略。一场高尔夫比赛下来,大概就可以对一个人的道德和社会品格水平略知一二了。高尔夫球场的设计也会影响运动员的挥杆、击球选择和策略,这些给他们的决策过程、推理和解决问题的能力带来了挑战。在诸多综合的复杂背景下,高尔夫球员受到规则和体育精神的多重挑战,由此球手的道德品格(正直、诚实、负责、公平)和社会品格(耐心、谦虚、逻辑、智慧、奉献),可以顿悟、精进并长足进步。大多数体育运动的驱动力都以社会价值竞争为基础,唯独高尔夫似乎是由道德本质定义的。撒谎和作弊的高尔夫球员不会在竞技比赛中获胜,因为很少有人愿意与他们一起比赛。但在高尔夫之外的很多其他团体运动中,潜在的主题却通常是"己所不欲,先施于人"[44]。

综上所述,高尔夫球员会以高尔夫比赛的荣誉和诚信为傲。这些价值观在高尔夫参赛选手心中是一种根深蒂固的潜意识,以至于当高尔夫球员达到精英和专业级别时,他们宁愿输球,也不愿通过撒谎获胜,因为通过花招或作弊赢得的胜利是没有价值和意义的。几年前,一名天赋异禀的高中高尔夫球员在参加州级高中锦标赛时脚踩到了最后一洞,意外地改善了自己的球位。这时他已经进入了锦标赛的最后一轮,正与对手展开冠军角逐。如果这次他能获胜,就将获得一所知名大学提供的全额高尔夫奖学金。球位的细微挪动,旁人没有看到,他本可以假装什么都没有发生而继续比赛,但这位高中高尔夫小选手选择了自我罚杆,最后他输掉了这一场重要的比赛,这里要强调的是,如果他不自罚这一杆，他本来会赢得冠军的。后来当他被问到为什么要自罚一杆时，他说他从没想过通过作弊去获得奖学金。他认为自己已经违反了比赛规则，如果他默不作声，即使赢得了冠军，内心也会觉得没有真正地赢得这场比赛。大多数团体项目的运动员，可能都会认为这位高尔夫球员疯了：没人看到，谁会知道呢？

职业高尔夫球员大卫·杜瓦尔对高尔夫球员应该如何看待对手，提出了自己的看法。杜瓦尔认为："高尔夫的优点之一是：你不必在比赛中怀有任何敌意。如果我有幸在美国公开赛上与他（"老虎"伍兹）正面交锋，我希望他能在比赛中发挥出最佳水平，因为我想击败最佳状态的"老虎"。如果你知道"老虎"尽了全力，而你又击败了他，那种感觉会是无以复加的棒。"[45]

高尔夫规则背后的底蕴精神，提升了高尔夫球员坚守荣誉和诚信的意识，因而提高了高尔夫整体的竞技水平。有人会说，与大多数体育运动相比，高尔夫对身体条件或绝对的运动能力要求并不高，但我们要说，要在高尔夫运动中脱颖而出，需要具备与其他体育运动相同的社会品格特征：全身心投入、牺牲、无私、自强不息、克服障碍。特别是高尔夫的传统、历史和文化创造出了独具一格的有着既定标准、期望和结果的环境，这些会对大脑的神经可塑性产生特别积极的影响，这一点非常重要，因为高尔夫的正念与人在道德层面成长、深度思考和走向成熟这些品格直接正相关。如果道德共同体有一套明确的期望、行为和参数，以及明确说明不满足这些会产生的后果，道德共同体就一定能发挥积极作用。如果道德共同体的道德信念强大，个人通常会在道德方面快速成长、走向成熟。但这是否意味着特定环境中的所有个人都会以同样的方式成长和成熟，而那些没有道德导向的个体会走上完全不同的道路呢？答案也不尽然。高尔夫球员在球场内外发生不道德行为的例子也不胜枚举。尽管如此，如果那些在没有道德导向环境中成长的人，能有幸来到有强大道德标准、道德榜样、要为违规承担后果、充满爱的新环境中，他们也能在这种环境下成长和成熟，只是需要更长的时间。

高尔夫这项神奇的运动具有促进道德成长的所有激励特质。无论是六岁的孩童，还是六十岁的老人，都可以借由高尔夫实现道德成长。有趣的是，不少研究也实证了这一点。高尔夫球员的道德推理得分，是个体运动员中最高的，并且明显高于团体项目的运动员。一些人认为，教育和收入会影响一个人的道德推理，换言之，受教育程度越高，越富裕的人（这些人中很多都打高尔夫），就越能作出正确的道德判断。但是教育和富裕程度，既无法预示也不能直接影响人的道德推理能力。例如，律师在道德推理清单上得分较低，而神学家得分很高，这与收入有关吗？詹姆斯·雷斯特在报告中称，社会经济地位与道德推理无关，像众所周知的安然公司的领导者，虽然跻身最聪明、收入最高的商界人士之列，然而他的道德水准却无人恭维[46]。

不过，为什么高尔夫球员的道德水准高于所有其他运动的运动员呢？答案就藏在高尔夫的传统之中。从高尔夫球手自己提出对自己实施判罚，到对诚实不妥协的追求，以及像格雷格·诺曼这样在发现使用了违规高尔夫球时，自己坚决取消了自己的参赛资格（1996年佳能大哈特福特公开赛）。人们没有在任何其他体育运动中，看到对比赛、对自己和对竞争对手有这样的一种高度责任感。雷纽夫·朱诺在高尔夫电影《重返荣耀》中的一段台词或许是对高尔夫诚信的最好概括：当他在和两名史上最佳球员鲍比·琼斯和沃尔特·哈根比赛时，因为移动了一个细树枝而让高尔夫球轻微动了一下，他自语道："我必须自己提出罚杆。"他的小球童哈迪·格里斯说："不，不要这样！请不要这样做。只有我们两人看到了，我不会告诉其他人的。"朱诺却非常坚定地说："我保证过。我要这样做，哈迪，你也需要这样。"这个高尔夫小故事说明：高尔夫球员之所以与其他体育运动的运动员相比在道德推理中得分更高，是因为高尔夫球员认为高尔夫比赛是为了他人和比赛，而不仅仅是为了自己。高尔夫球手对自己和对他人具有高度的责任感，这是一种令人心生尊敬的诚信比赛的强烈荣誉感和责任精神。高尔夫球手自觉以此标准自律、律他，并以身作则，将这一份高尔夫的荣誉和诚信传承下去。这就是高尔夫高贵的本质，也是高尔夫规则传统能够薪火相传、生生不息的根本原因。

Notes

1. Angela Lumpkin, Physical Education and Sport：A Contemporary Introduction,

3rd ed. (St. Louis: Mosby, 1994), 2–50. Jesse F. Williams and William L. Hughes, Athletics in Education (Philadelphia: W. B. Saunders, 1930). M. Vannier and H. Fait, Teaching Physical Education in Secondary Schools (Philadelphia: W. B. Saunders, 1957), 1–15. Thomas D. Wood and Rosalind F. Cassidy, The New Physical Education (New York: Macmillan, 1927). Clark W. Hetherington, "The Demonstration Play School of 1913," American Physical Education Review 20(1915): 285. Thomas Shea, "Win-at-Any-Cost Attitude Disturbs a PE Veteran. Southern Illinois University News Release," Journal of Athletic Training 25, no. 2 (1990): 185. Daryl Siedentop, Introduction to Physical Education, Fitness, and Sport (Mountain View, Calif.: Mayfield, 1990), 2–65. Daryl Siedentop, Charles Mand, and Andrew Taggart, Physical Education: Teaching and Curriculum Strategies for Grades 5–12 (Palo Alto: Mayfield, 1986), 5–8. Dorothy Zakrajsek and Qyingyi Mao, "A Ranking of Goals and Objectives for Secondary Physical Education," Northwest Journal of American Alliance for Health, Physical Education, Recreation, and Dance 1, no. 1 (Spring 1988): 17–19. Dorothy Zakrajsek and Qyingyi Mao, "Ranked Indicators of a Good Lesson in Secondary Physical Education," Northwest Journal of American Alliance for Health, Physical Education, Recreation, and Dance 1, no. 3 (Spring 1990): 18–19.

2. Jeffrey Stout, Ethics after Babel: The Languages of Morals and Their Discontents (1988; rept., Princeton: Princeton University Press, 2001).

3. Bernard J. Mullin, Stephen Hardy, and William A. Sutton, Sport Marketing, 3rd ed. (Champaign, Ill.: Human Kinetics, 2007), 3–30.

4. Maureen Weiss, "Character and Sport," June 28, 2006, www.virginia.edu/uvatoday/newsRelease.php?id=108 (accessed June 9, 2008).

5. Ibid.

6. Bruce Ogilvie and Thomas Tutko, "If You Want to Build Character, Try Something Else," Psychology Today, October 1971, 60.

7. Brenda J. L. Bredemeier and David L. L. Shields, "Moral Growth among

Athletes and Non-Athletes: A Comparative Analysis," Journal of Genetic Psychology 147, no. 1 (1986): 718. Brenda Bredemeier, "Sport, Gender, and Moral Growth," in Psychological Foundations of Sport, ed. John Silva and Robert Weinberg (Champaign, Ill.: Human Kinetics, 1984), 400-413. Patricia Davenport, Jennifer M. Beller, and Sharon Kay Stoll, "Moral Reasoning and Doping in Division I Sport," Research Quarterly for Exercise & Sport 79 [abstract], no. 1 (March 2008): A 65. William Penny and Robert Priest, "Deontological Sport Value Choices of United States Military Academy Cadets and Selected Other College-aged Populations," unpublished manuscript, U.S. Military Academy at West Point. Robert Priest and Jerry Krause, "Four Year Changes in College Athletes' Ethical Values Choices in Sports Situations," Research Quarterly for Exercise & Sport 70, no. 2 (1999): 170-179. Thomas Wandzilak, T. Carroll, and C. J. Ansorge, "Values Development through Physical Activity: Promoting Sportsmanlike Behaviors, Perceptions, and Moral Reasoning," Journal of Teaching in Physical Education 8, no. 1 (1988): 13-22. Chung Hae Hahm, "Moral Reasoning and Development among General Students, Physical Education Majors, and Student Athletes" (Ph.D. diss., University of Idaho, 1989). Jennifer M. Beller, "A Moral Reasoning Intervention Program for Division I Athletes: Can Athletes Learn Not to Cheat?" (Ph.D. diss., University of Idaho, 1990). Elizabeth Ray Hall, "Moral Development Levels of Athletes in Sport Specific and General Social Situations" (Ph.D. diss., Texas Women's University, 1981). Jennifer M. Beller and Sharon Kay Stoll, "A Moral Reasoning Intervention Program for Student Athletes," Academic Athletic Journal (Spring 1992): 43-57. Jennifer M. Beller and Sharon Kay Stoll, "Moral Reasoning of High School Student Athletes and General Students: An Empirical Study versus Personal Testimony," Pediatric Exercise Science 7, no. 4 (1995): 352-363. Jennifer M. Beller, Sharon Kay Stoll, Barbara Burwell, and Jack Cole, "The Relationship of Competition and a Christian Liberal Arts Education on Moral Reasoning of College Student Athletes," Research on Christian Higher Education 3 (1996): 99-114. Jennifer M. Beller and Sharon Kay Stoll, "A 20 Year Empirical History of Moral

Reasoning in Competition," manuscript in progress.

8. Penny and Priest, "Deontological Sport Value Choices." Beller and Stoll, "A 20 Year Empirical History."

9. National Golf Foundation, www.ngf.org/cgi/home.asp (accessed June 12, 2008).

10. Aristotle, Nicomachean Ethics: Cambridge Texts in the History of Philosophy, trans. Roger Crisp (Cambridge: Cambridge University Press, 2000).

11. Ibid.

12. Thomas Lickona, Educating for Character(New York: Bantam, 1991), 3–49.

13. Angela Lumpkin, Sharon Kay Stoll, and Jennifer M. Beller, Sport Ethics: Applications for Fair Play, 3rd ed. (Boston: McGraw-Hill, 2003).

14. Andy Rudd, "Moral and Social Reasoning of Student Athletes" (Ph.D. diss., University of Idaho, 1996). Andy Rudd and Michael Mondello, "How Do College Coaches Define Character? A Qualitative Study with Division IA Head Coaches," Journal of College & Character 7, no. 3 (April 2006), http: //journals.naspa.org/jcc/vol7/iss3/4/ (accessed March 23, 2010).

15. William Frankena, Ethics, 2nd ed. (Englewood Cliff s: Prentice-Hall, 1973), 2–73. James Rest, "The Hierarchical Nature of Moral Judgment," Journal of Personality 41 (1973): 86–109.

16. Statement made by a panelist at the Clemson Symposium on Civility in Sport, sponsored by the Clemson University President's Office, Clemson, S.C., April 11–13, 2006.

17. Bob Harig, "Golf 's Honor Code Limits 'Cheating' Incidents," August 9, 2007, http: //sports.espn.go.com/espn/cheat/columns/story?columnist=harig_bob&id=2964423 (accessed February 18, 2009).

18. Lawrence Kohlberg, The Philosophy of Moral Development: Moral Stages and the Idea of Justice (San Francisco: Harper and Row, 1981). Richard Fox and Joseph DeMarco, Moral Reasoning: A Philosophic Approach to Applied Ethics (Englewood

Cliffs: Prentice-Hall, 1990).

19. Steven R. Quartz and Terrence J. Sejnowski, Liars, Lovers, and Heroes: What the New Brain Science Reveals about How We Become Who We Are (New York: William Morrow, 2002), 9. Jeffrey M. Schwartz and Sharon Begley, The Mind and the Brain: Neuroplasticity and the Power of Mental Force (New York: HarperCollins, 2002), 68–69. Giacomo Rizzolatti, "The Mirror Neuron System and Imitation," in Perspectives on Imitation: From Neuroscience to Social Science, ed. S. L. Hurley and N. Chater (Cambridge: MIT Press, 2005), 55–76. John M. Edeline, "Learning-Induced Physiological Plasticity in the Thalamo-cortical Sensory Systems: A Critical Evaluation of Receptive Field Plasticity, Map Changes and Their Potential Mechanisms," Progress in Neurobiology 57, no. 2 (1999): 165–224.

20. Laurence Tancredi, Hardwired Behavior: What Neuroscience Reveals about Morality (New York: Cambridge University Press, 2005).

21. Ibid., 45.

22. Lickona, Educating for Character.

23. Ibid., 53.

24. Tancredi, Hardwired Behavior.

25. Arthur Kornhaber and Kenneth L. Woodward, Grandparents, Grandchildren: The Vital Connection (Garden City, N.Y.: Anchor Press, 1981).

26. Jerome Kagan, The Nature of the Child (New York: Basic Books, 1984), 11.

27. Aristotle, Nicomachean Ethics, book 4.

28. Lickona, Educating for Character, 50.

29. Jay Busbee, "Golf Channel, ESPN Conduct Five-Minute Tiger Interviews," March 21, 2010, http://sports.yahoo.com/golf/blog/devil_ball_golf/post/Golf-Channel-ESPNconduct-five-minute-Tiger-int?urn=golf, 229238 (accessed March 21, 2010).

30. David Shields and Brenda Bredemeier, Character Development and Physical Activity (Champaign, Ill.: Human Kinetics, 1995), 192.

31. Frankena, Ethics, 14–22.

32. Lumpkin, Stoll, and Beller, Sport Ethics, 6.

33. Davenport et al., "Moral Reasoning and Doping in Division I Sport," A 65. Penny and Priest, "Deontological Sport Value Choices." Priest and Krause, "Four Year Changes in College Athletes' Ethical Values Choices in Sports Situations," 170–79. Wandzilak et al., "Values Development through Physical Activity," 13–22. Beller, "A Moral Reasoning Intervention Program." Beller and Stoll, "A Moral Reasoning Intervention Program for Student Athletes." Beller and Stoll, "Moral Reasoning of High School Student Athletes and General Students." Beller et al., "The Relationship of Competition and a Christian Liberal Arts Education." Jennifer M. Beller, "Sport as a Positive Builder of Character," ERIC Digest (2002). Beller and Stoll, "A 20 Year Empirical History." Sharon Kay Stoll, Jennifer M. Beller, and Amukela Gwebu, Anti-Doping Education in the United States (Colorado Springs: United States Anti-Doping Agency, 2006). Sharon Kay Stoll, Jennifer M. Beller, Jack Cole, and Barbara Burwell, "A Comparison of Moral Reasoning Scores of General Students and Student Athletes in Division I and Division III NCAA Member Institutions," Research Quarterly for Exercise and Sport (Suppl.) 66 (March 1995): A–81. Sharon Kay Stoll and Jennifer M. Beller, "Do Sports Build Character?" in Sports in School: The Future of an Institution, ed. John R. Gerdy (New York: Teachers College Press, 2000), 18–30. Sharon Kay Stoll and Jennifer M. Beller, "Ethical Dilemmas in College Sport," in New Game Plan for College Sport, ed. Richard Lapchick (Westport, Conn.: Praeger, 2006), 75–90.

34. Priest and Krause, "Four Year Changes in College Athletes' Ethical Values Choices in Sports Situations." Penny and Priest, "Deontological Sport Value Choices." Beller and Stoll, "A Moral Reasoning Intervention Program for Student Athletes." Stoll and Beller, "Do Sports Build Character?" Stoll and Beller, "Ethical Dilemmas in College Sport," 88–90.

35. Carol Gilligan, In a Different Voice (Cambridge: Harvard University Press, 1982).

36. Davenport et al., "Moral Reasoning and Doping in Division I Sport," A 65. Penny and Priest, "Deontological Sport Value Choices." Priest and Krause, "Four Year Changes in College Athletes' Ethical Values Choices in Sports Situations." Beller, "A Moral Reasoning Intervention Program." Beller and Stoll, "A Moral Reasoning Intervention Program for Student Athletes." Beller and Stoll, "Moral Reasoning of High School Student Athletes and General Students." Beller et al., "The Relationship of Competition and a Christian Liberal Arts Education." Beller, "Sport as a Positive Builder of Character. Beller and Stoll, "A 20 Year Empirical History." Stoll et al., "A Comparison of Moral Reasoning Scores." Stoll and Beller, "Do Sports Build Character?" Stoll and Beller, "Ethical Dilemmas in College Sport."

37. Beller and Stoll, "A Moral Reasoning Intervention Program for Student Athletes."

38. Colonel James Anderson, U.S. Military Academy at West Point, personal communication, 1996.

39. Ibid.

40. Robert Simon, Fair Play: Sports, Values, and Society (Boulder, Colo.: Westview Press, 1991), 5.

41. Robert Simon, "Internalism and Internal Values in Sport," Journal of the Philosophy of Sport 27 (1999): 3.

42. Carwyn Jones and Michael McNamee, "Moral Development and Sport: Character and Cognitive Developmentalism Contrasted," in Sports Ethics, ed. Jan Boxill (Oxford: Blackwell, 2003), 42.

43. Hillandale Golf Course, "Junior Clinics," www.hillandalegolf.com/junior.asp (accessed June 8, 2008).

44. Lumpkin, Stoll, and Beller, Sport Ethics, 12.

45. David Duval, interview, New York Times, February 3, 1999, D4.

46. James R. Rest, Moral Development: Advances in Research and Theory (New York: Praeger, 1986).

第六洞
美德伦理学
从《疯狂高尔夫》到更好的高尔夫……
F. 斯科特·麦克尔里斯（F.Scott McElreath）

贾斯汀·伦纳德深知，在与何塞·奥拉查宝个人对抗赛的最后阶段，如果能推进这个四十五英尺的小鸟推，美国队将会在马萨诸塞州的布鲁克林赢得1999年莱德杯高尔夫赛，这一推将成为莱德杯赛史上最大的逆转胜利。但无论如何，贾斯汀怎么也想不到，当他真的推进这个小鸟球后，发生了载入历史的一幕：美国队员、队员的家人以及无数美国高尔夫粉丝冲上果岭，忘乎所以地开始狂野庆祝。而此时，奥拉查宝静静站在一边，等待着推出自己有可能打平比赛的最后一推。一阵乱象之后，好不容易把狂欢的人群从果岭清场。奥拉查宝最后一推未进，紧接着的第二次美式狂欢庆祝又开始了。时至今日，仍有很多人还会非议这场莱德杯非常规的第一次庆祝的合理性。欧洲队员和媒体认为，这种打断赛事的狂欢"令人作呕"且极度失礼，甚至美国莱德杯队长本·克伦肖也对他的美国同胞野蛮的行为表示歉意。但有些美国人辩驳说，1997年在西班牙瓦德拉玛的莱德杯上，欧洲人的庆祝同样粗鲁荒蛮[1]。往事并不如烟……

到底应该怎么看待欧、美对两次莱德杯上发生的事件的意见分歧呢？一个办法是，看哪一方能陈情更好的理由，毕竟一个令人信服的道德理由能帮助人们找到坚定的道德信念。然而，找到具有是非善恶判断标准的道德信念相对容易，难的是这种判断标准是否真的正当合理。当某人违反了公平竞争规则，人们会希望能对他罚杆并附以合理解释，停留在"只因为"这种说辞上是不够的。同样，在电影《疯狂高尔夫》（*Caddyshack*）中，史麦斯法官只冲着他的孙子大喊"斯伯丁！"还不足以解释为什么孩子应该行为要更检点些。我们希望找到一种合适的道德理论，为我们的道德观提供更理性的解释[2]。

　　结果论和康德伦理学，是哲学家们常用的两个道德判定理论。结果论者认为，结果或者说行为的后果，是评判该行为道德正确性的唯一因素。如果选择某个行为比选择其他行为的结果更好，那么这个行为的道德就更正确；如果某个行为比其他行为的结果更糟，那么该行为的道德就更错误。康德伦理学的拥趸则宣称，结果如何完全不重要，重要的是行为人的行为动机。康德伦理学更关心行为人做出某种行为时，他秉持的信条或说他的内心规则是否理性[3]。

　　不可否认，行为结果在道德上是很重要的。一个高尔夫球手某天去打高尔夫与否，取决于打球能否增加以及多大程度上增加他本人和相关人的快乐。如果在工作日的工作有更多的好处，那么去打高尔夫就不妥。但光看结果，还不能解决所有问题。在电影《疯狂高尔夫》中，史麦斯法官趁对手没注意，用脚把球从糟糕的位置踢到平坦的球道上，由此获取了不正当的球位，他的行为是不对的，即便没给其他人带来坏的结果也是这样。史麦斯的信条似乎是"无论何时，如果我想让自己获益，就可以欺骗他人"。史麦斯的行为不道德，归因于他的信条允许欺骗。结果论可以正确评估是否去打高尔夫，却无法正确评判是否应该移动高尔夫球，而康德伦理学则正好相反。所以，不管是结果论还是康德伦理学，都无法充分表达人们常识性的道德观。

　　我们主张一种被称作"德行论"的道德理论。德行论认为，人们的行为应当按照美德之人在该情境下可能做出的行为来规范。结果很重要，但结果不是唯一重要的东西。在下文中，我们以高尔夫为应用场景来证明德行论的合理性，说明德行论在高尔夫的应用上比结果论、康德伦理学更能体现道德评判的力量。如果高尔夫球手和高尔夫规则制定者遵循德行论，将会有力地推动高尔夫运动的发展。德行论明确支持依照仁心、正义、宽容这些道德，去行去做，致良知，知行合一。

结果论

按照结果论，某种行动只有当任何其他可选行动都不能产生总体上的更好结果时，该行动才是道德正确的。如果某个行动在总体上给人们带来的快乐多于痛苦，那么该行为的结果就是好的[4]。

我们假定某人为了娱乐去打高尔夫，她正在想是否应该花一下午的工作时间去独自打一场高尔夫。按照结果论，评估打这场高尔夫是否在道德上是正确的，首先要列出所有可能选项：她可以打高尔夫、工作、与朋友聚会、泡吧、给议员写信……为简化起见，假定只评估打高尔夫和工作这两个选项；另外，我们假定此人是一名邮递员。这样，作为邮递员的她，如果来上班，她将获得报酬，客户将准时收到邮件，同事将不用替她完成她的那份工作。如果她去打高尔夫，虽然美中不足的是没有薪水，但她会因打球而获得假期般的享受，她的客户虽然要经历一些等待的煎熬但仍然会收到邮件，她的同事当然会憎恨她的旷工。所以邮递员是选择打高尔夫还是工作，只会影响她的客户、同事和她本人，与其他人无关。最后综合评估下来，如果她留下来工作，快乐将多过痛苦，所以按照结果论，她坚持工作是对的，没有其他可选项能够产生更好的总体结果。打高尔夫是个坏选项，因为选择工作将收获更好的综合结果。

结果论正确评判了这个范例：在此种情况下，不应该去打高尔夫。当然，这并不是说，打高尔夫永远不对，也许在另一种场景下，打高尔夫能给她带来其他活动无可替代的休闲和乐趣，而与此同时，她的客户能得到同样的服务，她的同事也希望她能放松、快乐一下，如果是这样，那么她就应该毫不犹豫地前往高尔夫球场，因为打高尔夫的快乐多过痛苦。

我们现在知道了，结果论还是具有值得肯定的意义：道德功利主义。道德关乎快乐和痛苦，一个行为是否正确，取决于当下所做的行为会在多大程度上改变快乐和痛苦的比重。

然而，快乐和痛苦不是唯一要考虑的道德因素。以高尔夫为例，公平规则远比礼仪规则重要。在某些高尔夫俱乐部，穿T恤会违反着装要求，但如果真的穿了，人们也还是可以接受，因为穿不穿T恤与公平性关系不大。相反，公平打球的规则是原则性的道德问题。在高尔夫球场上，携带和使用超过十四根高尔夫球杆打球，就会获得不公平的竞争优势，犯了原则性的道德错误。在高尔夫球场上，故意用脚把球踢到一个更好的球位，同样是犯了原则性错误。

我们从结果论出发，来继续探讨如何看待挪动高尔夫球的问题。我们选择观察的对象是史麦斯法官。史麦斯有两个选择：挪动球或不挪动球。如果挪动了球，他将因球位改善而窃喜，而且因为他不在意违反高尔夫规则，没什么负罪感；其他人也不以物喜、不以己悲，因为只有史麦斯的球童丹尼知道球被挪动这个真相，而丹尼正沉浸于在史麦斯法官支持下获得高尔夫奖学金的喜悦中，丹尼当然会对法官在他眼皮子底下挪动了球睁一只眼闭一只眼；史麦斯的对手们也不会在史麦斯的记分卡上发现什么异样，因为对手艾尔·切尔维克的各种盘外招让史麦斯法官心烦意乱，那天史麦斯法官其实打得特别烂。如果史麦斯不移动球，他反而会对自己有机会移动球而不移球感到沮丧，因为那个时刻是天赐良机，没有人会留意和在意他挪没挪球。

既然在上述情况下没有其他人受到影响，我们只需要集中讨论史麦斯本人的苦乐之别。基于自私自利，挪球会带给他比任何其他可选做法更多的快乐，因此根据结果论，将错误地认定他的做法是道德正确的。

康德伦理学

康德伦理学避免了上述由结果论带来的荒谬的认定结论。康德伦理学认为，只有在行为人的信条（主观原则）符合普遍化道德法则时，该行为才是道德正确的。康德认为，每个行为主体都应该依据其信条行事。根据康德的道德三原则[①]，一项信条只有能够被理性认可并被意志所追求，才是普遍的道德法则。由

[①] 只有为义务而做好事，只有即使在生不如死的艰难处境中仍然不自杀，这才上升到了哲学的道德理性的层次，其"知识"可归结为三条命题：（1）只有意志的出于义务的行为才具有道德价值；（2）这种行为的道德价值不在于其结果（目的），而只在于其意志的准则（动机），因而这准则只能是意志的先天形式原则；（3）"义务就是一个出自对法则的敬重的行动的必然性"，这"敬重"所针对的法则是一种普遍的立法原则。——译者注

于康德晦涩难懂的写作文风，该定义的措辞难免显得烦琐、抽象。这是因为康德用德语写作，而且写作于十八世纪，并大量使用了抽象词语，同时康德还创造出很多新的德语词汇，来表达他深邃的思想。下面我们来一探康德伦理学的哲学秘境。

行为人在某个行为上拥有某个信条，如果其他人在做类似行为时也遵从该信条，那么它就可以作为理性的道德法则。下面我们来分析史麦斯用脚踢球行为中所蕴含的信条。如果每个人都遵循史麦斯的在"任何时候，为了个人利益，可以欺骗他人"信条的话，那么世界就会变成一副可怕的样子：为一己之私，每个人会欺骗他人。但不久后，每个人将发现，别人也在骗人，大家都说一套做一套。最终诚信不再，无诚信可言。而一个人要想成功欺骗另一个人，必须要让后者相信自己不是骗子，不幸的是这种谎话将会被他人一眼看穿，从而再也无法骗过他人。可以得出如下结论：史麦斯的信条不能被每一个人所遵守，或套用康德的说法，史麦斯的信条无法被理性化；史麦斯行为之所以是错误的，根源在于其信条不是普遍的道德法则[5]。

对史麦斯移动高尔夫球的行为做行为直觉判断时，康德伦理学比结果论更有说服力，我们会由此得出是非对错的直觉判断。史麦斯的行为之所以是错误的，就是因为其欺骗性。按康德伦理学，甚至无须考虑史麦斯行为造成的结果如何，只须去观察史麦斯的信条、问一些相关的问题以确定该信条指导下的行为是否具有合理性，即可得出结论。错误的行为是非理性的，而正确行为则是理性的。很多哲学家赞成康德伦理学，认为判断一个行为道德的对错不是看结果，而是要看其是否是合理的。

然而，邮递员是工作还是去打高尔夫的例子却表明，有的时候行为结果也是具有重要道德意义的。当她的对手正推杆时，大声喊对手的名字造成干扰肯定是不对的。一个人的信条也可以和道德无关，例如邮递员打高尔夫球时，她的信条可能仅仅是："如果我能帮助他人，并且不给他们造成损害，我将会去做。"按邮递员的这种想法，去打高尔夫对她将是有益的，因为虽然同事不喜欢她旷工去打高尔夫，但她的客户仍然能按时收到邮件，也没有受到损害。我们设想的邮递员打不打高尔夫的两种想法都不是真的，我们只是假设这位邮递员高尔夫球手有这两种想法，但该高尔夫球手的信条是可以普遍化的，因为邮递员的信条符合康德伦理学的那两个评判标准：首先，她的信条可以理性普遍化，每个人都可以按照她的信条去做有帮助但没损害的行为；其次，她的信条符合依据理性去追求的原则。理性存在的原因，就是希望在生活中人都可以依照理性的准则去行为。在理性世界中，如果人们可以自由选择，那么就有理由相信理性会存在于这个世界中。在一个人人尽其所能帮助他人而不伤害他人的世界里，自由选择是被允许的。在某些情况下，很多选择都能在不造成伤害的前提下给出帮助，而当因为无法避免伤害，而没有任何可选项时，人们仍然可以选择造成最小伤害的情况，并提供一些力所能及的帮助[6]。

由上可知，邮递员去打高尔夫的行为，其信条是可以普遍化的道德法则，因为该信条可以理性化，并且可以去理性地追求。因此，根据康德伦理学，该邮递员高尔夫球手为了娱乐去打高尔夫球是对的；但是其后果让康德伦理学有点尴尬，前已述及，从结果论角度来看，该邮递员去打高尔夫球的行为反而是错误的。

德行伦理学

上面运用结果论和康德主义，会得出分析结论相互矛盾的案例，但从我们主张的德行伦理学来观察却毫无困难。德行伦理学认为：某个行为，只有理想的品行端正人士（以下简化译作"圣贤"①）在同样的情境下选择该行为，才是道德正确的。德行伦理学起源于古希腊苏格拉底、柏拉图和亚里士多德时期，有超过两千年的悠远历史。很多现代哲学思想家试图复兴它，当前流行文化中经常出现这一理论的宗教式口号，比如：WWJD？（耶稣基督会怎么做？）[7]

德行伦理学的表现形式是开放的，具有多种可能性并囊括了各种圣贤人物，耶稣基督是其中之一，其他人物还有圣雄甘地、马丁·路德·金等著名人物。所谓理想的德行合一圣贤，特指具有各种美德的圣贤。美德是指某种稳定的品

---

① An ideally virtuous person（有理想的品行端正人士），在本章中都简化译作"圣贤"或"圣贤之士"。——译者注

质特征，美德促使行为人做出利己也利他的行为。仁慈、正义、宽容等，这些都是美德。具有这些美德的人，会做出有利于自己和他人的行为，这也是致良知、知行合一的真义。

用德行伦理学可以较容易判断正确行为吗？答案是否定的。想知道某人会有怎样的行为，就需要知道这个人的品质特征是什么，知道了该人的品质特征，就知道他会怎么做。但圣贤具有各种高尚美德，需要考虑如何在各种美德中进行选择，因此，也很难判断这些圣贤之士到底会怎么做。对一个正在战斗中的战士，混乱的战斗场面会让我们无从得知，在勇敢品质驱使下的该战士究竟是应该拯救战友而扑向投掷过来的手榴弹，还是冲向敌人阻止敌人的继续进攻。同样，想要知道圣贤之士做何种行为选择也是很难的，甚至有时想要判断是对是错，也是困难的。但德行伦理学的这个不足，对结果论和康德伦理学来说是同样存在的：有的时候很难预判后果究竟会怎样，也说不清行为人的信条或主观意图是什么。

另外，关于正确与否，却很容易给出理性判断。要想合理判断圣贤之士在特定情况下将如何作为，我们必须确认圣贤之士所具有的所有适宜的美德，在这里，我们将它们称作相关美德。我们要反问，在史麦斯挪球的案例中，相关美德都有哪些呢？精明显然不包括在内。没道理表明，史麦斯的一个行为是精明的而另一个行为不是：挪动球是精明的，因为能帮助他获胜；但是不挪球也是精明的，因为他从大力挥杆击球、扬起的泥草中已经获得了快乐。决定史麦斯是否挪球的决定因素，只有公正和诚实这两把美德的标尺，史麦斯不挪球这个动作本身不能表明公正和诚实与否。史麦斯不挪球，只不过是没有碰到值得他去挪球的情况；他的成绩卡证明他很诚实，他不想去做假。重视公正、诚实的人更倾向于不挪球。如果说重视公正和诚实这两种美德的人都会做出正确的行为，那么我们就有理由相信，圣贤之士在相同情况下将会做出同样的行为。所以有理由相信，圣贤之士将不会去挪球。因此只要践行德行伦理学，史麦斯就不会去挪动球。

用德性伦理学来分析邮递员是否打高尔夫，也会得出类似的结论。在工作日正常工作，是天经地义的，这是忠诚职守的表现；去打高尔夫则既不仁义，也不忠于职守。对于具备仁义和忠诚品质的人来说，他们会更倾向于去工作，即圣贤之士在此种情况下会去工作。德行伦理学在此情境下支持邮递员用道德直觉去工作，而不是为自己的娱乐享受去打高尔夫。

德行伦理学正确评判了邮递员打不打高尔夫的案例，而结果论和康德伦理学却遇到了各自的逻辑不能自洽的麻烦。这样看来，在研判如何行为时，德行伦理学更具说服力，是值得我们选择的指导知行的伦理学。但是，我们也知道，任何一种理论在实践中都会遇到一些需要研究的问题。

首要的问题，是有人可能会担心德行伦理学的合理性。一种反对意见认为，美德之间会产生矛盾，以至于德行伦理学可能会给出相互冲突的行动建议。医者的仁心（为他人着想）可能会让医生对晚期病人隐瞒病情，但受内心诚实驱动，医生又有说出真相的压力。我们认为，当不同美德之间发生矛盾时，对于圣贤之士来说，选择哪个做法都是可以的。德行伦理学认为，当美德出现矛盾时，做任何一种选择都是对的。幸运的是，仔细研究各种美德后发现，美德间很少会发生冲突。例如，医生有仁心却告知了病人真实的病情，事实上，这也有助于病人接受现实为往生提前做好准备。

有人可能会反驳说，圣贤之士没必要永远按照高尚品德去行事，他也可能像普通人一样，有时候会做出错误的事情。例如，圣贤之士在头脑发热时，可能出于报复心理篡改对手的记分卡。如果出现这种情况，根据德行伦理学，也许会错误地判定，圣贤即使在盛怒之下出于报复修改对手记分卡的行为也属于道德正确。但是，这种反对意见是源于理解上的错误。德性伦理学认为的"圣贤之士在相同情况下会怎样做，我们就去那么做"，这句话的意思是："圣贤之士在相同情况下，基于其高尚的品德将怎么做，我们也那么做。"这里要强调的重点是：圣贤之士不可能出于报复而去修改对手的记分卡。

德行伦理学给出了更多相互冲突的选择，也留出了空间。两个圣贤之士面对完全相同的情况也可能会作出不一样的选择，因为美德间还是具有很大的回旋余地的。仁心这种美德，可以让行为人在对手精彩挥杆击球时立即予以祝贺，也可以在很久以后再行祝贺。所以，一位圣贤之士可能立刻就上前和对手击掌祝贺，而另一个圣贤之士可能要等到事后才由衷地表达赞扬。德行伦理学是不是会要求我们当场和事后都祝贺？这种想法有点不合逻辑！问出这个面面俱到问题的人需要深入领悟一下德行伦理学的主张：按照圣贤之士可能选择的行为去做！此例中，当场祝贺或事后祝贺，可选其一，只要在两者中选择一个去践行，就已经足以体现圣贤之士的优良本色了。

　　至于圣贤之士到底会怎么行为，不同的人有不同理解。有人会担心德行伦理学可能会滑向无法自圆其说的相对主义，即行为人可以任意胡为，按他想要的去解释圣贤之士在他所处情况下如何行为，并傻傻地以为圣贤之士会像他一样所思、所想、所做。就像一个狂热的"老虎"粉丝，在美国高尔夫公开赛第十八洞，当"老虎"伍兹正在挥杆时朝着"老虎"伍兹大喊"你真牛！"如果德行伦理学被误解会认定这种行为是正确的，这实在是对德行伦理学的误读。所谓只有当圣贤之士在同样情况下会选择某个行为，该行为就是道德正确的，要由面对该情况的行为人本人判断，这不是对德行伦理学的正确解读，恰恰相反，德行伦理学主张行为人的个人判断被排除在外，因为行为人可能出错。德行伦理学认为，圣贤之士依据个性会如何去做是一个事实，但各个美德是自洽的，其实不依存于某个人的想法。前面提到了一些美德自洽性，也许要确认这个事实很困难，但是对德性伦理学主张的美德自洽的存在，要拥有某种理性的信念。

　　反对德行伦理学的观点主要就是以上罗列的这些，这些观点都无法驳倒德行伦理学。除非我们漏掉了什么强有力的反对观点，否则德行伦理学就是一种学以致用的理论，会支撑我们建立强大的道德信念。

德行伦理学如何让高尔夫更好

　　如果高尔夫球手和高尔夫决策者信奉德行伦理学，那将会怎样？答案是：高尔夫运动将变得更加美好。目前，实际情况也许还不完美，人们或许还没有认同在各种情况下的相关美德，因而还不能正确运用德行伦理学，还有人会明知故犯做出一些错误行为。随着人们日渐重视美德行为，形势将向好变化。安吉拉·朗普金在本书第七洞文章中说到休闲高尔夫中存在的欺骗、花招等不良行为，这些行为可能还会继续存在，却是作弊者不得已为之而已。只要高尔夫球手更致良知，更践行高尚的行为，违规者就会越来越少。欺骗这个顽症，正如我们在讨论史麦斯挪球行为时说的，会被大家认定是不公平且不诚实的，即使有花招和盘外招存在，这些让人不齿行为的存在反而会促使对手做更好的自己，奉行蔑视、羞辱、蒙骗的无良之人则会因道德败坏而遭众人唾弃。

高尔夫的决策者，可以为女性、少数族裔、残疾人以及同性恋者做更多的公益事业。女子高尔夫职业球员日见增长，可惜她们仍然没有获得同等的高尔夫赛事地位。作为对比，网球的决策者已经成功提升了女子网球的地位，这表现在女子网球在门票销售、电视收视率、广告收益上的同步健康增长，让网球职业女子球员在大满贯比赛中可以获得与男子网球运动员相等的收入。高尔夫决策者需要效仿网球的公平之路，世界潮流浩浩汤汤，顺之则昌，逆之则亡，女子高尔夫球手应该与男子高尔夫选手被一视同仁看待。既然已有了女子网球的成功案例可循，还在拒绝承认女子高尔夫球员同等的市场地位，这是说不过去的，也是不公平的。

需要补充一点，高尔夫俱乐部的规则制定者应该废除禁止女性或少数族裔加入俱乐部的条款。例如，奥古斯塔国家高尔夫俱乐部即美国大师赛主办方，迄今为止依然不接受女性会员。因为奥古斯塔国家高尔夫俱乐部具有私人会所性质，这些条款是合法的。即便如此，我们认为这种规则的制定者的行为是有害的和带有侮辱性的，是对女性不公的，女性不应当遭受这种负面的歧视[8]。

广受争议的凯西·马丁案中，凯西因为罹患衰弱性循环系统疾病，长时间行走或站立会倍感疼痛，所以凯西要求在PGA比赛时使用高尔夫球车。反对马丁这一请求的人，认为使用高尔夫球车会让马丁获得相较于其他高尔夫选手的不公平的竞争优势。但我们认为，一个公正的决策者应当为每一位参赛选手提供比赛的机会，一个有职业操守的体育运动规则制定者更愿意为了保留该项运动的核心元素而设置、修改、废除一些规则规定。挥杆击球而不是在球道上的行走，才是高尔夫这项运动的核心元素。所以一个公正而有操守的规则制定者应该意识到，给所有有需要的职业高尔夫球员提供高尔夫球车，或者把高尔夫球道设计得更有助于残疾人[9]，将丝毫无损高尔夫运动的核心要素。

高尔夫球手及高尔夫政策决策者，不可能一蹴而就成为美德人士。关键在于如何找到美德模范，如何认定其美德，如何养成按美德行事的习惯。幸运的是，高尔夫的传统一直在提倡美德：要求打球时，双方换位思考；球手自我罚杆并自愿接受罚杆；比赛时，鼓励互相尊重和坚持操守。高尔夫业界也采取了一些积极措施来强化美德：美巡赛和美国高协大力褒扬诚实推进公益。著名的"第一发球台计划"由世界高尔夫基金会创立于1997年，旨在向年轻人提供学习高尔夫的机会和资源，帮助年轻人在学球和打球中培养品德，并在相关生活技能训练中学习多样化认同、情绪管理、冲突化解、未来规划、建立循序渐进目标等。通过这些品德培养实践和会诊式德行教学，夯实了"第一发球台"的九大核心价值教育理念：诚实、正直、体育精神、尊重、自信、责任感、坚毅、礼貌和良好判断力[10]。

上述的高尔夫公益举措，会帮助高尔夫球手和球迷避免1999年莱德杯高尔夫赛所发生的不公平、失礼庆祝的不道德行为一幕。欧洲人或许在之前的莱德杯上也有类似的失礼庆祝举动，但就像数学中经典的哥德巴赫猜想，一加一不等于二：两个错误相加不等于正确。真正有德行之人，以身心灵圆融为追求目的，决不能像《疯狂高尔夫》里的角色那样做出失态的行为。做到完美是不可能的，但只要在高尔夫中越实践德行品格，高尔夫运动就会越绽放真善美的光芒……

Notes

1. "Unbridled Celebration," September 26, 1999, http://sportsillustrated.cnn.com/golf/1999/ryder_cup/news/1999/09/26/celebration_sidebar_ap/; and "A Mob Demonstration," September 28, 1999, http://sportsillustrated.cnn.com/golf/1999/ryder_cup/news/1999/09/28/ryder_abuse_ap/.

2. A moral belief is a belief that holds something as moral. In the moral belief "Telling the truth is morally right," that something is telling the truth and the moral is morally right. Unfortunately, "morally right" is ambiguous between "morally permissible" and, more strongly, "morally obligatory." For the sake of simplicity, in this chapter "morally

right" means "morally permissible."

3. Immanuel Kant, Grounding for the Metaphysics of Morals, in Kant's Ethical Philosophy, trans. James Ellington (Indianapolis: Hackett, 1983); and John Stuart Mill, Utilitarianism, ed. George Sher (Indianapolis: Hackett, 1979).

4. I am focusing on the most popular type of consequentialism, which is also known as "traditional act utilitarianism." Other kinds of consequentialism, such as motive utilitarianism, rule utilitarianism, or egoism, are beyond the scope of this chapter.

5. For this interpretation of what it means for a maxim to be able to be rationally conceived, see Allen Wood, "Kant on False Promises," in Proceedings of the Third International Kant Congress, ed. Lewis White Beck (Dordrecht: D. Reidel, 1972), 614–19; and Wood, Kant's Ethical Thought (Cambridge: Cambridge University Press, 1999), chap. 3.

6. For this interpretation of what it means for a maxim to be able to be rationally willed, see Christine Korsgaard, Creating the Kingdom of Ends (Cambridge: Cambridge University Press, 1996), chap. 3.

7. Current historians of philosophy disagree over which famous philosopher or philosophers actually endorsed this theory. I will sidestep this debate and just say that virtue ethics came from the ancient Greeks.

8. "Augusta Defends Male Only Members Policy," www.golftoday.co.uk/news/yeartodate/news02/augusta5.html.

9. "Disabled Golfer May Use a Cart on the PGA Tour," May 30, 2001, www.nytimes.com/2001/05/30/sports/golf-disabled-golfer-may-use-a-cart-on-the-pga-tour-justicesaffirm.html.

10. "The First Tee Homepage," www.thefirsttee.org.

高尔夫之伦理问题

第七洞
高尔夫业余和职业球手的骗术和战术

安吉拉·朗普金（Angela Lumpkin）

要懂得高尔夫，首先要了解高尔夫运动和高尔夫职业和业余爱好者们之间最初的因缘。1754年，在圣安德鲁斯高尔夫球手协会（Society of St. Andrews Golfers）基础上，苏格兰圣安德鲁斯皇家古老高尔夫俱乐部成立了，为上流社会的男性提供有组织的高尔夫运动服务。1894年，美国社会精英和高尔夫爱好者成立了美国业余高尔夫协会，并演变为现在的美国高尔夫协会（USGA）。苏格兰皇家古老高尔夫俱乐部和美国高尔夫协会合作编写、诠释和管理的高尔夫规则奠定了高尔夫悠久的历史传统，让高尔夫得以在所有体育运动中独树一帜！高尔夫规则的第一部分明确要求，在高尔夫运动中对他人要展现礼貌和礼仪行为，要遵循体育精神进行比赛。高尔夫球员在比赛中应该自始至终表现出正直和体育精神[1]。

苏格兰、欧洲和美国的上流社会男性代代传承的精神遗产，结合英国业余高尔夫运动为比赛而比赛的理想，奠定了业余和职业高尔夫共同比赛规则，适用于业余和职业高尔夫球手。相较而言，通过层出不穷的媒体报道人们看到，棒球、篮球和橄榄球的专业运动选手比起高尔夫球手来，更会在比赛中采用耍花招和作弊手段，这些团队运动文化在很大程度上倾向于在比赛中采用默许的不道德的比赛行为。

本文会探讨业余和职业高尔夫球手是否会在比赛中作弊和使用花招，以及在何种程度上作弊并使用花招。我们还将探讨，把打高尔夫球仅仅作为娱乐和休闲的业余高尔夫选手在坚守价值观上与职业高尔夫球手是否会有所不同。我认为，业余高尔夫球手更倾向于使用一系列不合逻辑的合理化理由来作弊。庆幸的是，职业高尔夫球手却会洁身自好，不随波逐流。

业余高尔夫球手

用棍子和长物件击打球（小东西），是一项有天然吸引力的运动。这种击打取乐运动的历史，可以追溯到几世纪前。这种运动看似简单，其实难度极高。这种高难度的挑战，是后来高尔夫成为美国发展最快运动的深层原因。高尔夫现在已成为适合所有人的运动，高尔夫球场、高尔夫球学校和高尔夫球联赛也会有意识地吸引不同技能水平的男女老幼参加。打过高尔夫的人都知道，只要对高尔夫规则大致有了解，就可以放松地开玩了。实际上，人人都可以尝试用球杆通过多次击球，最后把高尔夫球打到球洞里去，这个过程不算容易。

与棒球、篮球和橄榄球等团体运动可以通过比赛转播来教育观众和运动员不同，业余高尔夫球手很少能通过观看现场或电视转播的高尔夫赛事来习得高尔夫的规则，因为职业高尔夫赛事少有对高尔夫规则做解释和说明的。在职业高尔夫赛上，通常只会看到优秀的高尔夫球手不断地在球道和果岭上击球。如果打了错球，职业高球手知道该怎么做，很少有裁判参与。业余高尔夫球手一般不会认真钻研高尔夫规则或观察规则的应用，他们对高尔夫规则的了解很有限。即便如此，在日常打高尔夫球过程中，业余爱好者还是可以了解到高尔夫的一些独特礼仪。例如，在没有裁判的情况下，高尔夫球手要为失误自行罚杆，还有一些其他高尔夫特有的处理方式，只是大多数业余高尔夫选手并不完全理解何时、如何以及为什么要这么做的深层次的原因罢了。

高尔夫规则要求每个球手要对其他球手彬彬有礼，并在比赛中始终保持体育精神，包括避免分散其他高尔夫球手的注意力；当另一名高尔夫球手击球时，不出现在他的视线内；当别的球员击球时，需要保持安静；在对方推杆时，不能走在他推杆的球线上；在场上要让自己的电子设备处在静音状态；等等。业余高尔夫球手常会忽略有关分心的规则要求，有些高尔夫业余球手常常会试图分散球友打球的注意力，因为干扰对手的注意力会增强自己获胜的概率（职业橄榄球和篮球中常有的策略）。因此这些业余高尔夫选手会在别人打球时说话并四处走动，以期故意影响对手挥杆，居心不良地干扰对手。这是一种花招，试图通过让另一名球员更多次击球，让对手输掉一轮或一洞，以此获得自己的竞争优势。

高尔夫规则礼仪要求保持稳定的比赛节奏，并允许打得较快、人数较小的队组或更熟练的高尔夫球手超过打得慢的球员组，以便加快整场节奏。初级水平的业余高尔夫球员经常会把球打得如天女散花一般，需要花费很长时间去找球。寻找打飞了的球会拖慢比赛节奏，所以高尔夫规则（USGA规则27-1c）规定，每位球手最多只有五分钟时间去找球，找不到球则默认该球丢失，需要罚杆并继续比赛。但现实情况是很多业余高尔夫球手为避免失球罚杆，往往会花费过多的时间去找他们打丢了的高尔夫球。有的时候发现了一个场上废弃的球，一些高尔夫球手会"狸猫换太子"，使用这个球继续比赛来避免罚杆。

当球手挥杆没打到球、球打出界或丢球时，击球的杆数会迅速增加。按照USGA规则3-2的规定，应该准确计算将球击入洞内的击球次数，通常技术欠佳的业余球员会选择不理会相关的处罚。在高尔夫的规则中，没有为任何洞设置最高杆数，业余高尔夫选手可以决定是否使用美国高尔夫协会的差点系统。高尔夫差点系统，是根据所打的每洞的特定情况以及场地，基于公平的击球体系来调整得分的评估系统。差点系统的建立本身就表明，即便是美国高尔夫协会也不期望业余选手能够准确地按照规则精确记分。

业余高尔夫球手通常声称他们只是为了娱乐在玩高尔夫，因而会心知肚明并顶风作案，违反高尔夫规则或礼节，并心安理得地认为，有一些违规没有什么大不了的。奖杯、奖金和媒体赞誉，都不是为他们四人组中得分最低的人颁发和准备的。他们觉得自己唯一的奖励只是打了好球去吹牛的权利，所以没人会真正关心打了和记录了多少杆。这类高尔夫球手通常会为他们的不道德行为添加借口。下面会做进一步说明。

我们把作弊的第一个合理化借口称作诉诸无知的逻辑谬误，即声称如果某事不被认为是错的或未被证明是错的，那么它就是正确的。比如业余高尔夫球手声称不了解USGA高尔夫规则和本地球场政策，出于无知而移动了阻碍击球的物体，因为不知道这是违规行为，所以就不构成违规。这种无知不仅是无知的赖皮，还会不当地得到更低的杆数而取得竞争优势。

作弊的第二个合理化借口，是诉诸乌合之众的安慰，即其他人都这样做了，所以该行为是正确的。许多业余高尔夫球手辩称，所有球员都曾一次或多次不计算应该的罚杆或被罚杆后违反规则，在一个更好的位置再打球。许多打业余高尔夫的人会说，不正确计算击球次数，是业余高尔夫的惯常行为，他们的意思是每个人都可以我行我素地计算杆数。这种行为的逻辑是：一个高尔夫球手想作弊，是因为其他人也作弊，所以作弊的行为就没有什么不正当的。在比赛中赌博的球手知道，作弊会增加获胜机会。因为涉及钱，有些球员可能会移动另一个高尔夫球手的球，或者故意不计算自己的击球次数，或者在找不到自己的球时使用其他的球。这些高尔夫球手做这些不光彩的行为，其实只是想以后吹嘘他们从一起打球的人那里赢了钱，或是避免输球后在俱乐部掏腰包买单。

作弊的第三个合理化借口，是对标社会上一些传统的不良行为。传统的作弊行为，在当前已经被默认为常规标准或规范操作。戴维·卡拉汉称，现在美国人作弊越来越多，对作弊的内疚感越来越少[2]。伪造财务文件的会计师可能会扬言，这种行为并不像律师开出的加班费，不像股票分析师从事的内幕交易，也不像公司高管人为抬高股价以便在公司破产前套现股票那样的糟糕和不堪。卡拉汉称，业余高尔夫球手作弊其实一点也不奇怪，因为这些高尔夫球手中的许多人也认为自己的税收和保险费过高而向保险公司谎报纳税申报单。

一些高尔夫球手会自我安慰，像他们在生活中一样，认为作弊是高尔夫固有的一部分，而且在高尔夫文化中已经成为常态。这些高尔夫球手使用非理性推理来寻求通过作弊，平衡或争取平等的竞争环境，他们认为其他人也这样做。这一类高尔夫球手告诫自己不要成为计算每一次击球或遵守每条规则的笨蛋，他们打高尔夫的"信条"已经蜕变为：在比赛中如果你没有作弊，那么你就是没有尽到最大努力去争取胜利。

作弊的第四个也是最后一个借口，是认为做了坏事别人不会知道，自己在做，天不在看，人也不在看。每当一名业余高尔夫球手在击球前故意移动自己的球，他相信其他人永远不会知道，因此自己不会受到任何处罚。一名高尔夫球手在打丢了球后，碰巧发现了其他的一个球，因为没人知道，他就会打这个球，因为人不知鬼不觉，不会受到任何处罚。毕竟在这些球手周遭的世界中，类似的不当行为似乎大行其道而且似乎还相当成功：那些在学校考试中作弊、从雇主那里偷窃、伪造证书来获得工作的人，很少会被发现，几乎从未受到惩罚。这些业余高尔夫球手由此会得出结论：如果行为不受惩罚，那么它在道德上就是被允许的。这种观念，混淆了"为什么要道德"和"什么是道德"这两个根本性的问题。

当面临这些道德困境时，许多业余高尔夫球手会选择违反规则，欺骗对手其实也是在欺骗自己，假装相信他们正在按规则打球。这些理由和借口将个人利益置于社会和规则的正直之上。这些业余高尔夫球手选择无视规则，因为他们认为作弊的人会得到更多的好处和更少的惩罚。

当然上述行为并不涉及所有业余高尔夫球手，还是有许多有道德的业余高尔夫球手。但作弊和花招在比赛中被使用的广泛程度似乎表明，这种行为已经成为业余高尔夫中的一种潜文化。令人深思的是，以这些方式行事的业余高尔夫球手不会将自己归为道德沦丧者，相反，他们更有可能将他们打高尔夫球的方式和他们在职业生涯中寻求提升自己的方式一致起来。这些人强调胜利，即使是在友好的比赛中，不管规则如何，只要这些行为可以被个人臆想为正当的，就可以大胆地向前走，就可以道貌岸然地采取任何必要的行动。

职业高尔夫球手

所有职业高尔夫球手的高尔夫生涯都是从业余爱好者开始的，在打球的早期，就会开始学习一些高尔夫规则和高尔夫礼仪，但他们也不可避免地会沾染业余高尔夫爱好者的一些江湖习气。我们不禁要问：为什么职业高尔夫球手最终会采取迥异于业余高尔夫球手的行为方式呢？原因之一在于职业高尔夫球手受到高尔夫规则的严格监督和约束。实际上,当年轻高尔夫球手加入高中和大学高尔夫球队时,他们就要不得不忘掉以前习以为常的打球行为方式,比如在比赛中碰触球等。当这些职业高尔夫球手的水平足够高了,可以参加联赛、巡回赛和锦标赛时,他们很快会发现,高尔夫比赛是有体育道德标准文化的,他们需要始终谨遵规则和礼仪,不能作弊和耍花招。

和高尔夫不同,业余和职业的棒球、篮球和橄榄球运动员常常会被教导如何在比赛中作弊及采用花招,以获得竞争优势。棒球运动员被教导窃取对方的暗示信号而获益,被教导如何用力滑向游击手或二垒手,以击溃对方双打的企图。篮球运动员则被教导如何在抢篮板球时抓住对手的球衣,被教导用脏话分散对手的注意力而获益。橄榄球运动员会因为向对手施暴和进行伤害性的击球而得到赞赏,并会被教授如何在混战中保持优势。在这些运动中的凡此种种的运动文化,倾向于将此类行为归为良好的战略战术,而不是作弊或花招。

职业高尔夫球手会主动承认无意中移动了高尔夫球;但棒球、篮球和橄榄球运动员,则很少被教导将错误归咎于自己。这些团队运动文化,倾向于不鼓励球员承认没有接住先落地的球,或者承认违反了规则,反而默许甚至怂恿利用裁判的错误,故意欺骗裁判。与此相反,职业高尔夫球手则会咨询裁判,以示完全尊重和遵守神圣的高尔夫规则。

虽然偶尔也会发生职业高尔夫球手为个人利益而违反规则的情况,比如在球包里放了第十五根球杆(自己多放了根球杆),但一般来说,职业高尔夫球手更有可能承认自己的错误。评判一个职业高尔夫球手道德的依据,是他是否会选择做正确的事情。当J.P.Hayes承认自己使用了非USGA批准的高尔夫球时,尽管这是他无意中犯的错误,他还是告知了一名组委会裁判,并因此被取消了2008年美巡赛资格赛的资格,我们相信他在那一刻内心笃定地知道他在做正确的事情!

职业高尔夫球手的行为,一直保持着高标准。每位职业高尔夫球手都被要求公平比赛,并始终表现出体育精神。事实上,职业高尔夫球手每天都在强化做正确的事并坚持诚信,这些职业高尔夫球手将尊重、责任、诚实和正义的价值观内化于心,他们的行为是建立在高尔夫这项高贵运动的基础价值观之上的。

职业高尔夫球手，可能是所有体育运动员中最佳的行为榜样。

高尔夫中的奖惩

业余和职业高尔夫球手表现不同的另一个原因，是因作弊和玩花招接受的惩戒差异极大。业余高尔夫球手几乎从不因违反规则而受惩罚，而按照规则打球却似乎没有什么回报。考虑到大多数高尔夫比赛对业余高尔夫选手无关紧要，这也就说得通了。许多业余高尔夫球手发现作弊的诱惑不可抗拒，是不足为奇的：因为作弊可以带来个人回报。在棒球、篮球、橄榄球中，类似的作弊和玩花招行为似乎都会对这些人的所谓的回报很有帮助，所以这些人自然会认为没有理由不将这些招数如法炮制在高尔夫上。

这种不良行为的陋习可能超出高尔夫球场十八洞比赛本身。业余高尔夫球手和球伴在打完高尔夫后，往往会在俱乐部餐厅这样的"第十九洞"进行感情联络和社交。常规是由输掉十八洞比赛的人买单，这种压力是驱使一些人愿意不惜代价在高尔夫赛中获胜或记录最低分的诱因。除此之外，这些人还会虚妄地认为"好的成绩"能提升在办公室或朋友中的地位。卡拉汉说，大多数业余高尔夫球手越来越把作弊文化作为社会生活、工作和社交[3]中的一种生活方式。业余高尔夫球手可能会作弊，因为这样做貌似符合他们自身的利益。

职业高尔夫球手相比于业余球手则恰恰相反，要高贵得多！遵守规则和尊重章程精神，是职业高尔夫球手公认的准则。任何在球场上不遵守准则的行为将导致被取消比赛资格，并且在球场外被排除在社交活动圈或商业代言之外。当然，有些职业高尔夫球手也可能只是出于自身利益而不得不遵守要求，但我们必须承认，像J.P.Hayes那样因为承认自己违反了高尔夫球规则，即使会被取消参赛资格，还是坚持这样去做，这反映了职业高尔夫球手遵循更高的道德标准的一种风骨。职业高尔夫的契约精神不允许作弊和耍花招。与此同时，伙伴相互的影响以及裁判对规则的强力执行，也强化了职业高尔夫球手对规则的遵守。职业高尔夫球手犯错后，会立即自己承认错误，即使这会导致罚杆或输掉比赛，如果有什么应该被称赞为良好体育精神的完美典范的话，这就是！我们的结论：职业高尔夫选手真正体现了高尔夫比赛的诚信和正直。

道德发展与推理

职业高尔夫球手有更高的标准规范，因为他们往往比业余高尔夫球手表现出更高的道德推理水平。科尔伯格提出道德发展有六个阶段，道德推理有三个基本组成部分。科尔伯格为检验这些假设提供了一些有用的见解[4]。在道德发展的最低水平，个人出于自我利益而服从规则以避免惩罚，并会满足他人的期望以期获得他人的认可。将这种道德发展水平应用于业余高尔夫球手时，这些球手看起来似乎也是在遵守高尔夫球的规则和礼仪。

许多业余高尔夫球手打了出界球却不计罚杆，不去修复球道上的草皮，也不去修复果岭上球落地打出的坑。如果作弊和缺乏高尔夫礼仪对个人有益，许多业余高尔夫球手会选择这样去做。高尔夫球场上的同伴尤其是四人组或打球组中的球伴，会影响业余高尔夫球手的行为。例如，不管球场规则如何，如果球伴期望用上球车，一些高尔夫球手会在球场的任何地方驾驶高尔夫球车拉风。许多业余高尔夫球手像生活中的大多数人一样，处在较低的道德发展水平。

在道德高发展水平上，科尔伯格与非结果性道德理论的支持者一样，指出某些规则和权利具有超越结果的普适性。例如，说谎和杀人是错误的，因为它们侵犯了他人的权利。职业高尔夫球手似乎已经接受了高尔夫的社会规则，并会忠实履行高尔夫的精神契约，也愿意考虑他人利益。几乎所有的职业高尔夫球手都接受对与错的普遍道德原则，正因如此，经过岁月的洗礼，高尔夫成为一项卓尔不群的高贵体育运动。即使在大满贯赛中成绩岌岌可危时，几乎每一位职业高尔夫球手都还能始终遵守规则的章程和精神。职业高尔夫球手在比赛中的打法，比业余高尔夫球手更能体现出科尔伯格理论中的更高道德的发展水平。

职业高尔夫选手这种高水平的道德发展，是通过道德推理过程一步步实现的。在道德推理过程中，个人内省并评估自己的价值观，会发展出一套一致而公正的道德原则并据此行事[5]。道德推理的第一步是道德认识：在这个认知阶段，旨在了解道德问题以及如何解决这些问题。道德推理的第二步是道德评价，即每个人对自己、社会和他人的信念建立规范基础。道德推理的第三步是道德行为，即如何根据所知道和重视的认知行事。

Bredemeier以及Rudd和Stoll在一份研究报告中说，运动员参加体育运动时间越长，他们的道德推理水平就越低。这个结论对棒球、篮球和橄榄球等团队运动的运动员来说是正确的，但对职业高尔夫球手来说却完全相反。业余和职业棒球、篮球和橄榄球运动员通常被训练以不道德的方式获取竞争优势，许多队友希望不惜代价赢得比赛。高尔夫运动则不同，特别是对于职业高尔夫球手来说，没有任何场内教练或队友会鼓励他们在比赛中作弊和使用花招，这保证了高尔夫比赛的规则被高贵地践行，也让高尔夫精神得以发扬光大。

许多业余高尔夫球手为了好玩，会经常选择不按照规则打球。因为业余高尔夫球手认为，对自己的分数撒谎并违反规则的章程和精神没有什么大不了的。相比之下，几乎所有职业高尔夫球手都会自觉遵守运动的契约，也许职业高尔夫球手这样做，是因为其他球手也这样做，并且有裁判在严格执行规则。简言之，高尔夫文化塑造了职业高尔夫球员基于职业价值观的道德推理过程和行为的潜意识，认可和奖励有原则的行为，不认可和惩罚作弊和玩弄花招的行为，由此形成了高尔夫的良性发展机制。

高尔夫虽然得益于其作为传统上流社会消遣的历史根基，但业余爱好者也能身处其中，其乐融融。因为打高尔夫球给所有人都会带来这样或那样的好处，所以高尔夫运动自诞生以来虽然历经了风雨，却一直长盛不衰。高尔夫自发源初始，就单纯是一种身心愉快的游戏，一直到高尔夫球手开始为奖金而比赛，高尔夫的传统规则和礼仪也自始至终保持在高水平。高尔夫运动保持了和规则、章程、精神牢不可破的联结，让一代又一代的业余和职业高尔夫球手所展现的价值观最终形成了蔚为大观的高尔夫体育精神。

随着高尔夫运动广受欢迎并变得更亲民，对高尔夫道德结构的侵蚀也开始发生。由于公共和私人球场欢迎所有学习打球的人，打高尔夫球不可避免地会反映美国社会的价值观变化：个人利益优先于他人利益，个人行为优先于有原则的行为，对个人行为作无知的"合理化"解释，声称每个人都这样做，诉诸僵化传统（种族肤色），认为没有人会知道所做的偷偷摸摸行为……这些杂念和邪念，正在侵蚀高尔夫的规则和礼仪。作弊取胜已经成为许多人在高尔夫比赛中采用的方式，这些人将自己的这些不齿行为合理化，自己虽不觉其荣，但也不觉其耻。

业余爱好者打一场休闲高尔夫的结果或许确实无关紧要，因此球员不记分反而更好，至少可以保证不会记录一个虚假的杆数。打高尔夫球，或是为了乐趣享受，或是为了挑战，在两种情况下，都无须编造虚假杆数。事实上，没有了记分卡的压力，更利于人们学习高尔夫的规则和礼仪。一旦选手具备了足够的高尔夫技能，就可以自由地学习按照规则进行比赛了。比起强迫让业余高尔夫球手忘记自身习惯性的不道德的行为，更好的方式是让这些球手明白：只有遵守高尔夫规则，才有被记分的资格。

职业高尔夫，为高尔夫乃至整个体育运动的比赛方式提供了一个范例。职业高尔夫球手表现出了体育精神和对他人、比赛的尊重。业余高尔夫球手需要反思在高尔夫中作弊和使用花招的无原则和不道德的行为，需要更好地向职业高尔夫球手学习。职业高尔夫球手在绽放正直和体育精神的同时，也得以尽情享受身心灵圆融的真正乐趣和价值。

Notes

1. United States Golf Association, The Rules of Golf (Far Hills, N.J.: United States Golf Association, 2007).

2. David Callahan, The Cheating Culture: Why More Americans Are Doing Wrong to Get Ahead (Orlando: Harcourt, 2004).

3. Ibid.

4. Lawrence Kohlberg, The Philosophy of Moral Development: Moral Stages and the Idea of Justice (New York: Harper and Row, 1981).

5. Angela Lumpkin, Sharon Kay Stoll, and Jennifer M. Beller, Sport Ethics: Applications for Fair Play, 3rd ed. (Boston: McGraw-Hill, 2003).

6. Brenda J. L. Bredemeier, "Divergence in Children's Moral Reasoning about

Issues in Daily Life and Sport Specific Contexts," International Journal of Sport Psychology 26, no. 4 (1995): 453–63; Andy Rudd and Sharon Stoll, "What Type of Character Do Athletes Possess? An Empirical Examination of College Athletes versus College Non Athletes with the RSBH Value Judgment Inventory," Sport Journal 7, no. 2 (2004): 1–10.

第八洞
玩到底？
高尔夫运动中的种族主义与性别歧视
约翰·斯科特·格雷（John Scott Gray）

哪里可以为无家可归的人提供容身之所呢？据我所知，高尔夫球场就是一个好去处……家财万贯的商业操盘手凭借其白人身份，在球场上漫不经心地打着高尔夫。他们以打球的名义聚在一起、谈论生意，商讨着如何继续瓜分国家资源，最终达成一致……高尔夫是一种凌驾于他人之上，精英主义者才能参与的运动，在我们国家占据了太多的空间……［还有］另一件事：种族。在地区俱乐部里，唯一可见的黑人成员正在端盘子。这会儿，劳驾别跟我提泰格·伍兹这种特例。

——乔治·卡林的《凝固汽油弹和愚蠢的油灰》（2001 年）

1996 年 12 月 23 日出版的《体育画报》的专题文章《天选之人》专门介绍了年度最佳高尔夫球手泰格·伍兹。伍兹的父亲厄尔表示，伍兹将"比历史上任何人的成就都高，他将改变人类的进程"。这里所说的"历史"，不仅指体育史，也不仅是将伍兹与杰基·罗宾森（职业棒球运动员）和穆罕默德·阿里（拳击运动员）这些人物放在一起比较，而是在说纵观整个历史，伍兹能与甘地、杰斐逊等人相提并论。《体育画报》采访厄尔时问及这一点，厄尔断言："伍兹的论坛规模和影响力比其他任何人的都大，因为伍兹参与的是一项国际性运动，能跨越自己的种族身份创造奇迹，是东西方间的桥梁。伍兹如果被高人指导，并不受限制，我虽然还不知道伍兹到底会有怎样的影响，但他的确是'天选之人'。伍兹的能力，会影响很多国家。是的，不仅会影响到人，还会影响到国家，而且是很多的国家。"[1]

虽然上述这些殷切期望对大多数普通人而言可能是种负担，但伍兹的确已经在PGA高尔夫巡回赛的各大球场上表现得游刃有余。他一如既往地表现出自信，成为有史以来高尔夫赛事中成就最高的球手之一。伍兹在实现这些宏伟目标的同时，很大程度上超越了自身的种族局限。人们逐渐忽视了他的少数族裔身份，越来越多的人只把他看作高尔夫球场上最伟大的球手。然而，伍兹也正因为超越了种族成就的局限，受到了一些人的批评，其中就包括篮球名人堂成员查尔斯·巴克利和足球名人堂成员吉姆·布朗。他们认为，伍兹在解决种族和种族主义问题上不负责任。值得一提的是，布朗认为伍兹在回应高尔夫频道主持人凯莉·提尔曼的直播评论时，应该少一点中庸的政治正确。在回应联合主持人的玩笑"其他球员要联合起来对付伍兹"时，提尔曼声称，可以"在后巷中动用私刑处死他"！在这番言论之后，2008年1月19日《高尔夫周刊》杂志刊登了涉及高尔夫种族问题的封面，封面上有个绞索。伍兹因为没有对这个事件充分回应而备受指责[2]。

尽管伍兹高尔夫辉煌的成就已经足以改变人们对他个人的看法，但是这些成就是否无愧于其已故父亲的殷殷期望，我们就无从得知了。围绕伍兹的家庭私事的非议很大程度上影响了泰格·伍兹品牌的声誉，本文无意讨论这些问题。有人认为，伍兹是高尔夫运动中种族包容、平等的象征，这是本文所要重点关注的。不管伍兹到目前为止是否以他父亲所期望的方式改变了世界，人们目前至少可以认为，伍兹已经改变了高尔夫的世界。《体育画报》的加里·史密斯写道：高尔夫的世界，是一个"遍布白人……富有的、成熟的、几乎没有少数族裔成员的世界"。这个犀利的观点和已故的乔治·卡林的不谋而合。卡林反复哀叹高尔夫运动颇具傲慢色彩，是精英主义者的运动，高尔夫的存在是对时间和空间的浪费。史密斯和卡林对高尔夫运动的观点正确吗？还是说，高尔夫运动正在发生变化，已经变得更加包容了？如果事实果真如此，这些变化对我们整个社会会有什么启示呢[3]？

高尔夫运动是优质运动的典范吗？

当今社会在认识、消除美国的种族主义及性别歧视方面取得了不小的进步。人们看到，随着学术的进步和商业环境的良性发展，摒弃种族主义和性别歧视至少在体育界已经得到认同。少数族裔逐渐在各大高管职位中崭露头角，人数增长虽然缓慢却也保持稳定。同时，女性参与的机会也越来越多。1987年以来，变化就已经开始发生。当时洛杉矶道奇棒球队的总经理阿尔·坎帕尼斯在国家频道上讨论少数族裔的劣势时，甚至说黑人"可能不具备一些必要条件，比如说，黑人不可能成为一名球场经理，或者不可能成为一名总经理"。要改变这种成见绝非朝夕之功，但现今在几乎每项运动中，从球场成员到最高管理层的所有级别上，都活跃着少数族裔的身影[4]。

顺应这种思路，有些人甚至认为，应该把高尔夫运动视为平等运动的典范，因为高尔夫是为数很少的几个运动之一，允许男女以最高水平同台竞技。即使在业余高尔夫比赛中因为有高尔夫的差点系统，不同水平的高尔夫球员可以使用不同水平的发球台，从而保证了不同年龄、不同性别的人都可以在同场比赛。虽然没有少数族裔参与高尔夫运动的早期数据，但在过去十五年间，非裔美国人以及亚洲人、西班牙裔美国人和其他少数族裔打高尔夫球的人数大幅增加。全国高尔夫联合会最近的一项研究表明，美国每七位高尔夫球手中就有一位是少数族裔。研究报告还估计，在3670万名美国高尔夫球手中，有230万名非裔美国人、150万名亚裔美国人、170万名西班牙裔美国人。这三个少数族裔群体共计550万人。调查还显示，这三大群体的人对比赛的兴趣更大一些。调查估计有超过1000万名非裔美国人对打高尔夫有一定的兴趣。在这三个种族群体中，男性的平均参与率是女性的两倍，而从美国整体上来看，男女参与比率是3∶1。此外，针对颇具争议的《高尔夫周刊》的"身陷绞索"封面，人们也开始关注高尔夫中的种族主义问题，这表现在人们忽视了杂志本身的具体内容，而对封面艺术的风格和编辑选择进行激辩[5]。

虽然很多积极的事情正在发生，但更多的问题还是维持原状、没有改变。种族主义和性别歧视仍然存在于高尔夫比赛及相关活动中。在后伍兹时代，情况开始有了一定的改善。PGA在各类项目中投资了数百万元。例如，举办First Tee公开赛，让以前从未接触过高尔夫的社区成员能够有机会了解高尔夫这项运动。尽管成绩斐然、收获颇丰，但仍然前路漫漫其修远兮。社会排斥仍然存在，女性和少数族裔在参与高尔夫运动时还会面临"沟通壁垒"。在2005年8月出版的《体育与社会问题杂志》上，李·麦金尼斯、茱莉亚·麦奎兰和康斯坦斯·查普尔联合发表了一篇题为《我只想比赛》（*I Just Want to Play*）的文章，讨论了这类的壁垒，以及女性试图打破这些壁垒时所应采用的策略。社会壁垒指的是"某些社会群体，为了垄断人生机会，组织联合起来，对抗其他竞争对手（这些对手可能具有某些积极或消极的特征）的现象"[6]。高尔夫中的社会壁垒概念具体是指在高尔夫运动中白人男性与女性和少数族裔之间所建立的障碍，而这些障碍是从人类行为的其他领域延伸出来的，特别是从商业中衍生而来的。在《不能打的球位》（*The Unplayable Lie*）中，玛西亚·钱伯斯将这些障碍称为"草坪天花板"（指阻止女性通过高尔夫运动提升的一系列社会及文化歧视性障碍）。尽管有人不同意高尔夫社区在种族和性别方面取得的许多进展是表面的和仅有一定的象征性意义，但我们依然认为，麦金尼斯和其他人所讨论的社会障碍仍然是许多美国人在美国最好的高尔夫球场果岭上所面临的问题。

宇宙的主宰

近代我们对高尔夫运动中的种族和性别问题的讨论，主要集中在著名的奥古斯塔高尔夫俱乐部上。该球场一直是美国大师赛的公开比赛场地。伍兹在1997年以创纪录的十二杆优势称雄美国大师赛，一战成名，向全世界强势宣告了自己的王者地位。伍兹在这场比赛中的胜利本身就足够令人大吃一惊了，但他在奥古斯塔获胜的重要性却不止于此。奥古斯塔近六年里，还没有出现过一位非裔美国人球手。过去确实也有其他非裔美国人参加过奥古斯塔，1975年李·埃尔德在美国大师赛上打破了肤色障碍，成为第一个参加比赛的黑人球手。然而，奥古斯塔是私人俱乐部，俱乐部和名人赛的联合创始人、常务主席克利福德·罗伯茨秉承的观点与俱乐部大部分成员的观点如出一辙，他说："只要我还活着，奥古斯塔的高尔夫球手就会一直是白人，黑人只能当球童。"[7]这种近乎傲慢偏见的态度绝不是奥古斯塔所独有的。1943年，美国PGA在其章程中新增一条规定，只有"高加索人种的职业高尔夫球员……才有资格成为会员"。该规定一直沿用至1961年[8]。虽然对高尔夫的这些历史，今天的公众可能已经没有太大感觉了，但美国全国妇女组织主席玛莎·伯克对2003年美国大师赛的抗议，在当时来说可谓是前所未闻。据《华盛顿时报》的报道，伯克和她的抗议在2003年比赛前的七个月里"在美国各大主流报纸和杂志上频繁被提及"。在大量的媒体报道和压力下，奥古斯塔选择了保护赞助商的策略，在2003年和2004年的比赛中，完全没有出现任何商业广告。伯克和NCWO组织在给俱乐部的致信中坚定了下述立场：我们"担心高尔夫美国大师赛，这场国家性、重量级的高尔夫赛事，会由一个歧视女性的俱乐部主办，把女性高尔夫球手排除在外……我们敦促贵方审查自身在这方面的政策和做法，现在就向女子高尔夫选手开放会员资格。只有这样，问题才能迎刃而解"。时任奥古斯塔的主席胡蒂·约翰逊在一份长达三页的回应新闻稿中辩称，俱乐部独立于美国大师赛，是一个拥有私人会员的私人俱乐部。他将伯克的要求描述为"强烈要求（我们）彻底改变我们的会员资格"。约翰逊还补充说道，尽管俱乐部终有一天可能允许女子球手加入，但"这个时间是由我们决定的，而不是在他人的威胁下被迫作出的让步"[9]。

《奥古斯塔国家俱乐部之战》(*The Battle for Augusta National*) 一书的作者艾伦·希普努克认为，约翰逊的态度之所以如此强硬，源于1990年另一家私人俱乐部——阿拉巴马州的沙洲溪高尔夫俱乐部已经因为此类事情引发了不小的争议。沙洲溪球场是高尔夫PGA锦标赛的主场，因为缺少少数族裔高尔夫球手的参赛而被推到了舆论的风口浪尖。沙洲溪俱乐部的创始人、奥古斯塔国家俱乐部的会员霍尔·汤普森对这些质疑的回应是：俱乐部成员可以自由地与他们喜欢的人交往。他补充道："我想我们已经说过，除了在黑人方面以外，我们在其他所有领域都不存在歧视行为。"希普努克指出，在阿拉巴马州伯明翰，邀请非裔美国人加入俱乐部实为罕事。在伯明翰的七个俱乐部共计六千多名高尔夫会员中，只有两名是非裔美国人。在PGA锦标赛举办前九天，沙洲溪俱乐部在不断抗议的重重压力下终于还是屈服了，接纳了第一个少数族裔高尔夫球手参赛。为此PGA制定了一项政策，要求主办PGA巡回赛的俱乐部不得有歧视行为，后来全国其他高尔夫俱乐部也纷纷效仿（在作出这一声明前，主办PGA锦标赛的两个高尔夫球场一直只有白人球手打高尔夫）。PGA的新政策具体指出，锦标赛的意向主办方必须保证"会员惯例和政策中，不存在针对种族、性别、宗教或民族血统的歧视"。奥古斯塔国家俱乐部和美国大师赛却不受此要求影响。PGA认为大师赛以及其他三项大满贯赛事（PGA锦标赛、英国公开赛和美国公开赛）并非PGA巡回赛共同赞助的赛事，所以这项非歧视政策并不严格适用于这几项比赛[10]。

　　具有讽刺意味的是，泰格·伍兹在奥古斯塔的相关争议中也不可避免地受到了批评。《今日美国》专栏作家克里斯汀·布伦南在一篇文章中"抨击（伍兹）缺乏明显的社会良知"。这篇文章的发表比伯克的抗议活动早了三年。布伦南发表了一系列讨论奥古斯塔国家俱乐部排他性做法的文章，正是这些文章引发了伯克对这一问题的关注。尽管在比赛期间，实际的抗议并没有吸引大量的人参与，但对这些私人俱乐部的看法以及由于这种看法所引发的对高尔夫运动的影响的担忧，仍然值得人们认真思考，特别是如今多达三分之一的高尔夫球场都是私人俱乐部性质的[11]。

　　一些读者可能读到本文前面几页就急着下结论，认为这些事件无论多么肮脏可鄙、多么见不得人，都只是高尔夫"五彩缤纷"（此处使用了双关语，非故意为之）历史中不值一提的一朵小小的"浪花"，绝不能代表真实的比赛现状。不幸的是，尽管PGA可能已经对外实施了反歧视的政策，但其并没有进行后续的监督和核查，因为主办方的高尔夫俱乐部所需要做的只是以书面形式判定是否有非歧视性做法。2003年4月，吉尔·利伯发表了一篇文章，公开了对129个举办PGA巡回赛、PGA锦标赛（高龄PGA比赛）和LPGA赛事的高尔夫球场（包括完全私人性质和公共性质的球场）进行的会员资格的调查结果。虽然86%的私人俱乐部和所有的半私人俱乐部都大方分享了其大体上的会员人数，但是"只有26%的私人俱乐部和40%的半私人俱乐部透露了会员的性别细分情况，并且只有5%的私人俱乐部透露了种族细分情况"。加利福尼亚大学著名的社会学荣誉教授哈里·爱德华兹认为，这些俱乐部之所以不愿意公开其性别和种族的细分情况，简言之，就是因为事实与他们所主张的非歧视性言辞不符。爱德华兹说："一提到要公开说明他们是在按章办事，说明他们已经对外开放，他们就很难自圆其说了，因为他们给不出具体的支持性数字。"一些人认为，大多数少数群体根本不会对私人俱乐部的会员资格感兴趣，持这种观点的，包括美国国家少数群体高尔夫基金会主席芭芭拉·道格拉斯，道格拉斯觉得："期待人数众多是不合理的。"[12]

听到这种观点，笔者不禁心存疑惑，为什么期望少数族裔成员加入私人俱乐部是不合理的？华盛顿和凯伦在其文章《体育与社会》中指出，毫无疑问，社会和文化背景影响着个体的娱乐选择，社会阶层是我们理解体育的关键。重要的是要了解究竟是什么将特定的人群与特定的体育活动联系在了一起，以及这些活动在特定社会的不平等再生产中发挥了什么作用[13]。他们认为，社会学家应该把对体育的研究作为对整个社会进行更广泛分析研究的一个核心方面。对这一观点，笔者完全同意。不过，尽管不是每个人都愿意或有能力花2.5万至5万美元的会员费加入奥古斯塔国家俱乐部，但如果只是金钱的门槛，真正有意愿的人毕竟还是有了很大选择空间的。所需的果岭费和设备费价格高昂，导致高尔夫成为一项颇为奢侈的运动，但仍有许多可能降低成本的方法。比如可以使用更为便宜的二手设备，或在非高峰时段适当降低果岭费。不可否认，高尔夫确实比其他运动要昂贵，但因为这种经济差异导致高加索男性与少数族裔或女性的比例悬殊，到底在多大程度上产生了这种差异，还是有待商榷的。此外，高尔夫运动也正在努力向非传统人群开放，例如举办First Tee高尔夫比赛，这是世界高尔夫基金会在1997年启动的项目之一，旨在让儿童接触高尔夫运动，了解高尔夫九大核心价值[13]。得益于这个公益高尔夫项目，许多平时无法接触高尔夫的人幸运地有了机会[14]。

让不同性别的球手在高尔夫球场争奇斗艳

如果不把打高尔夫球的花费作为决定高尔夫球手去留的主导因素，那么就需要考虑其他可能的因素。我们不妨转移一下关注点，聚焦一下性别歧视的问题。根据麦金尼斯等人的说法，女性在高尔夫球场上感到不受欢迎，关键在于高尔夫球场一直被默认是"男性空间"。他们的研究集中在对女性业余高尔夫球手的一系列访谈中，这些女球手在对待比赛的经验、技能和认真程度上各不相同。女球手中的许多人认为：女性一般会被特别挑选出来，别人会将女子球手刻板定义为贫穷球手或天赋不足、进步缓慢的球手。这最终会导致两种情形出现：要么女性倍感压力，觉得只像男性一样打球才有资格上场（开球距离是有待跨越的鸿沟）；要么产生"角色禁锢"的感觉，"转而强调高尔夫运动的女性化、夸大男女在高尔夫球场上的差异"。对此有人建议，女球手要想被接受，应该尽量不要表现得那么阳刚、那么好斗，不要表现得那么激烈。正是这种担忧，导致LPGA的副总裁泰·沃陶在一次球员峰会上，强调了"成为名人的必备五点"（成绩、外表、热情、适当和平易近人）。长期以来，性吸引力一直是女性高尔夫营销中一个颇具争议的话题。性吸引力在成为名人的过程中所起的作用仍不清楚，但比较清楚的是，沃陶希望LPGA球员不仅是伟大的高尔夫球手[15]。

我们这里提出的问题，不涉及是否应该分开举办女子职业高尔夫巡回赛和男子高尔夫巡回赛（一些批评者确实建议过，我们将在下文中讨论这个问题）。相反，这样的问题出现在了美国和世界各地的高尔夫球场上：女子球手身上，背负了多少"女士"如何打球的社会期望呢？这与教育男人如何打球有本质不同。二元理论者认为，高尔夫有两种打法，其一是饱含优越感的、男性的打法，其二则是相对低劣的、女性的打法。有关这一点，还需要做更细致的进一步研究。

将发球台红Tee归为女子球手所用，再次放大了"角色禁锢"的意识。麦金尼斯等人引用了R.W.康奈尔在该领域的观点，特别是"霸权男性气质"的概念。根据康奈尔的想法，霸权男性气质概念（指大块头开球者）"总是与各种次级的男性气质以及与女性联系在一起"。发球台蓝Tee（男子业余高手）与白Tee（老年球手和男子初学球手）形成难易对比，但与红Tee（业余女子球手）完全分开。他们补充道，根据许多高尔夫球场规则，球手应该根据自身能力选择相应的发球台。然而，关于"男士发球台"和"女士发球台"的不成文的性别规定通常占据上风。一个人应该从哪里开球，通常不是由其个人能力而定的，而是不管不顾，只选择更难的发球台，这样就不会丢面子了。另外，许多男子球手都受过这样的威胁：如果开球没有越过"女性发球区"，那么就必须在下一次打球时把裤子套在脚踝上，或者接受其他惩罚。还有另一个例子，也能说明发球台的混乱如何突显性别角色：密歇根州高尔夫协会的男子球手只允许从后发球区和中发球区开球的才算分，选择从前发球区开球，得分是不作数的。此外，当笔者使用雅虎来刷新个人等级信息时，笔者所处的当地球场的前发球区会自动显示为女士发球区，而中发球区则自动显示为男士发球区[16]。

政治学家艾琳·麦克多纳和记者劳拉·帕帕诺欧在《与男生一起比赛》（*Playing with the Boys*）一书中，分析了与体育中的性别有关的社会障碍最初是以何种方式产生并进而制度化的。麦克多纳和帕帕诺欧在书中集中讨论了体育运动中的强制性的性别隔离问题。这种传统做法基于以下三种错误的假设：女性不如男性；需要保护女性免受男性伤害；让女性直接与男性竞争，可能是不道德的行为。这几个错误的假设，使得体育界的性别隔离以六种不同的方式制度化。例如，男性和女性应该分别参与不同类型的运动（棒球与垒球），或者如果男女都参加同一项运动，则需要进行性别隔离（篮球）。此外，以两套男女不同的规则或风格进行同一项运动，也是在高尔夫中的性别隔离制度化的一种体现。高尔夫发球台的差异就是这样。讨论这些是十分重要的，因为了解社会障碍的成因有助于人们在未来消除这种不合理的差异[17]。

在讨论抵制接受女性和少数群体的高尔夫社区障碍问题时提到的另一个关键因素，是该社区内模范榜样的构成——美国PGA的成员。职业高尔夫球员也可以被视作高尔夫运动的教师和管家，其中女性仅占3%，而且很少有非裔美国人（在美国近两万名球手中，只有四十四名通过A级认证的黑人专业球手）。随着近年来LPGA的爆炸式增长，人们普遍认为一定会有合格的女性球手出现。

但事实是，女性要么不会当PGA教练，要么压根就应聘不上。对于缺乏女性PGA教练和女性担任高管职位的问题，麦金尼斯等人认为，在几乎没有社会支持的情况下，女性进入高尔夫职业领域需要极大的勇气。这种缺乏其他女性榜样的情况与缺乏少数群体榜样的情况类似，特别是当"老虎"伍兹这样的头号人物都被排除在外时，这种情况更加明显了[18]。

上文提到的美国全国高尔夫联合会的调查中，涉及少数群体和女子球手参与高尔夫运动的情况包括对高尔夫运动经济增长的建议提要，建议的措施包括寻求"女性市场的力量……降低准入门槛……在高尔夫球场、零售店等地张贴欢迎少数群体加入的口号"等。最后两点最能说明问题，呼吁高尔夫球场"减少恐吓，提高舒适度……（并）提供庞大的社会网"。这些正是麦金尼斯等人强烈呼吁的[19]。

推杆

总之，尽管当今时代社会可能正在向兼容并包方面发展，但旧的排斥感依旧难以消除。即使高尔夫球场上的公开歧视变少了，但仍存在一种普遍的印象，即高尔夫俱乐部首先是富裕的白人男子出没的地方，其次才会有其他人的容身之地。这种观点也许可以作为社会障碍的有力证据，不管在多大程度上产生影响，不管在哪个高尔夫球场，事实都是如此。麦金尼斯等人指出，参加比赛的女子高尔夫球手并不一定会像男子球手那样，有可能继续参加比赛或继续打高尔夫。如果高尔夫真想脱胎换骨，摆脱掉种族主义和性别歧视的过去，俱乐部和高尔夫专业人士需要不遗余力、全力以赴，才能真正改变女子球手和少数群体所感受到的不受欢迎的傲慢与偏见。这个过程可以从提高高尔夫负责机构的透明度开始，可以公开披露其俱乐部中有多少女子球手和少数族裔成员，并公开讨论为什么会出现这样的数字。

这些努力，对于美国高尔夫协会（USGA）的健康发展和整个高尔夫运动都至关重要。2008年2月21日，《纽约时报》刊登了一篇文章，以《越来越多的美国人放弃了高尔夫》为题，指出当今社会不少高尔夫球场在目前的社会经济情况下，在努力坚持运转以便生存下去[20]。根据作者保罗·维泰洛的说法，无论是从每年打一场高尔夫比赛的人数来看，还是从每年打二十五场以上的铁杆球员数量（从2000年的690万人降至2005年的460万人）来看，都表明高尔夫运动正在经历衰退期。许多人认为，这主要是打球的时间问题，因为愿意在一轮高尔夫中投入四到五个小时打高尔夫球的人越来越少了。

但一些球场主也承认，有必要向女性和年轻球手进行更多的高尔夫推广宣传。纽约沃丁河的杰石高尔夫俱乐部负责人沃特尔·亨尼表示，"船沉之时，要想自救就得有创意"。要想使创造性想法成为现实，必须重新评估过去的高尔夫球场经营方法，评估球场与女性和少数群体的互动状况。归根到底，高尔夫是一项通过差点系统，使球手能够在公平的基础上进行同场竞技的运动。想要确保这项运动的体育道德、保证选手的良性参与，就必须创造一个令身心灵圆融的平等竞争的良好环境。

Notes

1. Gary Smith, "The Chosen One," Sports Illustrated, December 23, 1996, 28–53.

2. ESPN News Services, "NFL Hall of Famer Says Tiger Should Have Decried Remark," http://sports.espn.go.com/golf/news/story?id=3212224（accessed September 12, 2008）.

3. Smith, "The Chosen One."

4. Nightline, ABC, April 6, 1987.

5. C. L. Cole, "The Place of Golf in U.S. Imperialism," Journal of Sport and Social Issues 26, no. 4（2002）: 331–36. Data regarding minority participation in golf can be found in the National Golf Foundation's 2003 study "Minority Golf Participation in the U.S.: African-American, Asian-American, Hispanic-American," www.golf2020.com/Reports/Minority_Golf_Participation_in_the_US.pdf（accessed June 20, 2008）.

6. Lee McGinnis, Julia McQuillan, and Constance L. Chapple, "I Just Want to Play," Journal of Sport and Social Issues 29, no. 3（2005）: 317.

7. Rick Reilly, "Strokes of Genius," Sports Illustrated, April 21, 1997, 30–49.

8. Alan Shipnuck, The Battle for Augusta National: Hootie, Martha, and the Masters of the Universe(New York: Simon and Schuster, 2004), 25. Also see John H. Kennedy, A Course of Their Own: A History of African American Golfers (Lincoln: University of Nebraska Press, 2005).

9. "Burk Fails to Make Cut at Masters," Washington Times, March 21, 2004; Shipnuck, Battle for Augusta, 6, 9–10.

10. Shipnuck, Battle for Augusta, 26; Jill Lieber, "Golf 's Host Clubs Have Open-andShut Policies on Discrimination," USA Today, April 9, 2003, www.usatoday.com/sports/golf/2003-04-09-club-policies_x.htm (accessed June 11, 2008).

11. Brennan's articles, in turn, were inspired by the ongoing work of Marcia Chambers, including the previously mentioned Unplayable Lie: The Untold Story of Women and Discrimination in American Golf (New York: Pocket Books, 1996) and her essay "Ladies Need Not Apply," Golf for Women, May/June 2002, 108–13.

12. Lieber, "Golf 's Host Clubs."

13. Robert E. Washington and David Karen, "Sport and Society," Annual Review of Sociology 27 (2001): 190.

14. The nine core values are honesty, integrity, sportsmanship, respect, confidence, responsibility, perseverance, courtesy, and judgment (www.thefirsttee.org, accessed May 6, 2008).

15. McGinnis et al., "I Just Want to Play," 324.

16. R. W. Connell, Gender and Power: Society, the Person, and Sexual Politics (Stanford: Stanford University Press, 1987), 183. McGinnis et al., "I Just Want to Play," 325. The Golf Association of Michigan can be found at www.gam.org. Also, the Yahoo handicap service is at http: //golf.sports.yahoo.com/tracker.

17. Eileen McDonagh and Laura Pappano, Playing with the Boys: Why Separate Is Not Equal in Sports (New York: Oxford University Press, 2008), 10–15.

18. McGinnis et al.,"I Just Want to Play,"327.

19. National Golf Foundation,"Minority Golf Participation in the U.S.,"4, 6–7.

20. Paul Vitello,"More Americans Are Giving Up Golf,"New York Times, February 21, 2008, www.nytimes.com/2008/02/21/nyregion/21golf.html?pagewanted=1&hp.

四

高尔夫和理性

第九洞
高尔夫天生是非理性的吗？

大卫·希尔（David Shier）

美国前总统伍德罗·威尔逊（Woodrow Wilson）形容高尔夫是"一种用不适合其用途的工具控制球的游戏"①。威尔逊总统是一位狂热的高尔夫爱好者，他甚至用过黑颜色的高尔夫球，这样冬天在雪地里也能打高尔夫了。这位博学而理性的总统几乎把自己的闲暇时间都执拗地花在他认为会令人产生挫折感的运动上，威尔逊总统是疯了吗？

一般来说，如果有人故意在实现目标的道路上设置障碍，我们会质疑为什么要设置这个障碍（"嗨，苏，你是在去开会的路上吗？""是的，我正想去，但我可能会晚一点，因为我先要在车道上建一个装满剃须刀丝和燃烧煤油的坑，然后跳过去。"）这个段子，正是高尔夫运动对其参加者的要求：一些规则和球场的独特设计让打高尔夫球变得更困难，在球场要以尽可能少的杆数打球。因此，高尔夫规则对高尔夫球手设置了很多限制（球移动，可以或不可以使用的设备等）。球场的设计同样设置了环境方面的限制（洞长、草地条件、沙坑、水障碍等）。

迈克·西布鲁克将高尔夫运动戏称为"乐此不疲地追逐一个小且贵的球，

---

① 打高尔夫球最多的美国总统威尔逊在担任总统期间，打了1200多场高尔夫球。有些人统计的场次高达1600场。威尔逊总统留下了一个遗产：无论一个人多么忙碌或专注于工作，打高尔夫球都是一种很好的消遣。文章链接：（1）https: //mp.weixin.qq.com/s/mgMMTKORCsrITgeVCNgQsQ；（2）https: //en.wikipedia.org/wiki/Woodrow_Wilson。——译者注

狂热地试图把它倒在半英里外一个啤酒杯大小的洞里",他评论道:"除了高尔夫,我想不到还有什么更好的东西,能让人终于相信,人类确会有疯狂错乱的举动。"从这些角度看,高尔夫确实显得不理性,至少自相矛盾,人们可能会想,既然如此,为什么会有那么多人去玩高尔夫?

简单而言,如果高尔夫很容易的话,那就不值得打了。高尔夫的乐趣并不只在于好不好玩,很多时候高尔夫不完全有趣,而且不会令人满意。正是高尔夫球手克服实现目标道路上的重重障碍,才使这项运动更具挑战性,才让打高尔夫变成痛并快乐着的运动。

上面的解读,我认为是正确的。但哲学的伟大价值之处在于哲学鼓励人们要挑战直觉性的答案(往往直觉答案是不正确的),哲学鼓励人们探索究竟,看看直觉答案到底是否正确。更为重要的是要问"为什么是正确的"这个问题。哲学性的反思旨在解构思维定式,如此才能获得全面、清晰、满意的认知。本文会提出相关的稳健性概念架构(具有普适性),并通过高尔夫球场临时变更、高尔夫差点和高尔夫新技术这些方面对人们为什么要打高尔夫的问题来予以说明。

高尔夫的内部和外部目标

高尔夫的疯狂,源于高尔夫是一项有明确目标的运动(以尽可能少的击球次数将球打入洞中),并会在运动中设置各种障碍,至少是默许使用这些限制和障碍,这是高尔夫被称为"最具难度的运动"的原因。

要解开高尔夫这个结,需要明晰一个关键概念:到底什么是高尔夫的目标?如果你去问一名高尔夫球手,可能会得到诸如要取得低分、最少击球、获胜等答案;也有一些高尔夫球手会说,想感受竞争的刺激挑战(对抗和利益)、锻炼、娱乐、新鲜空气、社交互动,甚至有点收入等这些五花八门的愿望。这些都可以认为是打高尔夫的目标,都是在回答"在高尔夫运动中打算获得什么"这一问题。归纳起来,这些答案可以分为两类。

高尔夫的第一类目标是运动本身所固有的目标,是任何球手在比赛中都会追求的。进一步而言，比赛中的目标细化会有好处，比如随比赛形式不同而有不同的目标（比杆赛与比洞赛、差点与原始记分、个人赛与团体赛等），包括用最少总杆数完成比赛，赢得最多的洞数等。球手的任何一洞目标，是用尽可能少的击球次数把球打进洞中。

对第一类目标，我们可以将其称作运动的内生目标。这个目标是比赛的一部分，是只要进行运动就会有的目标。离开内生目标，只为其他目的而打高尔夫球的人，从根本上说不是在打高尔夫。比如有人练习用木杆开球，这不过是在练习一些高尔夫技能，并不是在打高尔夫，因为这种练习没有明确的目标。另外，像"赠品高尔夫"——类似赠品跳棋，目标是求得最高的击球次数，这种荒谬的活动也根本不是真正的高尔夫。

高尔夫的第二类目标，是高尔夫运动的外延目标，这些外延目标不是运动所固有的。一个人可以没有外延目标，但仍然是在打高尔夫。外延目标是球手参与活动的原因，而不是玩比赛的原因。请注意，"你为什么开始打高尔夫"这个问题可以用外延目标来回答，比如，"因为我渴望比赛的挑战稳健性"；但不能用内生目标来回答，比如，"因为我渴望取得低的分数"。你不打高尔夫，但你渴望低的高尔夫分数；你渴望低分数，因为你是一名高尔夫球手。前者是望梅止渴，后者是桃李不言、下自成蹊，这就是内生目标和外延目标的本质不同。

典型的运动外延目标包括竞争、锻炼、娱乐、新鲜空气、社交和金钱，这些外延目标都与高尔夫有天然的联系，也不是轻易能获取和实现的。对一些人来说，户外活动是他们去打高尔夫的主要原因之一，但对另一些人来说，户外活动最多只是小有好处；对一些人来说，友情是很宝贵的，而对另一些人来说，可能认为社交是一种不得不为之的负担；对许多职业高尔夫球员来说，收入是首要目标（当然比赛、兴奋也是一个目标），但对大多数高尔夫球员来说，收入充其量只是一种幻想。尽管大多数人都会把挑战、竞争作为标准目标，但外延目标的类别是开放式的而且千差万别，因为有多少个外延目标，就有多少个玩的理由。你打高尔夫，可能只是为了给热爱高尔夫的你的老板留下深刻印象；或者只是想观察某个打球的人，进行强迫症心理学研究（高尔夫球场是这种心理实验对象的来源地）；或者只是想穿上时髦的高尔夫服装；或者是出于无数其他的理由。

高尔夫的理性（一击而中）

将内生和外延目标区分后，就可以解开在高尔夫中要实现的目标和为实现这些目标故意设置障碍间的矛盾。如果能对立统一地考虑高尔夫的内生和外延目标，那么这两个目标间的紧张关系就会和谐起来。从某种意义上来说，高尔夫的外延目标是高尔夫更重要、更基本的目标，如果没有外延目标，那么从开始就失去了玩的理由，也就无从去追求低分数的内生目标了。但实现内生目标对高尔夫来说也是有价值的，因为这样做也可以帮助实现外延目标。高尔夫的外延目标会给我们带来挑战、乐趣，没有了这些体验，也就没有理由去追求高尔夫低分的内生目标了。例如，如果高尔夫球场太简单，或竞争对手没有什么挑战能力，那么竞争乐趣就会丧失。有一点需要指出，即便内生目标难以实现，人们也可以在运动过程中实现某些高尔夫的外延目标。

但是，并非所有具有共性的外延目标都与内生目标的困难程度相关。不管某一个高尔夫球场难不难打，我们都要呼吸新鲜空气。新鲜空气也并不是球手在比赛中唯一的外延目标，还有很多其他的方法也可以呼吸新鲜空气，为什么非要通过打高尔夫球而不是远足、打网球吸上一口新鲜空气呢？高尔夫球手通常还有很多其他的外延目标（锻炼、社交等）可以追求和享受。

要取得竞争性和挑战性，这样笼统的目标说辞还不足以成为打高尔夫而不进行其他活动的有力理由。人们被高尔夫比赛所吸引而不能自拔，很大程度上是因为高尔夫是能够让身心灵圆融的顶级运动，这才是高尔夫的主要外延目标。

对高尔夫球手制度和环境上的限制

高尔夫内生目标的困难，在于它是多变量函数。其中的很多变量根据不同的比赛形式会受到相应的规则制约，可以体现为球杆和球的类型、球移动的方式、球场上一些因素的情况（障碍、障碍物）、处罚评估等，这些限制都属于监管限制。

高尔夫有许多规则，不规定行为的活动都不是高尔夫。你需要用高尔夫球杆去打球，而不能用脚，这些规则是高尔夫运动的固有规则。当然在高尔夫规则手册中，大多数规则都不会有这么明确的规定。美国高尔夫协会规则17-4规定："当球手的高尔夫球，靠在洞的旗杆上没有落入洞时，该球员或其授权的人，可以移动或移除旗杆，如果球落入洞内，则被视为最后一杆将球打入了洞中；如果移动旗杆后，球没有进洞只是球移动了，则应将球放在洞的边缘上，进行再次击球，但无需罚杆。"如果在实际比赛中，不严格采用规则17-4，只允许球员取下旗杆，或者要求从球被移动的位置作为球位进行下一次击球，这样仍然是在规则下进行的高尔夫[2]。

实现高尔夫内生目标困难程度的变量，主要来自环境限制，这些限制和高尔夫球场的物理特征有关。大多数流行的体育运动都是在统一规制的场地上进行的，如足球场和篮球场，它们的形状大小相同；棒球场的总体尺寸和形状会有变化，比如本垒板距离土墩，在洋基体育场是60.5英尺，在芬威球场是70英尺。这些尺寸变化虽然会对比赛产生影响，但影响并不大。高尔夫球场跟这些运动场地相比则有很大的不同，高尔夫球场会直接影响高尔夫比赛。高尔夫球场的距离、形状、地形、障碍和掩体、草皮等的变化，是决定完成高尔夫运动内生目标困难与否的关键因素。每个高尔夫球场的设计都不同而且千变万化。

有人可能会质疑：所有的体育运动和娱乐比赛，不都会在运动过程中设置障碍吗？是的，人们设计体育运动和游戏的初心，就是让运动员在完成运动内生目标的道路上有障碍需要克服，让运动员在克服障碍时享受克服困难的愉悦感，这也确实并非高尔夫所独有。伯纳德西服公司深刻地将一般的运动描述为"自愿尝试克服不必要的障碍的游戏"[3]。比如，足球运动要求不能用手去接触足球。

但是，为什么人们只是对高尔夫运动实现内生目标的障碍有特别的共鸣呢？首先，高尔夫相比于其他运动更难打好，确实非常困难。更重要的是，高尔夫内生目标设置的障碍是如此明显和如此明目张胆，以至于从诸如"危险"和"陷阱"这样的字面上就可以感受到。棒球不会在一垒和二垒间设置沙坑，也不会在二十码线上设置水塘。

高尔夫的理性（再击再中）

我们现在回到这个问题上：为什么说让高尔夫变得异常困难不是疯狂的举动，而是可以在目标（内生和外延）和限制（监管或环境）的框架内予以平衡的。如果高尔夫的监管和环境限制不能协调，球员就会难以实现内生目标，主要的外延目标也就无法实现，球手就丧失了打高尔夫的理由。因此，监管和环境不会阻碍目标的实现，尽量会让高尔夫球手（在追求内生目标时）对自己的精神有所限制，使他们反而有可能实现自己的目标（主要是外延目标）。所以，在高尔夫中的种种障碍和限制不是非理性的，反而是高尔夫活动的理性要求。没有了这些限制，也就没有了参与高尔夫的理由。

我们意识到，监管或环境限制也会造成内生目标难以实现，因而外延目标也无法实现，这会导致高尔夫球手不再去打高尔夫。如果某个高尔夫球场特别困难，没有人能真正打出好球，那么也就不存在真正的竞争，也就不可能有真正的（可克服的）挑战。所以，理想的高尔夫球场设计需要在太难和太容易之间取得平衡，这跟亚里士多德关于美德的说法相呼应：优秀的高尔夫球场，应该是中庸的。

中庸之道的思路，是解决引起激烈争论的诸如运动规则、球场特征和高尔夫球手练习等问题的一种方式。人们应该确定相关的外延目标，应该确定所讨论的规则、球场特征或练习通过改变实现内生目标的前景，并讨论如何加强或阻碍实现相关外延目标的前景。当然，中庸之道不是唯一的标准，在评估规则和球场时还有其他重要的东西必须考虑。例如，规则和球场的公平性是一项道德要求，也是更广泛社会和制度交流的一个方面，是保证竞争公平的必要条件。保持实现外延目标的可能性，是判定规则或路线是否需要改变的必要条件。

借助高尔夫差点

目标和限制框架有助于直截了当地证明高尔夫差点的作用和价值。高尔夫差点，是高尔夫独有的保证公平竞争的定量记分方法。业余高尔夫选手的能力差异非常大，由于球场的环境限制，有时实现高尔夫的内生目标对于某些业余高尔夫选手来说非常困难，对于另外一些人来说又太容易，这就使参加比赛的球手们都不可能完全实现各自的主要外延目标，因而不能得到真正与他人竞争的乐趣。

平衡追求目标和能力的一种方法，就是对不同能力的球员加以不对称的环境限制，例如采用难度不同的发球位（以利于水平差些的球员发挥），从而最终达到经改变差点修正后的内生目标，来解决水平差异较大球员能同台竞技的问题。差点前的内生目标（原始的最低分数）被采用差点后的内生目标（净分数最低）所取代，所有参赛球手的输赢更有自然随机性，这样一来就增加了互相竞争的快感，让所有球手都能通过高尔夫体验到外延目标。

对高尔夫赛进行临时更改

还有一种可以在目标和限制框架内解决的问题——在"老虎"伍兹时期，采用过几次——涉及高尔夫球场特征的特殊变化。在许多高尔夫评论员看来，对一些高尔夫锦标赛球场做临时的改变（如草地长度、树木位置、发球位置等），目的是削弱伍兹的优势，使锦标赛更具"竞争力"。

但我们认为，这种临时环境限制的措施，是破坏而非增强了锦标赛的竞争力。对任何职业高尔夫球手来说，其参赛的主要外延目标之一，是要参加一场真正的、不受限制的高尔夫比赛，可以与对手充分比试技能和勇气。当然，每个职业高尔夫选手无一例外都想赢，特别是赢得大奖赛，但这些职业高尔夫选手更希望的是，要与发挥最佳水平的对手在竞争中实现自己的这些目标。对比赛和高尔夫球场做临时的人为更改限制，使被针对的最优秀的高尔夫球手相比其他球手更难实现其内生目标，会破坏该顶尖选手满意的真实竞争的外延目标。这里要指出这些限制变化的动机，是故意削弱一个特定的球手或一小群球手。如果改变是针对所有球手（比如缩短比赛时间），这不是我们所说的临时限制更改，这是不同性质的问题，指出这一点非常重要。下面一节，会讨论高尔夫设备、新技术发展导致的临时限制更改，这会涉及所有高尔夫选手。

我们注意到，高尔夫球场种类繁多，因此不同的技能组合会在不同的球场各有千秋。本文所讨论的球场变化，特指这些变化是临时性的，目的是针对一些球员。我们反对这种具有特定针对性的变化，是基于高尔夫公平竞争的原则。但是，我们也认识到一定会存在反对意见，即使是没有成为针对对象的高尔夫球手，也可能会反对球场规则的临时更改，因为这些球手自己的外延目标也被破坏了。

从上面论述得知，表面上看似乎不应该做临时限制措施，这似乎与差点记分确保竞争力的出发点不一致，这种看上去的矛盾性，其实只是因为职业高尔夫球手和业余高尔夫球手是不同的。业余高尔夫球手的外延目标是愉快比赛，需要同台竞技决出胜负结果的不确定性。但是，业余选手之间的能力差异非常大，随机的胜负有时无法在没有差点系统的情况下实现。专业高尔夫选手则完全不同，他们水平差异很小，成功和失败差不多是自然随机的，可以满足需要真正的、不受约束竞争的外延竞争目标。

高尔夫运动中日新月异但并不一定总是好的技术

我们对目标和限制框架的讨论，来到最后一个问题，也是高尔夫运动中最具争议的问题之一：关于高尔夫的戏剧性技术进步应该加以限制的程度，特别是那些能够大幅增加击球距离的技术工具的问题。实心球、改进的木杆杆面，这些都大大增加了职业高尔夫的平均开球距离。1995年，约翰·戴利以289码的平均开球领先于PGA巡回赛；2007年，九十三名球员平均开球距离是289码，布巴·沃森以315.2码位列榜首，四十一岁的达利名列第二，但比他二十九岁时的开球距离提高了23码[4]。

我前面提到，只有新技术对高尔夫内生目标的影响不影响到实现相关外延目标时，才能允许使用新技术。虽然更长距离的击球会影响到准确性，但更远的技术还是让球员更多地打出老鹰球和小鸟球。除非高尔夫球场方面也做相应的改变，否则没有一些球员会更有优势，因为所有球员都能采用类似的技术，技术比球场拥有更大的优势。高尔夫比赛虽然是与其他人竞争，但从根本上来说，是球员与球场的博弈。远距离技术有助于球员在与球场的较量中取得优势，更容易快速攻上果岭，更容易实现其高尔夫的内生目标，取得较低的比赛分数。

现在的问题是，新技术是否会让高尔夫变得太过容易，以致实现外延目标的满足感被破坏？如果是这样，那么对这类高尔夫新技术的引入实行额外的限制就是有道理的。这些新技术正在改变高尔夫的性质（特别是职业高尔夫，增距现象尤为明显）。通过鼓励采用激进的技术方法，强调距离而不是准确性，会从根本上淡化高尔夫球场设计中的几何细微差别。哈尔·萨顿评论道："如果你问想要距离还是准确度，每个人都会无一例外地告诉你：要距离。他们会说：忘了准确度吧，球道是软的，果岭是硬的，没有粗糙地带。让我们一杆到位，一劳永逸。无须思考其他，只要抓好你的木杆，尽你所能地击中它。"[5]

这样就产生了对高尔夫比赛性质变化的质疑，类似人们对美国篮球的普遍抱怨：篮球已经功利到只专注于扣篮和三分球，几乎抛弃了中距离比赛——它与扣篮的炫酷以及三分投篮的专业技能，共同构成美式篮球引以为傲的"三套车"。许多人对美国篮球比赛方式的改变感到惋惜，特别是在NBA中（这也许只是对比赛往事的怀旧。但不可否认的是，在这种转变中，一些有价值的东西失去了）。

高尔夫因为技术突飞猛进的进步，出现了相同的问题。追求大距离击球力量的结果，是以牺牲高尔夫一些传统技能为代价的。高尔夫球手之所以喜欢这项运动，很大程度上是因为高尔夫是需要身心灵技能组合来应对环境的运动，这种身心灵境组合的核心是球员认知的头脑游戏，是面对高尔夫球场求解的几何游戏。这些高尔夫传统技战术，正被远距离击球新技术所威胁。高尔夫球手要实现娱乐性、挑战性和竞争性这些主要外延目标，就必须在球场上（以及彼此），进行高尔夫技能组合所有要素的竞争（职业高尔夫的球迷热爱高尔夫的外延目标，也有类似的考虑。如何让高尔夫球迷在不断变化的高尔夫运动中感到更多的娱乐性，是USGA和PGA制定设备规则决定中的一个考虑因素）[6]。

我认为，高尔夫远距离击球新技术的出现从根本上淡化了球员的综合技艺技能，改变了高尔夫比赛的性质，破坏了历史传承下来的高尔夫球手应有的重要外延目标。从目标和限制的概念框架角度让远距离技术受到某种限制，这种反对应该被理解为一种原则性的反对，而不仅是某种反动的、反技术的怀旧情怀所致。

　　当然，有些人可能会觉得做了改变后的高尔夫比赛更有趣、更令人愉快。我们真正要问的是，为当代高尔夫的改变而哀叹的人是因往事并不如烟的怀旧情愫使然，还是因为认为保持传统的高尔夫比赛对高尔夫运动是至关重要的、必不可少的？虽然对高尔夫目标和限制的框架概念进行深入思考和探究是很好的事情，却无法解决实际问题，因为这个概念没有规定运动的目标应该是什么、哪些运动技能应该得到奖励、比赛的性质到底应该是什么。从本质上来说，争议的焦点应该是如何挑战高尔夫，以及由谁来挑战高尔夫，这些焦点问题是更触碰实质的问题。

　　当然，每个人都会感兴趣，高尔夫运动到底能吸收多少技术变革。想象一下未来智能高尔夫球的出现吧，比如一个带GPS导归器的高尔夫球。球手只须按自己喜欢的方式击球，打出去的智能高尔夫球可以自己直奔球洞飞去。这样会很有趣吗？一点也不！（也许只是头一百次很有趣吧！）如果智能高尔夫球真的出现了，高尔夫的竞争将不再是高尔夫球员之间的竞争，而是高尔夫技术工程师间的竞争了。如果高尔夫有一天真的发展到了这样智能而理性的程度，打高尔夫还有什么意义呢？前面我们不惜笔墨反复说道，在高尔夫和其他任何体育运动中，在实现运动内生目标的道路上设置特别障碍，让实现运动外延目标成为不可能的可能，这是在高尔夫中设置障碍的目的，是让高尔夫球手更好地挑战自我，让每个人体会身心灵圆融的过程，这种圆融只能来自选手自身而非他处。如果未来的高尔夫只是新技术的比拼，而不是高尔夫球手身心灵圆融的"助产士"，那高尔夫就真的迷失了，变成初心所忘和使命无记的非理性运动了！"天之骄子"高尔夫的未来天路，不该是如此貌似理性的非理性之路……

Notes

　　1. Quoted in Colin Jarman, comp., The Hole Is More Than the Sum of the Putts: Ultimate Golf Quotations (Lincolnwood, Ill.: Contemporary Books, 1999), 339.

　　2. United States Golf Association, "The Rules of Golf," www.usga.org/playing/

rules/pdf/2008ROG.pdf（accessed July 10, 2008）.

3. Bernard Suits, "Th e Elements of Sport," in Philosophic Inquiry in Sport, ed. William J. Morgan and Klaus V. Meier（Champaign, Ill: Human Kinetics, 1988）, 11. This article first brought to my attention the tension inherent in sports in placing obstacles in the way of our own goals. His distinction between "pre-lusory" and "lusory" goals is similar（though not identical）to the distinction I advance here between internal and external goals, but he uses it to different ends, focusing his discussion on the roles of various types of rules and on developing a definition of sport in general.

4. "PGA Tour Statistics," www.pgatour.com/r/stats/（accessed July 10, 2008）.

5. Jaime Diaz, "The Growing Gap: Driving Distances Are Skyrocketing on the PGA Tour. So Why Is the Average Golfer Being Left Behind?" Golf Digest, May 2003, http: //findarticles.com/p/articles/mi_m0HFI/is_5_54/ai_101967369/pg_1?tag=artBody; c011（accessed July 10, 2008）.

6. The important role of the external goals of the fans in following the sport was pointed out to me by the volume editor, Andy Wible. I am very grateful to Andy for this and for his many other helpful comments.

后九

Winners **never** quit;
quitters **never** win

五

个人省思

第十洞
人生犹如一场高尔夫

汤姆·睿根（Tom Regan）

4、3、2、1。七点半到，发射！这是火箭发射的场景。要预定高尔夫打球时间，就不能等到打球当日的七点半打电话，那样，您就得有耐心等电话接通（上百位临时抱佛脚的人可能也急着约时间）。时间就是一切！下面的模拟电话选项，说明时间的重要性：

——如果你想要一百万美元免税，请按1。

——如果你想要地中海沿岸免费还带仆人的别墅，请按2。

——如果你想在圆石滩高尔夫球场打球，请按3。

我按下3：

"你好！要预定圆石滩球场时间吗？"电话里一个女孩幽幽的声音问道，"你是说，想今天打球？"

"如果今天可以的话，那就太好了"，我语气中带一丝挑衅的味道补充道，"有什么不妥吗？"

"不，没有。你可能不知道，订圆石滩球场和酒店，通常要提前六个月预定。"

我忍不住想说，这次我决定不住酒店了，俯瞰第十八条球道的每晚一千九百五十美元两居室套房有点小，争辩的念头在脑子一闪，理智还是占了上风，我诚恳地说，"谢谢你，这次我不想住酒店了，我只想知道，嗯，也许……我是说，也许……会不会有人取消了打球预定时间？"

"我查一查"，电话里响起等待的音乐，女孩帮我在查还有没有球场时间。

"谁在开谁的玩笑？"我边等边想。

我自言自语："不管怎样，也要在圆石滩打一次高尔夫球，也不管今天、明天，还是此生未来中的某一天，这个目标一定要实现。"

"八点半怎么样？有个预定因为医疗急救的原因被取消了。"

"今天上午八点半？"

"是的。"

"让我想想。"我快速估算着：我现在位于旧金山中部。我亲爱的南希还没醒来，我刚起床还没穿衣服、没吃东西，我也不知道到球场的路怎么走。但是我想，如果不洗澡、不吃早餐、不叫醒南希、不迷路，以平均每小时二百六十英里的速度飞车的话，我还是可以赶到的，这样做虽然有点危险，但是可行。

我说："八点半的时间有点紧张，之后还有什么时间吗？可以再约一个时间吗？"

"您说什么？"

"我是说，还有其他时间可约吗？"

"幽幽"声音这次真的幽幽不说话了，她也没有必要一定要说话。我知道她在想什么，她或许在想："这个傻瓜，这可是大名鼎鼎的圆石滩高尔夫球场啊！世界上多少人梦寐以求，想在这里打上一场高尔夫球。在一个傻瓜来电的当日，已经给他找了一个开球时间，这厮居然还要挑三拣四再找一个时间！"

"明天还有什么时间吗？"我不顾脸面地大胆问道。

"让我查一查。"

音乐再次响起，不断地响着，继续响着。这位未曾谋面的年轻女子或许在考验我对圆石滩高尔夫球场有多深的一见钟情吧！好吧，她会看到的，我安慰自己。即使我不想听电话里播放的"海滩男孩"的一首首曲子，我还是紧握着播放音乐的手机等待着。

回音了："明天下午一点半怎么样？"

"一点半？明天？是开玩笑吗？"

"明天下午一点半！刚好又有个预定时间因医疗原因取消了。"

"哦，我的上帝！"

"我要！我要！我要！"

剩下的就是提供信用卡号码、叮咛要合适着装以及如何去球场。我一直在想："我的上帝啊！太好了！这是真的吗？"

一顿丰盛的早餐之后，经过了几个错误的转弯，我们沿着美国国家1号公路向南驶出旧金山。南茜坐在我身边，我们的孩子们已经平安回到了家。我悠闲地开着车，觉得自己现在就像高尔夫界的卢·格里格（美国最伟大的棒球运动员）那句致谢千万球迷的话所说：我是世界上最幸运的人！

出发

高尔夫成为我生活中亲密的一部分，可追溯到20世纪50年代初。那时，我幸运地在Shannopin乡村高尔夫俱乐部做球童，那儿离俄亥俄河边上的匹兹堡市只有十英里。一条有轨电车直接经过我家，电车的终点站是一座在又长又陡的山脚下的高尔夫球场。从家坐电车到球场附近的电车站要半个小时，到站后，爬山去球场还要二十分钟。在高尔夫球季，为了成为早些下场的球童，我早上六点前就要离开家去球场。春夏两季很多的周末，我都是睡眼惺忪但满怀期待地早早出发去球场。

挣钱是做早场球童的部分原因。那时，帮打高尔夫球的客人每携带一个球包打完十八洞，可以挣七十美分。每个客人都还会再额外付四分之一小费。球童到早些、勤快些，每次带两个球包，一天打两场球，这样算下来，每天可以赚到四美元甚至更多。如果体力充沛，一场甚至可携带三个球包。有次我带三个孩子打了两场，小费挣得盆满钵满了！

像我这样年龄的大多数男孩还在赖床睡懒觉时，我能早早起来去高尔夫球场，不仅是为了挣钱，还有一个重要原因，那就是纯粹因为高尔夫球场和高尔夫比赛的魅力！高尔夫的这种诱惑力，很小的时候我就感觉到了，并且一直持续至今。我相信所有高尔夫球手都曾或多或少被高尔夫的魅力所打动，虽然没有人能够用语言确切表达那种心动的感受：

巨大的高尔夫球场神秘宁静，日出之时，蟋蟀安静了，鸟儿开始晨歌；青草的叶子上，结满露水，人的足迹还没纷至沓来打破露水的晶莹。露水在霞光中熠熠闪光，也没有人声的嘈杂打破此刻球场的宁静。此时此地，此情此景，这里的黎明静悄悄……

一粒腾空而起飞出去的高尔夫球，瞬间在空中变成白色的柏拉图式理想圆点，乘风飞驰。它摆脱了人类意志，自由飞翔，沿着属于它的弹道，去到应该去的地方。然后，就像在黑暗中看到的一幅明亮的画面，一瞬间就过去了，成为永远过去的一部分，只存在于目击者的记忆深处。不管被夸耀或被质疑，高尔夫比赛总是不动声色地继续进行着，向前不回头，球员开始创造新的球迹，诞生新的美好记忆。

一起玩体育比赛的朋友，彼此会充满幽默和友谊的情愫，没人希望对方不好，但想想，也没有什么特别要指望的好。在比赛的过程中，有笑声，也有诅咒，褒贬不一。在高尔夫这个远离家庭、远离工作的"绿洲"里，成年男子开始像撒野的大男孩，女子摇身一变为妙龄少女，充满魅力。时光在不知不觉中，在一杆一挥一球一击中悄悄流逝。此刻，高尔夫球场变成这些返老还童的男女们尽情玩耍嬉戏的空间。

高尔夫球场和高尔夫运动作为简单而顶级的身心享受而被创造出来，慷慨地赐予愿意接受它的幸运儿们。对高尔夫的敬畏之感从我第一天踏在Shannopin乡村高尔夫俱乐部的第一条球道时，就铭刻在心灵的深处。那时，我高兴地、贪婪地在我瘦骨嶙峋的肩膀上扛着一个又一个高尔夫球包，一点儿都不觉得累。谁成想，这以后的三十年的大部分时间里，因为各种原因，我几乎再也没背过高尔夫球包了。

尘封

像许多年轻时打高尔夫球的人一样，当我再也找不到时间去打高尔夫球（大多数人的借口），高尔夫球就成了那件"过去常做的事"。很难说停止打高尔夫是什么时候发生的。我的妻子南希在1966年生下了我们的儿子布莱恩；1967年，我有了第一份正式的工作；1969年，我们自己造了一栋房子，有了自己的家；一年后的1970年，我们的女儿凯伦又呱呱落地。

受困于人世间连串的生活事务，除了早些年我每年还能打三到四次高尔夫外，以后的大多数年份，就不再打高尔夫了。呃，我全身心地成为一个好丈夫、一位好父亲、一个好的供应商、一个勤奋的老师、一个多产的学者和一个前高尔夫爱好者了……

没错，我还是会继续关注高尔夫比赛，但激情和那种上场的精气神消失了。生活在不紧不慢地过着，有太多的事情要做，真的有太多的事情要做，这是我一直对自己说的话。有时候在深夜，在内心深处我会质疑自己的说法，它们是不是只是不再打高尔夫的借口罢了。

我的第一套高尔夫球杆是木制的杆身，上面刻有Brassie（二号木杆）、Spoon（三、五或七号木）[①]和Niblick（铁杆）字样。这套球杆是我父亲的。父亲年轻时当过球童，这些杆是一些富人高尔夫球手送给他的。当高尔夫不再是父亲生活的一部分，他就把这套球杆郑重地送给了我。对比本·霍根缓慢、优雅、专业的强有力挥杆动作，我毫不怀疑我的父亲比尔·默里有出色的高尔夫球技。如果不是因为各种外在际遇和阴差阳错，父亲本来也可以成为一名职业高尔夫球手的。"要优秀，就必须不断练习！"父亲总爱不厌其烦地向我灌输大道至简的高尔夫智慧。尤其当我爆出汤米·博尔特的暴脾气[②]，开始咒骂和扔球杆时，父亲会说："平时不花时间练球，别指望在比赛中会表现出色。"

父亲可能并不知道，我实际上花了大量时间在练球，几乎把二号木都打脱了，其他木杆头也都快打断了，铁杆练习也不辍，但好像都没有什么效果。最早在Shannopin高尔夫俱乐部当球童，每周可以有一个上午打高尔夫比赛，那时我就有能力破百，尽管我尽了最大的努力，却还是无法取得更好的成绩。我

[①] 被称为"勺子"的高尔夫球杆，主要是二十世纪前高尔夫球历史中的木杆，除了标准或基本的"勺子"外，还有各种类型的"勺子"。它等同于今天各种角度的球道木杆，如三号木、五号木、七号木。——译者注

[②] 汤米·博尔特，一个因脾气暴躁出名的顶级高尔夫球手。——译者注

只能自慰道：我生来是一个很厉害的高尔夫球手，但也仅止于此。

其实，我对自己放弃高尔夫的理由总是隐隐感到不安。我不得不承认，是高尔夫比赛的难度和残酷性打败了我，这才是我内心真正的独白。

内心的纠结和挣扎，让我逐渐形成了双重人格：在内心中，有一个打高尔夫球的"高我"（doppelgänger），这个"高我"，具有我最高的能力，准确地说，"高我"笃信我拥有打球所有致高能力。这个从未被他人觉知的"高我"，从未想到会失败，总相信我能把球打得又直又远，总相信我能够长时间、准确地把球打到球道上，能够得心应手地使用木杆和铁杆，总是相信我击球准确、可靠，从没想过我会推杆过短，会错过一个两英尺推杆进洞的情形。

当然，所有信任都要在比赛中去实现。"高我"并不奢望我像Bubba Watson那样把球打得远远的，或推杆像Steve Stricker那样精准。不，"高我"对我没那么苛刻，他只是希望我在比赛中不管打什么球，都能发挥自己最好的水平，例如，我一生中不止一次开球超过二百五十码，因为这样做过几次，"高我"就希望我每次开球都可以达到这样的水平。同样，我一生中，也不止一次从很深的沙坑里把沙坑球打到离球洞只有几英寸的地方，"高我"也希望我在果岭边的沙坑里每次都能如此。

从逻辑上来讲，"高我"对我的期望没有什么意义，因为在99%的情况（至少）下，我开球没有那么远，救出的沙坑球也不会离球洞那么近。每次这种情况出现后，"高我"对我的期望仍然别无二致：他会固执地认为，我过去这样做过，那么现在我也能够做到，好像我可以不费吹灰之力一如既往地做到。"高我"的困惑是，为什么我不能每一次都能不折不扣地做到极致。

套用乔·塞斯曼的一句话：你不必是爱因斯坦，也能看出我和"高我"的关系并不融洽。"高我"对我的期望从未降低，"高我"对我的严厉（"不！不够好！"）也从未软化，所以我的失败感也就从未消散！我有时会问自己，为什么要做这样的自我撕扯呢？这样下去，失望和挫折是必然的，而且还不仅是一点点的挫折和失望，而是深深的沮丧！为什么我不能找一些非高尔夫的其他运动项目去玩呢？比方说长跑。大可以每天花一两个小时和朋友们一起跑步，每个人都以同样的速度跑，除了比赛日，没有什么赢家或输家。这就是我在停掉高尔夫后接下来三十年的大部分时间里所做的事情。高尔夫球杆放在我家里的阁楼上积满了灰尘，谁说往事并不如烟！但我内心知道：打败我的，是高尔夫比赛的压力，不是孩子，不是房子，不是工作，这些统统都只是借口。其实，是对高尔夫比赛的完美的近乎苛求和随之而来的难度打败了我。

再试一次

父亲于1995年去世，享年八十五岁。父亲去世前，已经二十年没有碰过高尔夫球杆了。父亲快走到生命尽头时，身患帕金森病，不能正常走路，只能拖着脚挪动，经常会流一些口水，说话口齿不清，嘴上的肌肉越来越虚弱。随着时间推移，父亲慢慢枯萎，留下像火柴盒一样脆弱的躯体。拥抱他如果不小心，都可能会引起他胸部骨折。即使如此，即使在父亲还有最后一口气的一刻，我从未怀疑过，父亲在一些关键时刻还会狠狠地敲打我说："不花时间练球，就别指望在比赛中表现出色！"

父亲去世前的几年，我曾试图重返高尔夫球场。那段时间，我每天都会打几百粒高尔夫球，像一个在豆腐厂里游荡的饥肠辘辘的素食主义者一样，贪婪地打着球。我的高尔夫比赛成绩有进步吗？我的"高我"离开了以前常常指点我的舞台了吗？世事难料，不要轻易下结论。最后让我失去理智和快乐的原因，不是一个而是两个高尔夫球肘的伤痛，因为它们（其实我满怀感激），我不得不休了两年的病假。

父亲去世后，我决定再尝试一下高尔夫，再试最后一次，这次我怀着更加谨慎的目标感和承诺。不言而喻，我想成为一名好的高尔夫球手，所以我刻苦训练（以不会损毁身体为限）。我让自己沉浸在高尔夫这个传奇般的运动中，用历练过了的新眼光重新发现高尔夫究竟意味着什么，为什么那么多人，不管他们水平如何，对高尔夫都乐此不疲。整整六个月，我醉心于每一阶段球技的精进和提高中。直到1999年，我六十岁生日后不久，我觉得自己准备好了！现在我正驾车行进在旧金山南边，驶向高尔夫挑战中的梦之地：圆石滩高尔夫球场。

神圣的圆石滩高尔夫球场

美国高尔夫的圣地是圆石滩高尔夫球场。当然，美国出名的高尔夫球场还有各种杯赛举办地，像梅里恩（Merion）、巴尔图索（Baltusrol）、奥克蒙特（Oakmont）、奥古斯塔（Augusta）、奥林匹克（Olympic）、塞浦路斯点（Cyrus Point）等，再说出几十上百个伟大的美国高尔夫球场也没问题。但说到哪个是"美国最好的球场"，公认排名第一的公共高尔夫球场非圆石滩高尔夫球场莫属！上面列举的一些大名鼎鼎的高尔夫球场之所以不能享此殊荣，以塞浦路斯点球场为例说明理由：它过于强调其私人俱乐部属性，以至于鲍勃·霍普打趣道："塞浦路斯点高尔夫球场，像一个木杆，会一举横扫掉四十名会员。"

言归正传，现在说下大名鼎鼎的圆石滩高尔夫球场。从一开始，圆石滩高尔夫球场就向付费的高尔夫爱好者开放，只要付得起球场费，人人都可以来打高尔夫。每一位美国和世界的高尔夫球手都有资格站在传说中的圆石滩林克斯风格的球场上，站在伟大的高尔夫球员帕尔默、尼克劳斯、沃森、米勒、米尔克劳斯和"老虎"伍兹曾经挥杆过的球场上。圆石滩高尔夫球场打球的费用约为三百多美元。今天我花了五百美元，还不包括球车费和球童费。圆石滩高尔夫球场，是每一位高尔夫爱好者梦寐以求想尽情挥杆的球场。

圆石滩高尔夫球场于1919年对外开放，算不上美国最古老的高尔夫球场。美国最古老的高尔夫球场是位于西弗吉尼亚州的白硫磺泉的奥克赫斯特高尔夫俱乐部，于1884年开场营业。即便是宾夕法尼亚州的奥克蒙特和美国宾夕法尼亚州的梅里恩球场，成立的时间也比圆石滩球场早了十五年和十年。虽然圆石滩高尔夫球场成立时间较晚，却凭借芬芳扑面、莺歌燕语、壮丽惊艳这些独特气息的球场氛围，堪称后起之秀。圆石滩高尔夫球场令人窒息般的美景，就那么赤裸裸、直勾勾地盯着你，特别是第六洞到十一洞（被称为"厄运悬崖"，Cliff of Doom），来回进出卡梅尔湾，向南在第十七洞和十八洞围绕海湾嬉戏，最后向北通向俱乐部小屋。

圆石滩高尔夫球场其他的球洞其实也是很有难度的，只是缺少了让人惊叹的长天碧水的交融美景，缺少了崎岖的悬崖和汹涌的海浪。可以说，一半是海水一半是山峦的交融，构成了圆石滩高尔夫球场世界级的标志性壮丽。小说家罗伯特·路易斯·史蒂文森在圆石滩高尔夫球场建成前，这样形容过"厄运悬崖"："那是大地和海水的一次伟大的邂逅。"

伟大的高尔夫选手尼克劳斯说过，假如一生中打且只能打一场高尔夫，他会毫不犹豫选择在圆石滩高尔夫球场，完成这场史诗般的开封杆高尔夫！圆石滩不仅极具挑战性，而且景色美轮美奂！

圆石滩球场有深厚的历史，曾作为美国公开赛的场地。在这里打过球的高尔夫球员，不管是零差点（scratch golfer）的高手，还是高差点的普通球员，都会在心中留存下永不磨灭的记忆。

· 1972年：最后一轮第十七洞，时速三十五英里的大风中，尼克劳斯用一号铁将球打中果岭上的球杆，球停在离洞几英寸远的地方，尼克劳斯以小鸟球的轻轻一击，夺得他本人第三次美国公开赛的冠军。

· 1982年：还是最后一轮，还是第十七洞，汤姆·沃特森面对似乎注定要打出Bogey（标准杆加一杆），从果岭后面的杂草里攻果岭直接锁定小鸟球一举击败一旁惊呆了的尼克劳斯。沃森毕生都不会忘记这一幕吧：他忘乎所以地在绿色草地上跳舞，把球杆高高举起，咧着嘴大笑，嘴张得大到足以开进一辆房车！

· 1992年：十七洞的乾坤本色再现，这在历史上已经是第七次了！汤姆·凯特在果岭后面的沙坑里打出的球是一个下山（坡）的球，在果岭上会很难停住。汤姆把球从沙坑里打出来，高尔夫球直奔Tijuana（墨西哥西北边境城市）方向而去，最终碰到旗杆，在半空中悬停了一瞬，然后直接沿旗杆掉到洞里，两杆小鸟球！这个神奇的小鸟球，救了凯特。那天，凯特戴眼镜着装白色，因为这一球而被救赎（凯特平均杆是七十七杆，却在每小时四十英里的风中，打出了标准七十二杆）。神奇的球场，神奇的一洞，发生的神奇的真实故事，都是偶然的必然吧！

圆石滩高尔夫球场在1972年、1982年和1992年举办过美国高尔夫公开赛。人们期待于2002年在圆石滩看到美国高尔夫协会（USGA）美国公开赛的第一百场赛事，这将是美国高尔夫球场主办的千禧年的第一场比赛，圆石滩高尔夫球场在人们心目中的神圣将再次被点亮[1]。

更好的想法

比开球时间提前近一小时，我到达圆石滩球场，兴奋之情溢于言表。在签名簿上，我写上留言："愿我的推杆充满能量！您真诚的绿巨人——睿根。"第一次到圆石滩高尔夫球场的人，这里的一切都让他大开眼界、印象深刻：比尔·盖茨安（Bill Gatesian）式的昂贵价格；"早期西方范"建筑的风格（小屋、专卖店、少量的高端专卖店）；俱乐部主入口很难找，一种加州悠闲、慵懒的调调；步行很远才能从第一洞发球台到达很小的练习果岭，小到如果一组四个人站在上面，两人会超员；要坐穿梭巴士才能去到练习场，一个简陋的地方，练习球需要投币去买。

第一洞的发球台是一个狭窄、低矮的飞地，紧靠专卖店前门，被成群结队的人们的高声喧哗所干扰。发球台被刻意抬高，那些在发球台打球的人可以直接看到洛奇餐厅里一边狼吞虎咽一边观看的好事者们。噢，不要忘记，圆石滩毕竟是一个对外开放的公共高尔夫球场。

圆石滩第一洞，像打哈欠一样让人提不起神：白色发球台距离只有338码，球道略微有点"右狗腿"，我觉得这个洞很容易。我们四人制比赛要开始了。同组球友中的两位是来自中国台湾的四十多岁的小伙子，他们在圆石滩工作，每月可免费参加一次球场的比赛，两人都欣喜若狂、摩拳擦掌；第四个球友，是个来自沿海某地的金发碧眼、肌肉发达的古铜肤色的男人。他有一根特制的木杆，杆头大得像一辆林肯牌汽车，他身材矮小、动作轻快。一位像高尔夫抛起杆那么高的未婚妻陪伴着他，在接下来五个小时里，她像男子汉一样，拖着未婚夫专业尺寸的皮制高尔夫球包，装着全套的球杆，寸步不离地跟在郎君左右。

"金毛轰炸机"男人先开球，直接打了一个巨大的鸭钩球（Duck Hook），杆击打在地上，像里氏6.2级的地震。我露出一丝微笑。接下来，两名中国台湾裔的美国人乱打一气，都把球打到偏离球道正中170码外的遥远地方。我再次微微一笑，期盼已久的伟大演出的舞台已经布置好了，轮到"绿巨人"我上场了。

我曾经在玩伴间做过一番调查，大多数时候，我都能把球笔直打到210码到220码的距离，了解我比赛的人都知道这一点。我知道此刻我的"高我"或许有个更好的主意：不能在圆石滩球场掉链子，在圆石滩高尔夫球场，250码的距离应该是目标。

喧闹的高尔夫球场瞬间变得寂静，此刻这里的黎明静悄悄……开球了，餐厅里的食客们拿着小吃，我左臂伸直，向右移动重心，然后全速转身"嗖"地把球打出去！历史在这里裂开，本·霍根曾在这个发球台击球，萨姆·斯奈德曾经在这头条球道王者挥杆，现在，高尔夫迷们，请把汤姆·睿根的名字也加到这份豪杰的名单上吧！

球落地了，害羞地藏在大约一百码外球道右侧三十码远处的树木丛中，花了漫长的时间才找到它应有的位置。我现在说的是一幅经典的弹出画面：我惊讶地凝视着眼前像海啸中的面巾纸一样无力漂浮着的一切；"金发炸弹手"轻蔑地看着我；两个中国台湾人摇了摇头；球童特维吉仍然面带笑容，用不可否认的真诚说道："好球！"我的那个"高我"，在我脑海里失望地顿足捶胸。

这是我一生中经历的最漫长、最难熬的下午一刻。

"我喜欢这个游戏！"

李·特雷维诺说过："如果圆石滩头五个洞过后比标准杆高五杆，或许你就应该考虑自杀了。"站在第六洞发球台上，我只超过前五洞的标准杆一杆，除了第一洞和第四洞是标准杆加一杆（Bogey），第二洞和第三洞都是标准杆（Par），第五洞是一个三杆洞的小鸟（Birdie），从二十英尺（约合一米）的距离击出一个旋转的侧坡推直接进洞抓了鸟。第六洞又是一个标准杆（Par）。迎着卡梅尔湾的风，在果岭上，我深吸一口海风，尽情地享受着眼前的人间美景。走向第七洞时，第一洞发球台上的惨败记忆已经荡然无存了，现在我自信满满，圆石滩真是个神奇的球场！我喜欢这种超爽的比赛感觉！我甚至开始喜欢"金发炸弹手"这个球伴，他今天打得很糟，目前已经超过标准杆十二杆了，他决定不再记分。

第七洞是圆石滩标志性的一洞。中间位置的发球座距离洞只有一百零三码，后面的发球座距洞也不过一百零七码，而且是从高一些的发球台打向低一些的果岭，小菜一碟是不是？只是有个小问题：果岭几乎完全被深深的沙坑和汹涌的海浪包围着；此外，还有一股股阵风，风向不定，速度也不定。今天的风速是每小时二十五英里，迎面吹来。打出去的球距离不够，肯定会落入沙坑；距离过大，只有球会知道海水有多深。这是一半是沙坑、一半是海水的鬼斧神工的一洞。

球场上的风，会造成一两杆的差异吗？是的，甚至可能更多。Ken Venturi 在第七洞打球时曾遇上大风天气，即使用了一根四号铁，结果还是没有打到位而跌落沙坑。今天，我决定用八号铁，一根中距离的完美球杆。球打出去了，事情开始发生变化：球落在一片厚厚的狼尾草上，离果岭还有二十码，在我（Moi[①]）和洞之间是危险的深沙坑。我没把球打到沙坑里，我击球的力道没那么大。我第二杆把球切到离沙坑不远，第三杆打到了离旗杆四十英尺的地方，然后二推以超过标杆两杆（Double Bogeys）的五杆成绩完成第七洞。前六洞昏昏欲睡的圆石滩，从这一刻开始露出它锋利的"獠牙"。我的那个"高我"，变得很生气，又开始毫不礼貌地数落我了。

"高尔夫史上最可怕的第二杆"

任何语言都无法形容第八洞。第八洞发球台靠近第七洞的果岭，需要向陡坡方向盲开球。如果球打得太右，会出界；要尽可能向左击球，球会落在界内，但如果太偏左，打下一杆就有不能直接攻果岭的尴尬。感谢上帝，那天我在第八洞打出了能有的完美击球，与尼克劳斯所说的"高尔夫史上最可怕的第二杆"擦肩而过。

想象一下，你握杆站在球前，距离一个向水面倾斜的浅绿色小场地约一百八十码，在你和果岭间有一个巨大的裂口，从球道的高度下降八十英尺，下面是峭壁岩石和沙子的混合物，然后再上升六十英尺就是果岭的高度。没有

[①] 古法语 mei、moi、mi 都有"我"的意思。——译者注

犯错的余地，不是想不想第二杆攻上果岭，是必须把第二杆打到果岭上，任何低于果岭的球都会长眠于卡梅尔海湾。

对第八洞，球手也可以采取一个保守怯懦的打法，就是不管裂缝，不管果岭，不管标准杆不标准杆，一切从安全出发，先向左边打，然后再用一个短铁上果岭，两次推杆，然后以超标准一杆（Bogey）不卑不亢地默默离开。我采用的就是保守的打法。我之后在第九洞也收获一个Bogey。我的圆石滩上九以超标准杆六杆结束，成绩是四十二杆，这是一次终身难忘的难得的高尔夫球经历，我觉得非常不错。那些日常挥汗如雨的练习，在这一刻终于得到了回报。

更多的沙子

我对圆石滩高尔夫球场后九洞最深的印象就是沙子，很多很多的沙子。那天下午剩余的大部分时间里，我有不少于八次沙坑的悲惨经历。虽然风和长度也是障碍，沙坑却成了我的主要障碍，下九比上九距离多了近三百五十码。结果怎样呢？站在第十七洞发球台时，我已经超过标准杆十六杆了。剩下的最后两洞，各得了一个Bogey，不用精通数学，也知道我最后的成绩了吧。

第二天在车上，南茜跟我说："昨天你的整场成绩是九十杆，最后两洞是Bogey+Bogey。如果一洞是Bogey，另一洞打Par就好了，那你的成绩就是八十九杆，可与破九了。只有一杆之差，有什么大不了的？差一杆有这么重要吗？我不明白，你为什么对这一杆耿耿于怀？"

"嗯"，我附和着深爱的妻子。我提醒她注意看，头顶上翻滚的云朵和前面太平洋蔚蓝色的海水。或许只有在比赛中，像我一样苦苦挣扎的高尔夫球手才会明白这一杆之差意味着什么。

"是的，你说得对"，我这样敷衍地回答了她。

昨天圆石滩十七洞开球时，风直冲着我们的脸呼啸着，沙漏形状的果岭在一百八十码远的地方被很多沙坑拱卫，我的球不幸又掉入其中一个沙坑，最后以四杆两推的Bogey结束十七洞。两个来自中国台湾的朋友，先是第一个人，然后是另一个人，都歪打正着地以六十英尺的长推，锁定十七洞的Par，这是俩人这一天仅有的Par。这两个台湾人高兴坏了，每人都跳了段舞，让人想起1982年沃森在同一个果岭上的舞蹈。我忍不住在想，他们可能一生中从没有这么比分接近过，他们可能从来没有想过还可以如此享受高尔夫。两个人确实都乐疯了，一个人无拘无束地快乐，另一个人也无拘无束地快乐，其乐融融。

"金发轰炸机"显然一直在为最后保存着最佳状态，在第十八洞发球台的开球，来了一个惊人的三号铁击打，高尔夫球在离洞大约四十英尺的地方停下来。"早就应该是这样的！"他高兴地大叫。

"好球！"当我们鼓掌时，他的女伴又一次兴奋地叫了起来，我们都由衷地为她的男人感到高兴（他最后以四推杆取得Bogey完成十八洞并结束比赛），这是今天他得到的最高奖赏。

我的十八洞故事，开始时并不那么引人注目。我向中间偏右的地方也算打出了一个好球，然后是一个坚实的三号木，球在离果岭大约一百码的地方停下。旗杆在果岭的右侧，藏在一个沙坑的后面。不应该打短，应该打长一点，这是任何一个蠢蛋都知道的常识，这是我给自己打短之后找的借口。

噢！以上就是我在伟大的圆石滩高尔夫球场一天的经历。在一个坚实的上九之后，下九的我就像是在模仿阿拉伯的劳伦斯，浪费了一场本该有的很体面的重要的高尔夫机会。差一点就可以破九得胜还朝了，但无情的现实的分数是，超过标准杆十八杆，最终九十杆。我不想回忆在沙坑里亿万颗的恒河之沙，我只想回家，我只要回家。在伟大的圆石滩打了一场Bogey高尔夫，我去过伟大的圆石滩，在那打了一场Bogey高尔夫，这样的思绪不断萦绕在我脑海中，挥之不去。

"高我"（在此后九个月里，他还一直在责骂我）以命令的语气对我说道："够了！那是你以前做的。你现在可以再做一次！现在就做！"我把脚沉进沙子里，放松站姿，试着感觉需要多大的力量，才能把球击过沙坑的边缘从而打到果岭上。上杆的节奏掌握得很好；击球的距离掌握得似乎也合适；收杆的动作感觉也相当完整。当我抬起头，看到球轻轻地滑落到果岭上，然后慢慢地朝着球洞滚动，最后在距球洞几英寸远的地方停下来，最后轻轻一推过后，我完成了在圆石滩这个神奇球场的八十九杆，我竟然呆呆地站在那里，一句话也说不出来。

"打得好"，海滩边那个迷人的金发小伙子说，他和其他人一起热烈鼓掌，这次掌声是给我的。

"别吹嘘该死的推杆！""高我"在我耳边带怒气地低声说道。

在梦里，一切都是美好的，应该如此，因为现实已经足够不堪……

就在那里

穿过大苏尔的海岸公路，车在圆石镇向南开几小时，就是皮斯莫海滩。虽然南希和我以前开车去过，现在仍然会惊叹看到的黑色山脉与蓝色水域一色的壮丽景象。我们在一家汽车旅馆过夜，它坐落在悬崖峭壁上，有一种摇摇欲坠的感觉。下午我在PISMO州立海滩俱乐部，打了场九洞高尔夫，整场距离不足一千五百码，三十三个标准杆，果岭费用是九洞八美元，打两次十八洞优惠到十二美元。这个高尔夫球场不附设酒店，也没有游客在高尔夫商店闲逛，店里只有最基本的东西：约球场时间（Tee Time）；这里的果岭和球洞与圆石滩高尔夫球场相比，简直有天壤之别。

我和一对经营热狗摊的夫妻、一位中年水管工杰森组成四人一组。热狗特许经营者在球场上享受着九洞，笑得前仰后合，不怎么管分数。相比之下，水管工显得安静、放松、自由自在，杰森把整个下午用来打高尔夫。杰森是一名出色的高尔夫球员，非常专注，对球场维护尽职尽责。

杰森和我打第二轮九洞。我俩在第十发球台上的对话如下，我先发问：

"玩高尔夫多吗？"

"可能的话，会尽量多玩。"

"做水管工一定很辛苦。"

"有些日子，是的；有些日子，不是的。"

"你在皮斯莫住了多久？"

"不太久。"

"你以前住在哪儿？"

"福尔松。"

"福尔松？"

"是的，福尔松，福尔松州立监狱。"

哦，天呐，我在想，我现在该说什么？福尔松的那个地方！

幸运的是，杰森很有礼貌地打破了尴尬的沉默。

"我年轻时犯过错误，很多很多错误。但我已经为此付出了代价，并从中吸取了教训。"

"是的"，我说，仍然不知道要再说些什么。

"我学到了一件其实很明显的事，但很多人甚至大学的哲学教授都不知道。知道是什么吗？"

"不知道，是什么？"

"有一天我突然明白，只要你有机会在打高尔夫球，其实你打得有多好并不重要。你想过这点吗？"

"我不知道是否明白了你的意思。"

"好吧，想想看。"杰森第一次笑了。"我的意思是，我们在这里，现在就在阳光下，感受着风，感受着脚下的草。无论是圆石海滩还是皮斯莫海滩，是哪里并不重要。打出好球也罢，打出不好的球也罢，无论在哪个高尔夫球场比赛，无论得分如何，这些其实都不重要。重要的是，我们能够在这里，我们正在打球。你能明白我的意思吗？"

我试着去理解他。但我知道他在说一些非常重要也非常有意义的话。

"你明白我的意思吗？"杰森又问道。

"你的意思是，不去想打高尔夫球，而只是在打高尔夫球？"

"没错。"

"这很难做到。"

"如果你能放手，便是奇缘。"

"你能做到吗？"

"当然。这是世界上最容易的事。放手吧，大道至简，上道便是奇缘。你知道我的意思吗？放手吧。"他又笑了。

"顺便说一句，如果能这样，你会成为自己的无冕之王"，他补充道，向旁边站了站，"就放手让它去吧。"

接下来，有些从未发生过的东西在我心里萌动，给我的那种冲击的感觉实在难以描述，无法用言语表达。我只记得，上杆到顶端时，感觉像一个不倒翁在温柔地转动，心里一把尘封良久的锁，在这一刻哗地一声打开了……

朝家的方向前进

打完高尔夫后（我俩都打了七十七杆），杰森说他第二天还要再来打球，问我来不来。"对不起"，我说，"我和妻子明天早上就要回家了。"

"好吧，没关系。"他说。

"今天对我来说，非常殊胜，杰森！"，我很认真地说。

"对我来说也是。我还从来没有和哲学教授一起打过高尔夫球呢，天呐！"

在停车场，我们握手道别，互祝好运。在开车回旅馆的路上，我脑海里萦绕着过去两天发生的事，一片混沌。不过，今天有件事我非常确认：我遇到过很多很好的高尔夫球手，但聪明的寥寥无几。今天在皮斯莫遇到的杰森，是为数不多的几个在我眼里堪称大师的人！

我锁上汽车，开始爬楼梯的时候，突然顿悟到发生的一切：刚才打九洞高尔夫球时，我根本没想过是在打高尔夫球，却实实在在地打了一场九洞高尔夫，从某种意义上说，我人生中的第一场高尔夫！

刚才打九洞高尔夫时，那个一直如影随形伴我左右的我的"高我"，没有说一句话，甚至连低语都没有，更莫言有什么聆训了[2]！

开念后的激动，让我几乎是冲进了旅馆房间，我想大声喊出我的顿悟，但就在要喊出的刹那，我突然戛然而止：有些事情，即使是最亲近的人，也永远不会明白。不在沉默中爆发，就让它在沉默中永恒吧……

Notes

1. Tiger Woods won the 2000 Open, finishing 12 under par, the first player in the 106-year history of the event to finish seventy-two holes at double digits under par.

2. My doppelgänger passed away at the Pismo State Beach Club in the fall of 1999.

六

高尔夫之神秘主义和自我觉知
（阿门角①）

---
① 阿门角是指虔诚的信徒占据的教堂的一个显眼角落。——译者注

第十一洞
高尔夫王国中的哲学
高尔夫、神秘主义、哲学

马克·赫斯顿（Mark Huston）

  1972年出版的迈克尔·墨菲的高尔夫畅销小说《王国中的高尔夫》（*Golf in the Kingdom*），以及2000年由罗伯特·雷德福德执导的高尔夫著名电影《巴格·万斯传奇》（*The Legend of Bagger Vance*，又名《重返荣耀》，以下称作《重返荣耀》），都蕴含了流行文化对高尔夫运动若即若离的神秘主义情愫[1]。

  很多业余甚至职业高尔夫球手，可能不认为自己打高尔夫时有过神秘体验，但这丝毫不影响存在一派强有力的观点认为：高尔夫运动与神秘主义存在着剪不断理还乱的关系。开此先河的就是《王国中的高尔夫》这本书。该书出版迄今已多年，一版再版，非常畅销。与一般小说不同的是，它催生了一个以书中主要人物命名的社团：1992年成立的Shivas Irons协会。《王国中的高尔夫》之所以持久受到读者的热捧，在于该书拨动了大众心中本有的那根神秘性的神经。如果你有幸像众多此书的书迷沉浸般地阅读过《王国中的高尔夫》，相信你也会认同这本书为什么热销的观点了。

  本文通过聚焦《王国中的高尔夫》和《重返荣耀》，关于高尔夫经典的一本书和一部电影，再结合神秘主义哲学思想核心，试图把脉流行文化与高尔夫运动在神秘主义思想中暗合的意境。

下文先简要介绍一下《王国中的高尔夫》和《重返荣耀》，作为本篇论述的背景。

《王国中的高尔夫》和《重返荣耀》

《王国中的高尔夫》一书分两大部分，每部分有几个章节。第一部分由传统故事构成。在第二部分，作者从第一部分故事情节中采集出高尔夫智慧的粒粒"珍珠"！本书虽然是小说，但给人的印象更像是一本回忆录。书中主人公是用迈克尔·墨菲的第一人称来写的，而墨菲也是本书作者的真实名字。

书的第一部分说的是墨菲1956年去苏格兰旅行的神奇经历。他在苏格兰一个名叫Burningbush的高尔夫球场，打了一场刻骨铭心的高尔夫。墨菲和当地高尔夫职业选手和教练希瓦斯·艾恩斯以及艾恩斯的学生巴里·马西弗，在这个神奇的高尔夫球场打了一场终生难忘的高尔夫。墨菲描绘了在这场可遇不可求的"心灵高尔夫"中，借由艾恩斯天启式的高尔夫指导，找到了打高尔夫的奇妙"感觉"，甚至最后看到挥杆击球的"光环"。这种"灵光"被墨菲称作"真实不虚的地心引力"。老实说，"真实不虚的地心引力"是我从未听说过的神秘术语，稍后我们会在这点上作进一步的探讨。

打完这场灵异的高尔夫后，墨菲和艾恩斯一起在他的朋友家里吃晚饭。晚餐期间，墨菲和艾恩斯促膝长谈了许多生活和高尔夫的问题，包括高尔夫如何启发人们对"过去和未来同时性"的思考这类深刻话题。晚餐后，艾恩斯领着墨菲又去他老师西莫斯·麦克达夫的神圣球场。麦克达夫老师未曾出现，艾恩斯和墨菲在老师的球场地上，用麦克达夫的旧高尔夫球杆打了更为神秘的一场高尔夫球。最后，墨菲来到艾恩斯家里，艾恩斯向墨菲展示了他写的密密麻麻的高尔夫的洞见性观点、思想和理论，文字充满了神秘感！墨菲在《王国中的高尔夫》一书的后半部，非常虔敬地引用了这些"心灵高尔夫"的珍贵文字。

现在，我们来说一下著名的高尔夫电影《重回荣耀》。故事发生在佐治亚州的萨凡纳。哈代·格雷夫斯用闪回的叙述，讲述了一个叫朱诺的高尔夫球手故事。朱诺是位伟大的业余高尔夫球手，在第一次世界大战时，他报名参了军。战争结束回国后，却无法再融入社会，于是，他成了一名隐士。朱诺最终因为妻子的原因（他离开了妻子）而重返高尔夫球场，并与博比·琼斯和沃尔特·哈根一起参加了一场为克服大萧条危机、重振当地经济而举行的高尔夫比赛。

当朱诺要开始比赛时，一名叫巴格·万斯的陌生人神秘地走近他，告诉朱诺该怎么打球的一些至关重要的洞见，甚至在比赛的关键时刻，万斯还会叱责朱诺，让朱诺务必要照着他说的去做，这有点像《王国中的高尔夫》里艾恩斯这个灵异的高尔夫教练对墨菲一样！苍天不负有心人，朱诺在比赛中找到了那种与生俱来的"真正挥杆"，属于自己的真正挥杆，这其实寓意着朱诺恢复了对生活既有的热情，包括与妻子的关系。当朱诺开悟的那一刻，万斯却神秘地离开了……

下文中，我们会引用《王国中的高尔夫》和《重返荣耀》，说明高尔夫和神秘主义若即若离、剪不断理还乱的关系。

神秘主义

在探讨高尔夫和神秘主义关系前，先要把握神秘主义的本质，当然这绝非易事。神秘主义的定义和标准，可以说和写过这个话题的学者数量一样多！比如，按照某种定义：神秘体验是一种"（据称）超感官知觉或亚感官知觉的体验"，我们是通过这种超验的体验，而不是通过感官感知或自省的标准方式，与不可接近的世界相联结的。哈尔·布里奇斯和斯蒂普则使用了稍微不同的定义，将神秘主义描述为："对上帝或终极现实的无私、直接、超验、统一的体验，以及体验者对这种体验的解释。"[6]

寻求清晰的定义非但不是问题，反而是达到目的之必要途径。明晰某个概念的定义，不仅必要而且重要。除了通过定义，还有另一条路径可以探究神秘主义：从公认的神秘主义的著作和报告中推断出有关神秘性的普遍标记或标准[7]。因为不同的神秘主义的著作和报告的不同作者会强调不同标准，选择这条路径不可避免地会导致一些模糊现象的出现。十九世纪和二十世纪最伟大的两位哲

第十一洞　高尔夫王国中的哲学

学家威廉·詹姆斯和伯特兰·罗素是了解神秘主义论述的两个最佳案例。

总体而言，罗素对神秘主义持批判态度，罗素否认任何科学无法触及现实真相的神秘主义主张。罗素提出神秘主义的三个标准：

（1）"所有分裂和分离，都是不真实的"，换句话说，"宇宙是不可分割的统一体"；

（2）"邪恶是虚幻的"；

（3）"时间是不真实的"[8]。

罗素神秘主义的标准，与前文的两个神秘主义定义，既有共同之处，也有不同之处。这些神秘主义的定义和标准，是对世界本质的洞察，罗素同意关于神秘主义的第一个定义，即无法通过标准手段获得对神秘的洞察，只有通过"宗教启示"才能获得[9]。

罗素的神秘主义标准（1）和（3），与布里奇斯有关神秘主义的第二个定义，尤其是万物统一、万物一体的概念有绝佳的关联性。罗素神秘主义的标准（2）是独特的，因为其他两个神秘主义的定义都没有提出有关邪恶的问题。

相比罗素，威廉·詹姆斯则另辟蹊径，他在其经典著作《宗教体验的多样性》中，对神秘主义进行了有史以来最具哲学象征意义的阐述。通过聚焦于神秘状态是意识之一的论点，詹姆斯阅读和解释了不同的大量神秘经历，提出了神秘体验的四个标志：精神品质性、不可言喻性、被动性和短暂超越性[10]。詹姆斯写道，在某种情形下，神秘状态是"通常'意识领域'非常突然和巨大的延伸"[11]。

在詹姆斯看来，精神品质性意味着神秘状态是一种具有知识和光明的状态；不可言喻性，说明了一种"无法表达"的状态；被动性，则是以被动为特征不能强迫发生的状态，尽管人们可以采用一些方法像集中注意力或冥想，但这些只是会使神秘状态更容易发生而已。詹姆斯还认为，神秘状态"无法持续很长时间"，因此是暂时的[12]。杰罗姆·盖尔曼则直接抨击了詹姆斯认为神秘体验具有短暂超越标志的观点。杰罗姆指出，一些神秘主义者的实例证据，不支持神秘主义是短暂性的论断，甚至有些报告声称，神秘体验"可能是一种持久的意识，会终日伴随着一个人"[13]。

有关什么是神秘主义的标准，詹姆斯和罗素间存在显著的差异：詹姆斯专注于内心，只关心心理状态本身；罗素则更专注考量外在，更关心所揭示的现实世界的本质。两位哲学家在神秘主义认识上的唯一重叠，就是他们一致认为神秘状态通常具有精神品质性。詹姆斯开宗明义就提出了这一点，罗素则认为神秘状态表明，世界万法最终要归于一心。其实较早的神秘主义的超感官知觉或亚感官知觉的定义，也就包含了詹姆斯和罗素这两位主张的神秘主义的共同因素。

神秘体验的通用标准

衡量神秘主义的潜在标度有很多，我将总结出一些通常出现的标度。请注意，这些标度不应被认为是神秘体验的必要或充分的条件；这些标度之间的重叠，不表明它们之间具有相似性[14]。换言之，被视为神秘的体验，必须有一些神秘性的标度蕴含其中，比如不可言说的、无意识的、具有洞察力的、直接的（非中介的）、涉及自我或自我丧失感觉的、统一的（一切是一，一是一切）、被动的、有永恒感的；同时神秘体验，有时是纯粹意识经历的事件，可能是幸福的，却是矛盾的，这种神秘性的经历会给人带来启发性或脱胎换骨的变化[15]。

我也特别关注流行文化的表征，将会逐一对这些表征加以论述。历史研究者习惯于将神秘状态和宗教启示联系在一起，但通常宗教因素最多只会起到某种作用。特别是在高尔夫与流行文化的互动中，宗教因素只扮演着辅助角色。当宗教因素确实在神秘状态中发挥作用时，通常会表现出东西方思想融合的特质。东西方思想的互鉴融合在《王国中的高尔夫》一书中体现得尤其突出，这也许是该书广受欢迎的原因之一吧[16]！下文中，我们会谈到禅宗思想在《王国中的高尔夫》书中"法眼"般的存在！流行文化除了会淡化多数传统宗教因素外，往往特别强调个人的觉知和顿悟在神秘性体验中的重要作用。不同于传统宗教"我与上帝同在"般的某种特定信仰所起的影响，流行文化所报告的神秘状态多源自因生活变化而导致的磨难经历，以及因这种经历而产生的深刻感悟。当然，还有其他的哲学思辨也与神秘主义相关，但本文所涉及的内容，应该足以满足我们对神秘性做初步理解的目的了[17]。

高尔夫和神秘主义

下面我们用两个独立而完整的部分，来讨论高尔夫与神秘主义若隐若现的关系。首先将高尔夫和棒球做一个比较。之所以会提到棒球，原因在于棒球在美国是流行文化中重要的且具有浓郁神秘主义色彩的代表性运动。接下来，我们会直截了当地回答这样的问题：什么观点最能说清楚高尔夫和神秘主义的联系？

在神秘主义中，棒球和高尔夫棋逢对手。坦率地说，棒球在流行文化上表现出更明显的神秘元素，电影《自然》和《梦的领域》就是棒球神秘性的最佳例子[18]。虽然高尔夫和棒球两种运动都有神秘元素，但两者的神秘性却存在明显差异，这也从一个侧面说明神秘主义在不同流行文化中所起的作用是不同的。对两种运动神秘性差异的一个解释是：棒球是团队运动，高尔夫是个人运动，讲述一个人通过棒球获得神秘体验的故事难度更大。尽管电影《梦的领域》有助于说明棒球神秘性的体验，但还是要承认其中的神秘体验也不是通过打棒球本身，而是通过听到主角的声音等这些神秘因素所获得的[19]。

我相信关于高尔夫和棒球神秘性的差异还有更深层次的原因。棒球和美国十九世纪末到二十世纪的历史紧密相连，棒球运动曾尊享"国家娱乐"和"美国比赛"的名号。我猜想，棒球之所以笼罩着神秘的光环，原因就在于这种历史渊源。很多棒球文学作品都写于二十世纪四十年代、五十年代和六十年代，棒球彼时在美国正处在发展的巅峰。那时的美国孩子从小就梦想着打棒球，极度崇拜棒球运动员。今天美国的青少年不再如此了。我怀疑一些棒球文学作品可能只是一种"往事并不如烟"的怀旧情怀，或试图追忆美国棒球曾经荣耀的似水年华[20]。神秘主义者对高尔夫表现的神秘性则有与棒球完全不同的认识，这种不同的看法使得人们试图更清晰地解释高尔夫和神秘主义的缠绵关系，并由此回应和整合本章所讨论的两部分内容。

探讨高尔夫与神秘主义的关系，也要注意到不可忽视的历史因素：高尔夫的起源可追溯到十四世纪的苏格兰。除此之外，还要注意四个关键要素也是成就高尔夫神秘特质的原因：极端个性，沉思时间，大自然，自由[21]。

在所有运动中，高尔夫如果不是最具极端个性的运动，也肯定是最接近、最具极端个性的运动！对比一下也被称为"个人化"的网球运动：打高尔夫可以无需对手，网球则不行[22]。所以用"个人化"这个词，是因为一个人可以独自投篮球或对墙打网球，但这样的运动并不是比赛的场景。但在高尔夫练习场上打一桶高尔夫练习球，跟在高尔夫球场上打高尔夫比赛，就运动本身而言并无差别。保龄球或赛车这类运动在某种意义上与高尔夫一样具有运动个人化特性，但保龄球和赛车缺乏其他必要的神秘要素，并不适合催生出潜在的神秘性[23]。

如果将神秘性相关的沉思时间和大自然这两个关键要素再考虑进去，就会帮助人们溯源高尔夫的神秘性。打高尔夫的人知道，打一轮高尔夫需要一整段的时间，尤其在慢节奏的团队中更是如此。一个人如果在一个幽静的高尔夫球场上独自打球，甚至和一个好朋友打球，在打高尔夫运动中都有充裕的时间进行冥想，这是大多数其他运动所没有的奢侈。这种时间上的奢侈，是因为高尔夫所需的时间本身就较长，也因为每杆间停顿的时间也较长。其他运动的运动员需要被迫对其他对手的动作作出反应，通常没有多少时间思考。高尔夫则不然，高尔夫球手是自己对自己作出反应和修正，高尔夫球手有足够的时间进行自省。

众所周知，高尔夫是大自然中的运动，冥想会自然而然地发生在大自然的怀抱中。大自然这个神秘性的第三个关键要素孕育其中。虽说任何户外运动均可被称作"在大自然中"进行，但高尔夫球场与其他运动相比，显然有得天独厚的优势。高尔夫球场是大自然的一部分，高尔夫球场上的树木、草地、岩石都自然地散落其中，这种近乎原生态的自然之美是大多数运动望尘莫及的。在电影《重返荣耀》中，朱诺最后的开悟就发生在树林中丢了一个球的时刻。他像球一样迷失在树林中，但这一刻却成了朱诺反观自身的时刻。很难想象朱诺的顿悟，会发生在万众瞩目、喧闹不止的足球或篮球场上。

沃尔多·爱默生不无诗意地说："一个热爱自然的人，内在和外在的隔膜终将圆融无碍。"他更富诗意地写道:"站在光秃秃的土地上……所有卑鄙和自我都消失了,我变成了一双透明无邪的大眼睛,我什么都不是,却看到了一切。"[24] 如此诗性的表达,呼唤出神秘体验相关的共识:神秘性是神奇的,唤起了全观的统一性(本例中是和自然的统一),神秘性虽然是无意识的(却能"见一切"),神秘性是一种自我丧失的感觉。关于大自然,詹姆斯继续说道:"大自然似乎有种特殊的唤醒力量……能苏醒神秘情绪。"詹姆斯补充说,他研究的几乎所有神秘事件,尤其是最"让人记忆犹新的神秘事情","都发生在户外的大自然中"[25]。詹姆斯给爱默生这些描述自然和神秘结合的人,起了个特别的名字:自然主义泛神论者[26]。大自然显然在神秘状态中不动声色地扮演着重要的角色,大自然深刻地影响到了人们对高尔夫神秘主义的理解。大自然在高尔夫运动中所扮演的角色,与其他运动相比在质量上大为不同,大自然对高尔夫神秘性更加垂青和"厚爱"。大自然这个关键要素,在很大程度上能够帮助人们更好地理解高尔夫运动与神秘主义间的关系。

自由:欺骗、悖论和禅宗

现在讨论神秘主义的第四个关键要素:自由。自由这个概念貌似普遍,但需要加以澄清,才能了解其作为神秘主义元素的作用。高尔夫运动给球手提供了一种"萨特式生存"的独具意义的自由,这在其他运动中很少能做到[27]。萨特的存在主义的精髓主张"存在先于本质",这可理解为:一旦诞生于世,人们就可以完完全全地自由地根据自己的意愿来塑造自己。当然,生活来不得半点虚假,自由的代价是自己必须要为自己的行为负全部责任。我们的知行,而不是信仰、判断、情感,才能最终定义我们之所以是我们。需要强调的是:只有行为,才能最终定义我们何以为我们,换言之:每人都是自己行为的总和。正因为我们必须为我们的行为负全部的责任,伴随完全的自由而来的会有恐惧。但请不用担心这种恐惧,自由的另一个作用是允许我们可以自由地克服随之而来的恐惧,唯有如此,才能过上真实而幸福的生活[28]。现在让我们在下文中认识一下高尔夫的神秘性。

前面提到，高尔夫是一项极端具有个性的运动。除了极端的个性化，高尔夫还有一种特殊的自由属性，体现在高尔夫规则方面。萨特曾指出，玩耍（阅读，运动或游戏）是"一种活动，是人类的基础起源，人类在玩耍游戏中自己制定规则"[29]。可以说，玩耍游戏是宏观存在的自由在微观的表现形式。尽管任何体育运动中都有必须要遵守的规则，但在业余高尔夫比赛中，遵循规则的紧密程度或松散程度却有更大的自由度。因为不管是一个人还是和其他人一起打高尔夫都有很多作弊的机会，如稍微移动一点球获得更好的球位等。

艾伦·夏皮罗在其著作《高尔夫的精神危害》中提出一个问题：你作弊吗[30]？后来他更直率地质问道："直说吧，你是什么样的骗子，你否认过自己的欺骗行为吗？更详细点说，你一直光明正大地对待你的玩伴，还是对他们隐瞒过你的欺骗行为？（我祖父总会用"冬季规则"这个短语，把球稍微移动一点，他认为我们也会这么做，祖父从不隐藏他所做的行为。）如果你对别人隐瞒过自己的欺骗行为，你对自己承认这一点，还是试图为自己辩解？"夏皮罗追问的这些问题，既是精进高尔夫比赛的一种手段，也是解构心理健康的一种手段。这些追问和答案不一定意味着是对神秘性的解读，但确实是从另一个方面强调了自由和责任的重要性。事实上，夏皮罗关心的是承担责任和心理健康之间的关联性，这种关切也可以从萨特那里找到。萨特有句名言：我们终究"注定是要自由的"[31]。对于责任，应该感兴趣和主要关注的不是有没有"冬季规则"这样的协议，而是当我们一个人时是否愿意作为不欺骗的一个人而存在。

关于责任，在《王国中的高尔夫》和《重返荣耀》中都有体现。《王国中的高尔夫》中墨菲跟艾恩斯下场打高尔夫，一开始墨菲就打了非常糟糕的一洞。马西弗问墨菲这洞的分数时，墨菲恼怒地说："你只须记下一个X，假设其他人不会记分吧！"正当马西弗和艾恩斯听到墨菲的怒喝还在不知所措时，墨菲恼怒地又说："哦，放一个10！"马西弗和艾恩斯被吓坏了，艾恩斯说："迈克尔，啊，我认为是精灵在作怪吧。"[32]这段记分情节的描述让人们思考谦卑的重要，甚至略带一点恐惧去做思考。这时人们才会蓦然意识到：对萨特主张的观点的关注，是多么的重要啊！

在《王国中的高尔夫》第二部分中，墨菲描述了艾恩斯对规则的看法（根据艾恩斯所写的文字），为遵守或是不遵守规则的自由平添了神秘的元素。神秘的一个标志是要有自相矛盾的性质。墨菲注意到艾恩斯对细小比分会特别关注，但又有着"巨大的灵性"，所谓大事必作于细、难事必作于易，这也是一种自相矛盾的奥义吧。自相矛盾的悖论源于这样一个事实：艾恩斯是完全独立的，对大多数经验是开放的，但在遵守规则方面却相当苛刻。墨菲将高尔夫形容为"那通向天堂的门也窄，那通向地狱的门也宽"。艾恩斯通过高尔夫把自己和这个世界绑定，并让自己变成了一个"发光体"[33]。我不会假装理解所有玄奥的说法，因为根据定义，悖论无法被理性地理解，但至少有一点是清楚的：没有严格遵守规则，极端的自由将是毫无意义的[34]。

电影《重返荣耀》中也有类似的神秘时刻。当比赛快结束时，朱诺有机会获胜，在琢磨自己球位的时候，不小心轻微碰触到了高尔夫球，并使之稍微移动了一下，没有任何犹豫，朱诺马上决定对自己进行惩罚，不管琼斯和哈根目前状况如何。最后这一幕，让观众有幸目睹朱诺用堪称典型的神秘方式完成了自己脱胎换骨的成长！万斯在此之后，就悄悄隐去了。朱诺凭借这次涅槃般的高尔夫比赛经历，认识到了自由的范围和能力，在高尔夫比赛场上终于与自己讲和，最终在未来融入自己的生活中。《重返荣耀》电影的开头是一个长长的、全景隧道式的镜头，渲染出朱诺与周围环境的神秘、统一的沉浸体验氛围。电影的最后，巴格·万斯帮助朱诺找回了自己的"真实的挥杆"。当朱诺意识到自己是完全自由的，同时又是负有完全责任的那一刻，顿悟和转变便在当下完成了。每个人都需要找回属于自己的"真实挥杆"，那就是萨特所主张的：找到对生活的真诚愿望，并认识到在这个寻找中，自由和责任同样扮演着至关重要的角色。高尔夫中体现的极端个性化、充裕的沉思时间、自由和责任这些神秘因素，加上大自然的鬼斧神工，说明了在神秘主义的流行文化中高尔夫为什么比其他运动更受欢迎。最后，补充一个在高尔夫历史上真实的故事：博比·琼斯在与黑根的比赛中有过一次载入史册的自我罚球，这次自我罚杆的结果让琼斯以一杆之差败北并丢掉了冠军。高尔夫如此高贵的自我惩罚行为，结果是成就了高尔夫被大众津津乐道的神秘性运动的传奇，实属是实至名归！

除了要有遵守明确规则的自由外，如何对待导师的教诲，导师的哪些话要听、哪些话可不听，也是一个需要思考的问题。《王国中的高尔夫》和《重返荣耀》里神秘的导师，不是通过明确的指令进行指导。传统教学只是传递知识的授业解惑，而真正的导师是通过无言之言和无形之形来让学生（墨菲也好朱诺也罢）自己去领悟，继而去恍然大悟。这已然超越了普通意义上的师生关系，而是上升到精神层面上的师父与信徒的关系，是东方禅的方法，师父领进门，神秘大门因而为之洞开。

禅师用公案来引导信徒开悟，是一种无上的启蒙[35]。禅宗公案是一些谜语、故事或对话。公案往往自相矛盾，有时甚至毫无意义。公案的关键不在于是否合乎逻辑，而是如托莫顿所说：公案自有其道理，来激发对"生活"和"工作"的领悟。公案尽管神秘莫测，仍然会受到"纪律和程序"的约束。默顿写道："没什么是武断的，没什么是偶然的；要么击中目标，要么击不中目标。"这句话对高尔夫感悟而言，也是颇耐人寻味的[36]。

更饶有趣味的，是我们可以用东、西方的两个角度，来观想神秘性。把默顿将十字架上的圣约翰和他自称的"灵魂之夜"的考验，与顿悟禅宗公案一起来观想，两者其实都寓意放弃自我，去获得"纯粹意识"，即"在某种意义上是'无意识的'的东西"。"纯粹意识"就禅宗而言，就是"没有限定对象的意识自由"，与圣约翰经历灵魂黑夜的拷问获得的"纯粹信仰"是类似的，都带来了巨大的"神圣性和个人自由，都是上天恩典的礼物"。这是神圣的灵级礼物，不管在东方还是在西方，都是最顶级的精神奢侈品。重要的是，这个顶级的精神奢侈品，是每个人都可以拥有的[37]！！！

墨菲和朱诺，从完全开放的观念中获得了最终的自由，这种开放观念得益于禅宗思想。为了获得这种顿悟的自由，墨菲经历了一个真实的而不仅是隐喻性的黑夜，甚至还和艾恩斯一起在午夜时分，为找寻这种神秘性去往更神秘、更难以捉摸的西莫斯·麦克达夫的圣域之地。虽然经过危险的跋涉后，他们找到了麦克达夫的住所，但在那里并没有见到麦克达夫本人，苍天不负有心人，在那里却发现了十九世纪使用的高尔夫球（羽毛球）和麦克达夫的高尔夫球杆。球杆用旧的橡木棍制成[38]。在艾恩斯和墨菲经历了痛并快乐的神秘夜晚之后，艾恩斯才开始真正无保留地信任墨菲，才把自己写的高尔夫心血之作郑重地传给了墨菲——启蒙，往往是在灵魂穿越黑暗之夜之后，才会有醍醐灌顶发生。墨菲和艾恩斯的神秘高尔夫经历让人相信，圣约翰的隐喻之旅也不仅是一个偶然！

希瓦斯·艾恩斯作为心灵级的高尔夫教练，和赫里格尔《射箭艺术中的禅》书中的射箭大师阿瓦·肯佐并无不同[39]。肯佐有一句名言："弓和禅是一体的。"这句反映了艾恩斯的某句信条：球杆的最佳击球点和要击打的高尔夫球在肌肤相亲前，就已经神秘地"接吻"[40]。

《射箭艺术中的禅》有段刻骨铭心的描述：阿瓦·肯佐在练习射箭，当箭射出的刹那，"他的自我散落成无数的颗粒，他的眼睛被五颜六色晃得眼花缭乱，一股雷鸣般的巨浪席卷天地"。这段描写和《王国中高尔夫》中环绕高尔夫球的重力光环，以及《重返荣耀》电影中全景隧道式渲染高尔夫击球的长镜头，何其神似！《射箭艺术中的禅》里的公案甚至说道：可以"在射箭中看到真实的自然"[41]。

回顾一下神秘性的四个要素：张扬的个性、沉思的时间、自然的自在和绝对的自由。神秘性需要把这些神秘元素组合起来共同发挥作用。以关键因素共生生态的系统观来看待神秘性，有助于人们洞穿高尔夫神秘特质的实相。如果说高尔夫运动比其他运动有更多神秘体验的话，这四种神秘关键因素的共生作用会是其中的重要原因。从全观的视角思考问题，会极大帮助人们认识高尔夫的神秘性。另外，四种神秘关键因素也为艺术家们提供了想象的起点和想象延展的空间，艺术家们可以通过高尔夫而不是其他运动进入神秘主义的世界。当你忘情欣赏精彩的《疯狂高尔夫》（有史以来最好的高尔夫电影），不要忘了提醒自己，要从这四种神秘元素的角度去体悟《疯狂高尔夫》中的神秘时刻。

最后，让我来引用泰·韦伯的一句禅语。如果有一天你去高尔夫球场，可以试着用它去冥想、去体味那弥漫在高尔夫球场空气中的神秘气息。泰·韦伯举着旗子，对着丹尼·努南意味深长地低语道（禅宗哲学家巴索说法）："没有孔的长笛不是长笛，没有孔的甜甜圈是丹麦酥皮饼。"丹尼·努南听着韦伯这句拈花微笑般的话语，满脸困惑[42]。

Notes

I would like to extend a special thanks to David Raguckas, Daryl Fisher, Alec Thomson, and especially James Tierney for very helpful discussion and comments.

1. Michael Murphy, Golf in the Kingdom (New York: Arkana, 1972). The Legend of Bagger Vance (2000), directed by Robert Redford, DVD (Culver City, Calif.: Dreamworks Video, 2001). The movie is based on Steven Pressfield's 1995 novel of the same title. I use the title to refer to the movie.

2. The Web site of the Shivas Irons Society is quite substantial. The society issues a literary journal, publishing the likes of the poet and golf writer Andy Brumer and the famous journalist Alistair Cooke, which one receives upon becoming a member in the society.

3. See Murphy, Golf in the Kingdom, 28–29, where the discussion of auras and true gravity begins.

4. Ibid., 51.

5. Jerome Gellman, "Mysticism," Stanford Encyclopedia of Philosophy, November 11, 2004; revised January 10, 2005, http://plato.stanford.edu/entries/mysticism/, 1.1.

6. Hal Bridges, American Mysticism: From William James to Zen (New York: Harper and Row, 1970), 4.

7. When I say "recognized mystics" I do not mean to imply that the states of the mystics are necessarily veridical, but only that they are acknowledged as mystics in the scholarly literature (e.g., Meister Eckhart in Christianity) owing either to their own selfrecognition or to recognition by others.

8. Bertrand Russell, Religion and Science (1935; rept., Oxford: Oxford University Press, 1997), 179.

9. Ibid., 176.

10. William James, The Varieties of Religious Experience: A Study in Human Nature (1902; rept., New York: Barnes and Noble Classics, 2004), 328–30.

11. William James, "A Suggestion about Mysticism," Journal of Philosophy, Psychology, and Scientific Methods 7, no. 4 (1910): 85–92. The quote is from page 85; emphasis added.

12. James, The Varieties of Religious Experience, 329–330. Interestingly, James even gives a specific time frame for the "transience" of the experience: no more than two hours but usually only half an hour. It is never quite clear why he thinks this.

13. Gellman, "Mysticism," 1.1.

14. Here I am merely adapting the term the philosopher Wittgenstein used to indicate categorization by means of overlapping similarities (family resemblances) as opposed to categorization by virtue of individually necessary and jointly sufficient conditions.

15. For an interesting discussion of the last two, revelatory and transformative, see Anthony N. Perovich Jr., "Innate Mystical Capacities and the Nature of the Self," in The Innate Capacity: Mysticism, Psychology, and Philosophy, ed. Robert K. Forman (New York: Oxford University Press, 1998), 213–230. For a nice discussion of the role of paradoxicality, see Gellman, "Mysticism," 3.2.

16. It should be mentioned that Murphy is no mere poser on this front. In fact, he cofounded Esalen, the famous institute and retreat center, in California in the 1960s. Its main function is to blend various traditions and disciplines with the goal of gaining some insight into the world and ourselves.

17. For example, one of the main current debates is whether mystical states are completely constructed from cultural influence, an argument called "constructivism," or if they arise from some innate capacity of the individual, an argument called "decontextualism" or "perennialism." For a discussion of this debate see Gellman, "Mysticism," 6, and Forman, Innate Capacity.

18. The Natural (1984), directed by Barry Levinson, DVD (Sony Pictures Home Entertainment, 2007); Field of Dreams (1989), directed by Phil Alden Robinson, DVD (Universal Home Entertainment, 2006).

19. For an interesting, personal, mystical approach to golf, see Bruce Hoffman's essay "Baseball Zen," April 2006, http://tpqonline.org/zen.html. Hoffman points out that "baseball is infinite"——that is, there is no clock; the field, in a sense, is endless. He contrasts baseball with other sports, including golf, in which he finds a rival for "a certain boundlessness in space and time." Unfortunately, he then proceeds to reject golf as a sport.

20. I recognize that this topic deserves a much more substantial treatment and defense; however, that treatment would take us too far afield, given the topic of this chapter.

21. I am not including "focus" or "being in the zone" because they are common to all sports; but for an interesting initial discussion on golf and the zone see Tom Ferraro, "The Zone and Golf," Athletic Insight: The Online Journal of Sport Psychology 1, no. 3 (November 1999), http://www.athleticinsight.com/Vol1Iss3/Golf_Zone.htm.

22. Of course, I am not counting doubles tennis in this case.

23. I recognize that there are other possibilities as well, such as running or fly fishing (if that should be considered a sport), but they also fail to have some of the other components.

24. Ralph Waldo Emerson, Nature, in The Collected Works of Ralph Waldo Emerson Volume I: Nature, Addresses, and Lectures, ed. Alfred R. Ferguson (Cambridge: Harvard University Press, 1971), 9–10. I have to admit I find it nearly impossible to pass up the opportunity of sharing a phrase such as "transparent eyeball."

25. James, The Varieties of Religious Experience, 340.

26. Ibid., 368.

27. This is not to claim that we are necessarily free in any strong metaphysical sense. I am merely using some of Sartre's views as tools for analysis.

28. Jean-Paul Sartre, Existentialism and Human Emotions (New York: Philosophical Library, 1957), esp. 15–25.

29. Jean-Paul Sartre, Being and Nothingness: An Essay on Phenomenological Ontology, trans. Hazel E. Barnes (New York: Philosophical Library, 1956), 580.

30. Alan Shapiro, Golf's Mental Hazards: Overcome Them and Put an End to the SelfDestructive Round (New York: Simon and Schuster, 1996), 25–26.

31. Sartre, Existentialism and Human Emotions, 23.

32. Murphy, Golf in the Kingdom, 25.

33. Ibid., 161–165.

34. In fact, one might highlight one of the significant differences between philosophical and mystical attitudes in terms of paradox. If a paradox is understood as a logical contradiction, then it is the philosopher's job to try to resolve that paradox, whereas the mystical attitude is one that often embraces paradox.

35. Thomas Merton, Mystics and Zen Masters (New York: Farrar, Straus and Giroux, 1961). See esp. 235–37 for Merton's discussion of these various terms.

36. See ibid., esp. 236, for the key points about koans. As a brief example of an actual koan (apart from the one everyone is familiar with: What is the sound of one hand clapping?), Merton (241) relates a story of the roshi Joshu, who was asked by a student, "Does the dog have Buddha nature or not?" Joshu's answer: "MU!" Or another example related by Merton (235), in which a student named Ho asks the famous roshi Basho: "What is it that transcends everything in the universe?" Basho responds: "I will tell you after you have drunk up all the waters of the West River in one gulp." Ho: "I have already drunk up all the waters of the West River in one gulp." Basho then responds: "Then I have already answered your question." I hope this gives some sense of the teacher-student relationship and the often paradoxical nature of their exchanges.

37. Ibid. The discussion of Saint John of the Cross occurs primarily on 240–242; emphasis added in both instances.

38. Murphy, Golf in the Kingdom, 76–80.

39. Herrigel's book was originally published in German in 1948. My primary

source, however, is Yamada Shōji's article "The Myth of Zen in the Art of Archery," Japanese Journal of Religious Studies 28, nos. 1–2 (2001): 1–30.

40. Ibid., 27.

41. Ibid., 10; emphasis added.

42. Caddyshack (1980), directed by Harold Ramis, DVD (Warner Home Video, 2000).

第十二洞
中场和中的时刻

安迪·威布尔（Andg Wible）

　　人们通常会认为，高尔夫比赛决定性的时刻，往往发生在比赛快要结束时：拉里·米泽切杆进洞赢得1987年美国高尔夫大师赛；保罗·阿辛格在1993年高尔夫纪念赛最后一洞打了个沙坑球；罗伯托·德文琴佐因为签署了错误的记分卡，输掉1968年美国高尔夫大师赛；让·范德维尔德在1999年高尔夫英国公开赛最后一洞败下阵来。这些最后一分钟成王败寇的惊心动魄的故事，让尘封已久的高尔夫赛事至今还萦绕在人们的脑海中。

　　高尔夫赛事有时是一战决胜负，生活与高尔夫还是有所不同的。人们可能对一个人生命的悲惨结局感到遗憾，或者庆幸生命在祥和安宁中结束，但很少有人会因生命结束时所发生的事而遭蔑视。人生的中年是努力去不惑的时光，这种努力是生命对幸福的真诚追求。获得有声望的学位，生个孩子，共结连理，战胜疾病，打仗，英勇救人……这些改变人生的关键时刻，往往发生在中年。中年是人生的改变命运时刻，也是人生的决定性时刻。在中的时刻，好的决策会让人增强信心，糟糕的经历也可让人砥砺前行。从另一种角度看，高尔夫与生活也并无太大区别。打出完美的高尔夫一球，会让人感觉踌躇满志，继而更加享受精彩的比赛；打出一个触地球，或许会影响一整年在果岭上的自信。我认为，没有任何高尔夫球场的任何一洞，比奥古斯塔高尔夫球场的第十二洞（3标准杆洞），更能代表什么是球至中场的决定性时刻了。奥古斯塔的第十二洞被高尔夫人敬畏地称作"胜负手之洞"。虽然第十二洞不过是一场比赛的中场的一洞，但任何一名在奥古斯塔比赛的高尔夫球员因为顺利拿下第十二洞而继续正常比赛，而另一名球手可能在这个洞把球打入水中，导致打出超过标准两杆（Bogeys）甚至更糟的球，从而降低了比赛获胜的机会。那些从未赢得过奥古斯塔大师赛却渴望获得这一殊荣的高尔夫球手，常常会在中场时莫名其妙地开始打出很多相克球（Shanks）、右曲球（Slice）、切杆触地球（Chili Dips）、锄地球（Chunks）、不自觉的手腕痉挛（Yips）球、进水球、切薄球（Skulls）……凡此种种的失误，会在打有挑战性的洞时冒出来，也会在打容易洞时出现。这些失误可以算作高尔夫的至暗的时刻，特别是在最重要的大师赛事中出现。这些失误的出现，一定会影响到下面的比赛。就我个人经验来说，至少会影响我五年打高尔夫的心情。

在生活中，为什么有些事比其他事更能决定我们是谁？对于这个问题，可以从"个人身份"这一哲学角度来观察和解答。这类问题还包括"我是谁？""自我如何保持不变？"等。我已经变了，怎么会还是五年或十年前的那个人呢？即使我有着与十年前不同的品质（那时更聪明、更好看），但我仍然是当年获得哲学学位的那个人啊。个人身份不是指拥有和过去相同的品质（称作"定性身份"——这种身份概念是较难界定的），而是指一个人是否和过去是同一个人（称作"数字身份"，这种身份是可以被清晰定义的）。一件衬衫，纽扣掉了，仍然是原来的衬衫；一个人虽然经历了人世沧桑，但还是原来的那个人。有些人声称，经历某些事后，他们不再是原来的自己了。例如，大家通常会认为在事故中严重脑损伤的人不再是原来的那个人了，因为这个人的变化实在太大了，可以说完全变成了一个新人。这就像一根高尔夫球杆，换了新的杆身和杆头，即使用同样的姿势去握这根杆，但杆已经是一根全新的球杆了。一个人还活着的时候，弄清楚可以和不可以失去哪些属性，是理解个人身份的核心。本文将通过研究个人认同理论来帮助人们更好地了解自己，帮助人们面对生活和高尔夫中的挑战时刻。

我是谁？

我是谁？为什么我还是同一个人？十年前的我，就能打出标准杆（当然是九洞的场地）……我一直在思考破解这些问题的不同理论，最后，我得出一个大道至简的答案：我就是我所做的事，我就是我所做的工作（I am what I do, namely, my job）。我的父亲做了四十年的鞋生意，被人称作"卖鞋匠"；泰格·伍兹被人称作"世界上最伟大的高尔夫球手"；"水管工"乔，在2008年美国总统大选辩论中，因为向奥巴马提出小企业减税问题，吸引了公众的关注。当人退休后，身份的丧失是普遍的问题。退休后的人常常会自问："现在我不工作了，我是谁？"

工作有助于加强人的自我意识，但工作并没有触及个人身份的本质核心。即便换了工作，我仍然是我。明年我可能会决定做房地产经纪人，而不是哲学教师，但我仍然是安迪。工作和家庭这些外部因素塑造了人，这些变化却触及不到人的本质，不会从根本上改变人，当然也就不能解释即使外在发生了变化，我们实际上还是不变的这一问题。工作只是向世界展示自己，给人以身份感，但工作不能提供人的数字身份（定量身份认知）[1]。

个人身份的传统理论，也可称为身体理论。根据身体理论，如果在高尔夫球赛的最后一洞把球打出界，只是因为我的身体把球打出了界，身体决定了人和人的行为。一般性常识支持这种说法：人们通过身体来识别他人。通过DNA和指纹，可以识别犯罪嫌疑人。约翰·戴利胖乎乎的身体让他和瘦瘦的温文尔雅的卡米洛·维列加斯区别开来。随着年龄增长，身体会发生变化，戴利赢得PGA的时候，身材还相对娇小呢。我们身体中所有的细胞，每七年都会死亡并更新一次，但正常细胞替换是缓慢渐进的过程，身体基本保持不变，因而这种改变是可以接受的。身体缓慢的改变类似于高尔夫球场的更新，但即使是很微小的更新，经年以后，球场仍然会发生实质性的变化。

身体理论是有自身问题的。哲学家约翰·洛克（1632—1704年）有一个身体开关的观点，洛克让人们想象这样一种情形：如果王子和皮匠互换了身体，王子的思想、记忆和欲望因而就进入了皮匠的体内,反之亦然。上个星期娶了公主,在蜜月上打出超过标准杆三杆的王子,他的魂驻留在了皮匠身体里。当旁人还认为是在接触皮匠时,这个有了王子灵魂的皮匠却认为自己是王子。个人身份是内在的,不像人的身体或其他人对身体的看法是外在的。打高尔夫,让人有机会体悟个人身份的内在性:如果我在高尔夫赛的最后一洞打出相克球,即使我在他人面前伪装自己,却仍逃避不了自己就是那个打了相克球的人的感觉。高尔夫此时成为身份的一种表征。高尔夫对理解个人身份很有帮助,会对人们的精神产生殊胜的影响。

个人身份的灵魂理论克服了身体理论的一些问题。灵魂理论主张:如果我有相同的灵魂,我就是打最后一洞高尔夫的那个人!根据灵魂理论,王子的灵魂驻留在了皮匠身体里,因此自然而然地就完成了身份的切换。法国哲学家勒内·笛卡尔(1596—1650年)也主张灵魂理论。笛卡尔说,虽然我现在就坐在这张桌子边上,我仍然怀疑坐在这里的就是我的身体,因为我在另一个遥远的地方也可以梦见我的身体,我毫不怀疑即使当我做梦的时候,也会产生坐在这里的想法。笛卡尔有句广为人知的格言:"我思故我在。"这句话在这里可理解为:我有坐在这里的想法,所以我就坐在了这张桌子边上。灵魂就是我,灵魂就是"我"的永恒。灵魂理论是与宗教相关联的流行理论。灵魂理论之所以流行,在于它支持来世的可能性:身体死后,灵魂永续。人们会说:"爷爷现在可能正在天堂上,愉悦地打着高尔夫球呢。"(呃,神圣而永恒的高尔夫球,是多么令众生向往,无论在此岸还是彼岸!)[2]

同样,灵魂理论也有自身的问题。它的问题是有关认识论的问题,或者说是认知的问题,即:我们如何识别灵魂?灵魂是非物质的,不能被看见、不能被嗅到或不能被触摸到。人们不知道是否自己一直都拥有同一个灵魂,也不知道朋友和家人是否也是如此。只是我似乎知道我是一样的人,其他人也是一样的人。我们不通过灵魂识别人,或许是因为坐在这里每一分钟的我,都会有一个新的不同的灵魂。另外,灵魂理论在互换方面也存在问题:假设我的灵魂以某种方式与泰格·伍兹的灵魂发生了互换,但我的思想、欲望、身体和记忆在我的体内仍保持不变。虽然我的灵魂跑到了伍兹的身体里,但"我的身心"仍然被丢在了我的身体里。如果灵魂理论是正确的，那么我的身心也应该去到灵魂去的任何地方。但现实是，假设我有了"老虎"伍兹十亿美元的灵魂，但我仍然是现实中那个可怜的我身我心。

对个人身份至关重要的是我们的记忆。如果在"老虎"伍兹身上的人能记得做过的事，那么这个人就是身心合一的人了。日常生活中如果做了错事，就该受到责备。二十年前，在高中最后一场高尔夫比赛中，我哽咽着输掉了比赛。没有其他人知道我在那一刻的感受，只有我对二十年前发生的这一幕有着刻骨铭心的记忆，所以我就是那个声音哽咽的可怜孩子。约翰·洛克是记忆观点的支持者。洛克认为王子和皮匠的转变以及灵魂的转变都可以简单地用记忆理论来解释。一个人的记忆在哪儿，这个人就在哪儿。洛克甚至声称，如果一个人的小手指头与身体分开，如果这个人的意识记忆也随着转到他的小手指头上，那么这个人现在就在小手指头上了。洛克说："很明显，小手指头现在就是那个人了，这时候，原来的自我，就与身体的其他部分无关了。"哲学家戈特弗里德·威廉·莱布尼茨（1646—1716年）对记忆理论予以了支持：假设你有成为世界首富的机会（比如成为今天的比尔·盖茨或沃伦·巴菲特或是历史上的莱布尼茨），但前提条件是：任何你是谁的记忆，都会在此过程中被抹得干干净净。你还会选择这么做吗？我想大多数人会说："不！"因为比尔·盖茨身体里的那个人将不再是我了。我的灵魂可能在比尔·盖茨的身体里，但我不在。所以，如果"我是谁"的记忆遗失了，那么我也就遗失了。是记忆，定义了我是谁[34]。

个人身份的记忆理论可以有助于人们理解为什么烦恼往往发生中年时期，所谓"四十不惑"，不惑的前提是首先要有感。有些事情无法忘记，会塑造出留存在记忆深处的一场比赛或人生中的一幕，经验无法从头脑中获得。我就是那个在第二洞开球时打出大左曲的倒霉蛋，以前从来没有打到这么边上，我就是打出这一记可怕球的家伙。虽然往事不堪回首，但这个画面一直在我头脑中翻腾。对手腕痉挛挥之不去的记忆，也出于同样原因。曾经糟糕的切杆或推杆的负面记忆不时会从脑海中冒出来，这些潜意识深处的记忆，让平时看起来还蛮平静的人在开始挥杆击球时会突然发抖。生活中也有很多人无法忘记一些悲伤的记忆。战争或儿童死亡造成的创伤后应激障碍（PTSD），这些深切的伤痛记忆会让人长期抑郁，因为所发生的事件在人们身心中留下了不可磨灭的痛苦烙印。人就是经历和记忆的混合体，记忆越生动，就越能清楚意识到是我做了过去的事，也越有助于回答"我是谁"这个问题。当一件事没了记忆，那事情就像发生在别人身上或从未发生过一样了。晚期的阿尔茨海默症患者和完全健忘症患者，就不记得任何过往的经历。这样的病人通常会被认为是一个"全新"之人了。

记忆理论也有它的问题。即使没得老年痴呆症，人们也常常会忘记自己做过的事情。我会忘了上个月第十八洞是怎么打的，实际情况是上个月我认认真真地打过。应对记忆的遗忘问题，可通过间接记忆来克服。间接记忆指的是，虽然我没记起来上个月的事，但我记得昨天的事，昨天的事又联系到前一天的事，这样就可以一直追溯到上个月或更远的时间所发生过的事情。通过高尔夫记分卡的间接记忆（一张张回翻自己手中的旧的高尔夫记分卡），就能确定我在上个月打过十八洞。

关于记忆理论还有一点需要指出：我们不仅仅是我们的记忆。尽管保留了过去的记忆，有些人却认为自己是不同的人了。"重生"的基督徒就是一例。这些教徒会认为他们有了脱胎换骨的变化，完全变成了新人，摒弃了过去邪恶的欲望和精致的利己主义，远离了色情、性、毒品和深夜高尔夫的往事，现在虔诚地敬爱着上帝，重视节制欲望和一夫一妻，成为全新的自己。人们可能会质疑是否真的会这样，所以重生的基督徒常常会谈论他们过去的所作所为："我过去常喝酒，我过去常胡闹，但现在不再这样了！"他们这是在说旧自我和新自我的变化。虽然行为意识变了，但根据记忆理论，他还是原来的那个人，尽管现在已经改过自新了。反对我们是我们的记忆的声音当然有其道理，因为欲望和兴趣会影响到"我们是谁"的认知，但每个人深层的记忆似乎更触及"我们是谁"这一核心问题。

关于记忆理论的最后一个问题：我记得做了一些我从未做过的事情。我们称这种记忆为虚假记忆。许多人声称去过一些地方，却有证据表明他们从未去过。一些照片、别人的故事和新闻报道等，都有助于帮助人们幻化出似乎记得的其实从未经历过的人、事、物。如果朋友们经常谈论一件事，你可能也会感觉到这是一件对你并不如烟之事，你也曾在其中。有人可能会说："我记得1987年，我和朋友去多拉尔打了场高尔夫球，但记录却显示我当时不在场。"虚假记忆还有其他潜在原因，一个催眠师可能会在我们脑海中留下我们曾赢得大师赛的清晰回忆，于是我们就觉得真的赢过大师赛了，但实际情况是，我们从没有在奥古斯塔大师赛场比赛过。所以，记忆理论也不是完全正确的。我们也不能说真正的记忆是拥有经历，如果这样的话，假设身份的"我"又将会大行其道。解决这个问题还是有办法的，可以通过引入哲学家悉尼·舒梅克所主张的准记忆来修正这一理论。准记忆是似乎记得的记忆（记忆似乎是真实的），某人确实拥有经验（这些经验不是被捏造的——像赢得大师赛那样的伪经验，而是实际的经验），被正确的方式所塑造（不依赖于催眠师或通过事后听故事和看照片的方式影响头脑）。这三个标准中没有一个包含"我"，因此没有通过假设身份来作伪的空间。即便有上述的修正，记忆理论仍然不是一个完美的解决方法。要么准记忆真的是通过使用短语"以正确的方式"来暗示我的经历，要么准记忆允许多人拥有相同的准记忆，从而映衬身份。前半部分的暗示会让我们回到这个问题的开始，后半部分允许许多人成为同一个人，而这是不可能的。所以我们也不仅仅是我们的准记忆[5]。

无论如何，通过间接记忆和准记忆，我们似乎更接近于理解是什么造就了我们。有赖直接记忆、间接记忆和准记忆，往事可能并不如烟，我也许就是那个在上个星期、上个月和去年打高尔夫球的人，那个在前一个洞把球击出界、在下一个洞把球打在外面的人。记忆是"我们是谁"的核心，对我们的行为有莫大的影响。

战胜手腕痉挛、相克球（Shanks）和不测风云

球至中场，人至中年，对"我是谁"的不惑将如何影响人的余生？如何面对在高尔夫和人生中场的第十二洞，打出超过标准杆两杆的不佳成绩？对有些人，不惑则是如何克服因战争或强奸的罪恶导致的创伤后应激障碍。从前面的

讨论可知，越能控制记忆，就越能对我们是谁、到底是谁、到底该怎样的问题有所不惑。根本性的解决方法是先要否认存在任何个人身份持续不变的自我，这种一成不变的想法只是心灵幻觉，任何改变都会造就一个新人。佛教徒和哲学家如大卫·休谟、威廉·詹姆斯，甚至古希腊的赫拉克利特都支持这一观点。赫拉克利特相信，人不能两次踏进同一条河流，一切总在变化。我们的思想、记忆和感知无时不在变化，像河水一样总是在变化。没有一成不变的自我，不变的自我只是一种幻觉。

不可否认，上述变化论的立场有其合理性。我们不断在改变，所以我们怎么会是一样的呢？然而，当我们思考得越多越深入，变化理论就越不可信。设想一下，如果没有稳定的自我，生活将发生多么巨大的变化啊！信用卡上写的我的名字没用了，因为不断变化的我不应该还是以前在信用卡留签字的那个人，我可以据此推说我什么款都不欠，所有的东西都不是我而是另一个人买的。我可以撒谎，也可以去杀人，因为我可以说："那个罪人不是我。"甚至，我也会失去练习高尔夫的动力，当我将无我时，为什么还要挥汗如雨挥杆练习高尔夫呢？细思极恐，保有一个稳定的自我，是个人也是社会所必需的。

保持稳定自我感的好处，是让球至中场、人至中年的人们，可以产生不惑的定感。佛教徒相信，生活中的很多烦恼来自人固执的自我，这是造成困惑的根源。自我让人们贪婪、杞人忧天，想要越来越多的财富、越来越好的高尔夫成绩……凡此种种永不满足的欲望，会窒息人们的身心。佛教徒还认为，如果要获得觉悟（圆融和幸福），就要放下自我，要关注当下，而不是担心未来。秉持当下的正念，即使在比赛中打了糟糕一球，仍能保持良好的心态。谨记，忘掉已经发生的好与不好，专注当下，对上一洞打出的相克球念念不忘会扰动情绪。如果我不相信有一个不变的我，那么我其实就不是那个在最后一洞击球，打出相克球的人了。重要的是一心不乱，专注当下，将心注入，打好手里的球。这种珍贵的正念反而会帮助我们打出精彩的高尔夫。与其东想西想最后几个洞怎么打，不如专注当下之球、当下之杆[6]。

佛教式思考方法也有一个问题：如果完全放下自我，那么我肯定就不在了。如果我所有的思想、欲望和记忆都消失了，那么我也就消失了。克服贪婪是好事，但摆脱所有的自我就意味着死亡。清除不好的记忆是个好想法，但聆听佛教的智慧和采取切实的行动是两件不同的事情。我常说："我试着认为是其他人打了相克球，但其实我知道，那个我认为的其他的人其实就是我自己。有些记忆来自实际发生的真实体悟，无法只靠念来转掉。"佛教也说到，理解正念是非常困难的，大多数人在彻底放下之前，要不得不一次又一次地重生。今天，多亏有了现代科学，人们的觉醒会加快很多。

普萘洛尔是一种β受体阻滞剂，最初用于降低血压。这种药物后来被发现还有个有趣的副作用：减慢心跳，可以用来帮助音乐家和有舞台怯场感的人克服恐惧，也可以帮助高尔夫球手在比赛中保持平静，消除头脑中触地击球和相克球这类的糟糕记忆。这种药物可以抑制对更强更长记忆有影响的应激激素这类激素让人们不可磨灭地记得生活中发生的大事。比如，我们遇到的挚爱在三杆洞不幸打了个可怕的八杆……在这样的特殊时刻，我们的肾上腺素会大量分泌，情绪会有很大波动。研究表明，人们在创伤性事件后服用普萘洛尔，就不会对这类事件保持持久的应激反应。在一些研究中，受试者被要求记住或观看某类事，然后让他们服用β受体阻滞剂药物，那些服用该药物后的人会说，一直困扰他们的一些事情开始变得很遥远，像发生在别人身上一样。这类药物的药效会长时间起作用，这个研究结果对PTSD患者和一些高尔夫运动员都是令人鼓舞的：如果一位高尔夫选手在某一洞两次发生相克球入水，就可以考虑服用普萘洛尔，这样下次比赛打到这一洞时，他就不会在场上因过往的糟糕记忆而不自觉紧张得微微发抖[7]。

高尔夫球手可以通过控制自己的记忆，来控制自己是谁和自己是什么类型高尔夫球手的认知！普萘洛尔会影响肾上腺素，而肾上腺素会影响我们认为自己是什么样的人，也就是说会影响我们的基本身份记忆。普萘洛尔可迅速斩除人们剪不断理还乱的记忆，从而改变一个人的身份认同感。虽然这种药物一般而言不会让高尔夫球手完全忘记自己打过的相克球，但会让记忆迟钝。随着时间的推移，记忆的遗忘往往会自然发生，普萘洛尔只是加速了这一过程。人们常说时间可以治愈创伤，而普萘洛尔不过是让这种治愈在几分钟之内发生而已。在不久的将来，也许每一个装备精良的高尔夫球袋里有球杆、球、球座、能量棒，可能也会有普萘洛尔。

普萘洛尔也会带来一些严重的道德问题。说到底，对高尔夫球手最好的建议，是球手需要拥有正念心态："像'老虎'伍兹一样，不要让糟糕的挥杆影响到你。"如果无需药物能做到这一点，当然好。普萘洛尔是可以被当作处方药使用的，因为我们必须承认，大多数人没有"老虎"伍兹的天赋和毅力。普萘洛尔是一种β受体阻滞剂，最初是用于治疗高血压的。医生可以鼓励病人通过锻炼和减肥来控制血压，但当患者无法或不愿意用这样的方式控制血压时，医生们最终开出了数十亿美元如普萘洛尔这类的β受体阻滞剂给病人们，如果治疗有效，病人就不必忍受窒息等病痛。美国高尔夫球协会和其他管理机构可能会声称高尔夫运动是健康的同义词，因而禁止使用药物，因为服用药物会提供不公平的竞争。但我认为，服用β受体阻滞剂，并不比伍兹赢得2008年美国高尔夫公开赛时服用的止痛药更不公平。

还有一点担忧，这类药物会让糟糕的记忆变得迟钝，但也会让美好的记忆变得迟钝。在一个特别的夜晚，当我因为模糊了打了坏球的杂念，脸上都会面露微笑。但是，不能否认同样重要的是，我在蒂普卡诺湖乡村俱乐部第十四洞的三杆洞中，用四号铁杆一杆进洞的无上喜悦可能也会被模糊甚至被遗忘，而我迄今对这次的一杆进洞仍然记忆犹新，其美好得好似昨天发生的一样。从那以一杆进洞后，四号铁杆就成了我最喜欢的高尔夫球杆。正是因为有了一次又一次类似的美好回忆，才让我时不时会打到九十杆以下，这些美好的记忆，极大地提升了我在比赛和生活中的幸福感。我们不想为了摆脱糟糕的记忆而部分清除我们自己的脑叶，从而遗憾地也遗忘了美好的记忆。

即使目前和未来的药物只作用于消除不好的记忆，仍然有人认为不应该服用。应该承认，总统生物伦理委员会的观点是正确的：人们从糟糕的经历中才能吸取教训。因为记得热火炉烫手，所以人才不会去碰它。内疚和羞耻感的记忆会让我们避免去做不道德的事情。有了普萘洛尔，人们或将不再从过去糟糕的经历中吸取教训。总统生物伦理委员会认为，人体从创伤中恢复需要有一个正常的过程，普萘洛尔这类的药物会干扰人体这种自然的恢复过程。在大多数高尔夫比赛中的解说员都说到过：错失获胜机会的人，会更深切地从错误中反思，从而奠定未来长足进步的基础。因此，糟糕也许是件好事，我们从错误中学到的东西和我们从成功中学到的东西一样多。虽说如此，但有些创伤经历实在是太严重了，以致对人们的生活会产生永久的负面影响。1978年，太平洋西南航空公司在圣地亚哥的飞机失事后，未经培训的航空公司员工被要求去寻找失事事件中的遇难者遗体并提取部分身体部位。结果，这些员工事后很多因创伤后应激障碍而抑郁甚至永久致残。其他有被强奸、殴打或枪杀遭遇的人，都不一定会有类似的情况发生。高尔夫选手让·范德维尔德自1999年在英国高尔夫公开赛失利以来就一蹶不振。另一位高尔夫选手格雷格·诺曼，因为历史上的一次经典失误，其痛苦的样子也在人们的记忆中挥之不去。普萘洛尔对这些病例来说，就是灵丹妙药。即使普萘洛尔的普遍使用是不可接受的，但可以审慎地制定指导方针，确保普萘洛尔在极端情况下可以被使用，这有点像也被限制使用但可以用于极端疼痛的麻醉品的情况[8]。

尽管总统生物伦理委员会承认普萘洛尔对人们会有好处，却建议永远不要将该药物放开应用。该委员会认为人们有社会义务去回忆和讨论过去发生的诸如大屠杀这类的悲惨事件。如果这些记忆不再存在于每个人头脑中，那么人类注定会重复不堪的历史。悲惨世界的悲惨故事有助于建设一个更美好的世界。有些人对总统生物伦理委员会立场的批评是康德式的：为了公众利益对某些人禁用普萘洛尔，这是不公正的。对一位大屠杀幸存者说，我们同情她极度糟糕的经历，但我们无法帮助她摆脱这种梦魇，这也是不慈悲的。高尔夫选手范德维尔德的经历无法跟大屠杀幸存者的经历相比，他为了慈善创立了"第一人账户"项目，可以帮助和奖励高尔夫球手从事高尔夫运动。不帮助这位需要被帮助的慈善者，似乎有失公允。范德维尔德的无助是众所周知的，我们应该让他快乐，而让他快乐的一种方法，是应该允许并宽容他服用普萘洛尔。

我们现在站在这里，我们将从这里去向何方？球至中场，人至中年，或好或坏的人生历练，塑造了我们的记忆，也塑造了我们自己。我们有责任和义务从中萃取出属于自己的中的精神、中的智慧，去助益自己并惠及他人。在奥古斯塔大师赛第十二洞比赛中落水的球，给我们一个反省的启示，提醒我们未来要避免类似的重蹈覆辙，如此一来，就是我们现在在奥古斯塔经历之幸。通过上面对普萘洛尔的思辨和认识，我们知道，有些记忆之所以如此强烈，是因为肾上腺素分泌的增加。如果我们能够冷静下来，减少或停止肾上腺素分泌，那么我们就能缓解长期性的焦虑和担忧。好的思考推理可以帮助我们评估什么是好的、什么是坏的。如果我们准备好了应对糟糕的击球，那么我们就不会那么沮丧，也不会影响甚至破坏接下来的比赛。在高尔夫上的体悟，完全可以延展到生活中。那些未经培训的航空公司柜台职员和行李处理人员在坠机后拾捡遇难者的尸体时，因为没有准备，受到了突如其来的严重精神创伤。与此同时，那些知道会发生什么并且受过控制情绪训练的空难专家们，却顺利地完成了同样的工作。说起来容易，做起来难，知行合一，未雨绸缪永远是解决之道。佛教告诫我们：学会正确的生活方式，可能需要数千年的漫长时间。深刻理解为什么记忆是个人身份的核心，透彻了解记忆是如何起作用的，会帮助我们更好地把握自己，知道在不长不短的一生中，我们是谁？我们不是谁？我们究竟应该是谁？人至中年，所谓知天命，就蕴含在最后这三个天问之中吧……

Notes

1. Al Gini, author of our first chapter, argues for this position in his book My Job, My Self（London：Routledge，2001）.

2. René Descartes, Meditations on First Philosophy, trans. John Cottingham et al.（Cambridge：Cambridge University Press，1988），80.

3. John Locke, An Essay Concerning Human Understanding, ed. Alexander Campbell Fraser（Oxford：Clarendon Press，1894），445–468.

4. G. W. Leibniz, "Discourse on Metaphysics," in Leibniz Selections, ed. Philip P. Wiener（New York：Charles Scribner's Sons，1951），340.

5. Sydney Shoemaker, "Persons and Their Pasts," American Philosophical Quarterly 7（1970）：269–285.

6. The Buddhist notion is the opposite of the Western Judaic–Christian–Islamic idea of enlightenment or an aft erlife. The Western idea is of a permanent self living on forever in some type of eternal bliss.

7. Scott LaFee, "Blanks for the Memories: Someday You May Be Able to Take a Pill to Forget Painful Recollections," San Diego Union Tribune, February 11, 2004, www.cognitiveliberty.org/neuro/memory_drugs_sd.html（accessed October 26, 2008）.

8. The President's Council on Bioethics, Beyond Therapy: Biotechnology and the Pursuit of Happiness, October 2003, http://bioethics.gov/reports/beyondtherapy/index.html（accessed August 15, 2008）.

第十三洞
在高尔夫球场,随心所欲不逾矩
像道者一样挥杆

斯科特·F.帕克（Scott F.Parker）

有句高尔夫的古老谚语：每轮高尔夫赛，都会打出让人第二天再回球场的一杆好球。当你陶醉打出一杆好球，所有坏球就都随风而去了。这时你可能开始骄傲，期盼好球接二连三地出现，那多棒啊！但殊不知，正是对完美击球的念念不忘种下了日后苦苦挣扎的败因。遭遇挫折后，你一定很想知道为啥没打出有能力打出的球，许多业余高尔夫球手都是这样，往往在兴奋中开始打球，最后在沮丧中结束。不过别怕，终有一日，你会忘掉那打得糟糕的球，不再那么刻意和较劲，这样一来神奇的是，你又开始会打出期待良久的好球了。这时你脑子会又活跃起来，开始东想西想。

你可能对自己说："唉，我要一整天都这样打就好了。"此念一生，你马上会对自己没有做到而感到沮丧。

你也可能这样对自己说："太棒了！下一杆也要这么棒。"根据经验，你的潜意识也知道，通常你做不到——不是自己无能，是自己实在做不到。

你还可能反问自己：在剩下的比赛中，每一次挥杆，跟完美的挥杆相比，会有什么不同。

静心内观你打出的一杆又一杆球，在某一刻你或许会顿悟：关键不在于你要打出一个超棒的球，而是要专注当下的挥杆，这是打出好球的根本内因。要做的就是不断精进挥杆击球。在击球时，可以尝试问自己：我怎样才能努力做到那个不努力呢（无为无不为）？

以上这些看似矛盾的知与行，既是高尔夫的核心问题，也是道家思想的核心问题。道家思想蕴含着的自然主义和神秘主义，可以追溯到中国上古时代。道家思想最早的文字记录，收录在公元前六世纪《道德经》这部著作中。《道德经》是经过几个世纪修订而成的，作者老子是公元前六世纪的人。道家思想的另一个法脉传承是《庄子》（也称《南华经》）。庄子生活在公元前四世纪，他写了《庄子》一书前七章即"内篇"，庄子的学生和追随者写了剩下的十五章即"外篇"，最后的十一篇是"杂篇"[1]。《道德经》和《庄子》主题相似，风格却迥异。《道德经》精辟而富有诗意，而《庄子》则充满了寓言、对话和想象力。老子和庄子两者相得益彰，出神入化地传递出道家思想的本质：灵活、适应性、不依附、谦逊、幽默以及和谐这些殊胜特质。本文对道家思想的讨论聚焦在《道德经》和《庄子》两个原始经文文本上。

道家思想的精髓是：不追求结果、无为无不为、自我认识或自我接受。为方便理解和认识道家思想，我们从高尔夫这个独特角度切入，来讨论道家思想重要书籍《庄子》中的四个段落。这样做的原因，在于道家思想是应用哲学而不是抽象哲学。按照道家思想，即便对道家思想有很多了解，也不意味着能够活学活用。只有在生活或高尔夫中的知行合一，才会对道家思想有炉火纯青的领悟和把握。特别是从高尔夫的角度来解读《庄子》，会对道家思想有醍醐灌顶般的洞见，《庄子》也就活学活用在高尔夫上了。《道德经》开篇即说："道可道，非常道。"[2]道家认为，如果囿于分析思维的局限，就不可言喻出本质之道。道只能从超越性层面来理解，而不能通过具体的形而下的方式证得。如果一个高尔夫球手学习道的思想，只是为了提高自己的高尔夫差点，那么就已经迷失了道。你或许会问：如果努力会迷失，那么这篇高尔夫与道家思想的文章究竟要探讨什么？该如何探讨？下面，我们从《道德经》开始来回答这两个问题。

不依附结果

想象在惠风和畅的某一天，你在高尔夫场上玩得很开心。一号木开球直接打到球道上；铁杆一把攻上果岭，果岭上推杆很稳，今天大部分的球洞都打了Par，还得了一个Birdie和几个Bogeys。你对自己今天高尔夫的表现很满意！打球时你并没有很多想法，只是和朋友一起，尽情享受挥动的球杆、飞翔的小球……

打完第十八洞就可以结束今天的高尔夫比赛了。负责记分的朋友跑过来兴奋地告诉你，你的成绩非常好！他问你在这个球场最好的成绩是多少，你说是标准杆数加四杆。朋友说："噢！第十八洞，你只要再打个标准杆，就可以破历史记录了！就是打了Bogeys，也会平记录的！"

你站在发球台上，耳边不断回响着刚才朋友说的话，暗自窃喜，在心中对自己说要更上一层楼。今天的比赛，是今年你打的第一场高尔夫比赛，你希望今年赛季有个良好的开端，这样到夏天结束时，就可以在整个赛季中打出标准杆的佳绩。现在，只要在最后一洞打出标准杆，或者至少打个Bogeys，就能超过或至少平了历史最好纪录，两个都是好结果。有一件事要绝对避免，就是这洞不能打飞了，如果打飞了，今天这场比赛就算搞砸了。

你轻轻地把高尔夫球摆在发球座上，一直处在成功和失败的杂念中，最后对自己说："好吧，来吧，把最后这一洞球打好，把球打到球道上，今年赛季就一马平川了，兄弟别搞砸了，别打Hook（拉式右曲球）。"别打Hook球的想法，在你上杆过程中一直挥之不去。终于，把球打了出去，球飞越球道消失在树林中，高尔夫小球"终于"变成了那个"该死的Hook球"！

接下来的一杆，你把球打回球道，然后想用一个漂亮的切杆翻身球直接攻上果岭，保住Bogeys，这样也能平自己在这个球场的历史最好纪录。"一定要攻果岭成功，不要把球打到沙坑里"……四杆之后，你才把球从沙坑里救出来，最后在果岭上三推杆进洞！朋友抱歉地对你说："对不起，希望不是因为我发球前的唠叨，给你带来了厄运。"

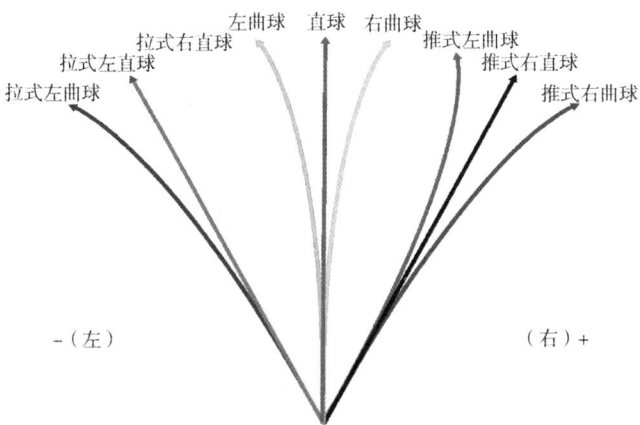

"不，"你说，"是我分了神，自己搞砸了。"其实，你心里是暗暗责备你朋友的，如果开球前不是他多嘴，也许你不会分心，那么就可能打好最后这一洞，享受本应非常完美的一场球。

熟悉《庄子》的人，知道里面有则弓箭手的寓言故事。用一片瓦作赌彩，你会用平时练就的技巧来射箭；如果赌注变成花哨的皮带扣，你就会开始担心是不是瞄准了；当赌彩变成真金之时，你就会变得特别紧张。你的射艺，在三种情况下别无二致，只是因为一种奖品对你来说比另一种奖品更重要，外在因素就干扰到你射箭水平的发挥。永远要记住，当人太刻意关注外在，就会变得笨手笨脚[3]。弓箭手的射箭能力没变，目标也没变，变的只是弓箭手的念头。随着念头开始纷飞，突然间，就变得很难命中目标了。

一场本来进展顺利的高尔夫比赛，打到最后一洞的第十八洞时，突然变难了，不是你的球技下降了，而是你开始东想西想打这一杆的后果，杂念让事情开始起变化。前十七洞打得都很好，虽然每次你也都试图把球打到球道上，尽量准确攻果岭，但你没有去担心做不到的后果，你是在自由轻松地打高尔夫。在第十八洞，你开始心有挂碍，担心这担心那，高尔夫也开始给你点颜色看看了。

《庄子》认为，不刻意去追求结果，才是达到想要结果的正途。每个人都想知道思想和行为间的关系是什么，都想知道什么是知行合一的奥义，但是，即便借助道家思想对此有所了解，如果要证悟道家思想的悖论，还需要一点点时间、一点点悟性，需要不断练习，要不再斤斤计较于打不打出标准杆，这是知行合一的正念基础，假以时日，下一次的第十八洞打出标准杆或会水到渠成了。

无为无不为

上文最后说到的高尔夫场景，蕴含着道家思想特别重要的"无为无不为"的理念。前十七洞之所以比赛打得很顺利，是在不刻意努力要打得好的情况下打得好。不刻意，不意味着要偷懒或注意力不集中，不刻意恰恰说明你很放松，很自然、很舒服地在打高尔夫。当你在第十八洞拼命想打出特别棒的一个球时，反而事与愿违败下阵来。

乌苏拉·勒金在一首歌曲中唱道："《老子》一遍又一遍地说：为无为无不为，去做不做，去做不做，行动而又不行动，行动是因为不行动，你什么都没做，但却完成了。"[4]《庄子》中有则著名的"庖丁解牛"寓言故事，形象地说明了上述歌曲中看似矛盾的道的概念。在这则寓言中，庖丁给文惠王讲解了他解牛的技巧：

> 庖丁说：我第一次切割牛时，看到的只是牛本身。三年后，我不再看到整头牛，我不再用眼睛而是用神视在看牛，感官的感知和头脑的分析已变成潜意识，第六感让我在需要的地方做着解牛动作。这时的我，遵循着牛自身的自然结构，游刃于腠理，让刀穿过大的开口，顺着牛身体的结构来解牛，我不会再碰触哪怕是最小的韧带或肌腱，更不用说主关节了。一个好厨师每年换一次刀，因为他用刀来切菜；一个平庸的厨师每月换一次刀，因为他用刀来砍菜。而庖丁我用这把刀已经十九年了，用它切割了几千头牛，刀刃却像刚从磨刀石上磨出来的一样锋利。关节之间有空隙，刀没有什么厚度，在空隙的空间里插入没有厚度的刀，刀片在里面游刃有余，这就是为什么用了十九年后，我的厨刀的刀锋仍然像刚从磨刀石上磨出来的一样锋利[5]。

庖丁的神奇之处，在于运用刀刃到了一种如入无牛的羽化境界。庖丁不与面前的牛"拼刺刀"，而是随顺牛的身体结构，采用刀法自然的方式来解牛，是刀与牛的缠绵艺术，最后牛被自然而然地分解开。庖丁解牛，是屠夫在用刀和牛玩的一场游戏。

如果你是开车而不是在玩赛车，通常把车从这里开到那里不需要花费什么精力，打高尔夫和开车是类似的，越自然放松越好。庖丁在解牛时切又不切，好的高尔夫球手也是挥杆又不挥杆，道理是如出一辙的。对好的高尔夫球手来说，比赛就是一场游戏，轻轻松松享受就好。只有当比赛沉重到成为责任时，比赛就不再会成功。如果高尔夫球手试图对高尔夫比赛一定要做到点什么，比赛就会失败，而且很快会失败。高尔夫球手要想达到庖丁的境界，不妨温习一下"庖丁解牛"的故事，把高尔夫看成一头牛一样，自如地挥杆对待。高尔夫球手如能做到杆法自然，专注在比赛上，自然会体悟到一路过关斩将的欣喜。如果能杆法自然地专注于每个洞，就会洞洞难过洞洞过。如果能杆法自然地专注于每一次挥杆击球，那就是达到了"当下便是"的最高境界了。毫无疑问，高尔夫球手在比赛中会遇到这样那样的棘手情况，这时需要的是耐心和用心的反思。如果在比赛中打出好球，可以感同身受体悟一下庖丁面对挑战时的场景："每当庖丁我运刀到一个复杂的地方，都会先估量困难的大小，告诫自己要小心再小心，要聚精会神于正在做的事情，非常缓慢而从容地动作，以最微妙的方式移动刀子，直到哗的一声，整头牛在我面前被解开，像土块崩塌到地上，裂嘴笑开来"[6]。如果一位高尔夫球手在比赛中不能适应球场、天气和环境和不同的球位，那他的挥杆击球，就会像差劲的厨子那样不必要地用刀来砍骨头。

"圣人无所事事"[7]。高尔夫球手要心无杂念，专注击打面前的那个球，就会感受到当下的力量。

自我认识，自我接纳

许多打了多年高尔夫的球手都有这样的经历：常常会有大力开球的冲动，想努力把球打到超出自己正常水平的远远球道上。之所以要这样做，一是证明给自己看，二是向球友炫耀。为了要做这种炫酷，挥杆前他们一般会不自觉地深吸口气，上杆尽量扭转到极限，下杆全力快速挥动去大力击球，打完后收杆动作因而也会变形，这是整体动作缺乏自然性的体现。这种大力击球的结果通常是球打出去后，你眼巴巴地盼望着球笔直向前，可能如此，也可能不如此。更重要的是，击球时你觉得这个距离是你的能力极限，但还在你能力的范围内，即便是已经到了极限的距离了，你还是会觉得还有机会，正是这种潜意识驱使你觉得为什么不去尝试尝试呢？这种心理下的大力击球，当结果的确是没有什么可以失去时（这种想法已经包含了傲慢的因子），如此过瘾般的打法可以作为愉悦的浅尝，但往往这样炫酷般的打法，不是把球打到水塘里，就是打出左曲球跑到平行的另一洞的球道上。如果这类悲催的情况没发生，在大力击球后，你可以再继续你的下一次击球，当然再次大概率会事与愿违。

　　如果你在打一场重要的高尔夫比赛的话，采用炫酷挥杆傲骄的打法，就有麻烦了，如果因此而搞砸了一次击球，你会陷入傲慢所带来的反噬挣扎的陷阱，通常会一个接一个地把球打进水里。要打好高尔夫，对自己的长处和短处需要有念念分明的自知之明。自我认知带来自我接纳。如果你有把握打一百五十码的距离，你最好在比赛时就力保一百五十码这个求稳的距离，而不是追求二百码的超水平发挥。2007年高尔夫大师赛，最终获胜的扎克约翰逊在五杆洞的表现比任何一个选手都好（十一个小鸟，没有柏忌）。在整个赛事的五杆洞中，扎克约翰逊没有冒险尝试两杆去攻果岭。《庄子》中有个谦卑、释然接受自己的寓言，讲述了一个于大师的饶有趣味的小故事：

于大师步履蹒跚来到一口井的边上，看着井水中自己的倒影，大叫道：
"天呐！造物主怎么把我弄得这样歪歪扭扭的！"
"你讨厌这歪歪扭扭的样子吗？"于大师自言自语道。
"为什么不讨厌呢？我到底要怨恨什么？如果这样继续造物下去，也许造物主会在某一刻把我的左臂变成公鸡，那样，我就会半夜鸡叫；或者造物主会在另一刻，把我的右臂变成弩弹丸，那我会射下一只猫头鹰烤着吃；再或造物主会把我的屁股变成车轮，这样我的灵魂就会化作一匹马，那我就可以纵横天下

了,如果是这样,还需要马车干吗?"

"接受生命,是因为诞生的时刻到了;某一刻将失去生命,是因为所有的事情已经被经历。享受发生的一切,道法自然地生活,就会不卑不亢地过好这一生"[8]。

这则寓言的重点是,于大师没有刻意去过与他自己现在的生活不同的生活。如果他的手臂变成公鸡,他将以公鸡开始新的一天。想必,如果他的手臂变成高尔夫球推杆,于大师断然不会用这根推杆去代替木杆开球。人生如戏,人生也犹如一场高尔夫。人生也好,高尔夫也罢,都要根植于技能,才能演绎出精彩的故事。

如果你身处美国,美国作为崇尚自由的国家,人们大都会鼓励你,说你可以成为任何你想成为的人,这种格言般的语句虽然很鼓舞人,但我们必须诚实地承认事实并非如此。举例说明:我们不可能都成为科学家,我们也不可能都成为电影明星,我们当然也不可能都成为高尔夫PGA巡回赛的球员。每个人能力不同:智力、魅力、运动能力等都不同,必须承认在很多情况下,再多的练习也无法弥补人们之间这些能力的差距,再多的练习也不能让每个人都做到最好的状态。每个人,不管在高尔夫还是在人生中,成功的诀窍在于要如实地评估自己的能力,实事求是地选择适合的目标并坚持下去。

在高尔夫中,只要不接受自己的局限性,就会受到傲慢意识的负面的影响。如果你妄想在比赛中打出通常要打十次才出现一次的好球,你就会失败,倾尽己力与世界做战是愚蠢的。你什么时候看到过"老虎"伍兹竭尽全力去挥杆击球?很少!"老虎"已经是世界上最好的高尔夫球员了,他的力量允许他可以这样做,他却没这样做。"老虎"伍兹在高尔夫中展示了"道"的灵活性:

人活着,是温煦柔软的,
死了才会僵硬了;
绿色植物柔嫩,充满汁液,
当它们一死,就枯乾了。

呜呼！

僵硬不屈的人，是死亡的行尸，

温柔顺从的人，是生命的婴儿。

一支没有灵活性的军队，永远不会赢得战争，

一棵不弯曲的树木，往往最容易折断。

强者必败，柔弱胜刚强[9]，天道如此。

  高尔夫球手需要保持身体和策略上的灵活性，才能对当下的比赛作出适当的反应。这种当下的力量和决断，让僵硬的身体和固执的思想在不知不觉中夭折、断裂，随挥杆如风一样消散而去。

  现在，假设你的运气极佳，打出了概率极低的好球。这时要特别注意，这个"好运气"可能也会让你因过度自信而在接下来品尝败果。《庄子》说："听过螳臂挡车的寓言吗？螳螂挥舞着它的手臂，怒气冲冲地站在一辆驶来的马车前，不知道它是根本无法阻挡马车的！螳螂对它自己的能力做了过高评估。"[10]

  螳螂之所以会有如此不自量力的举动，是因为它还沉醉在过往用这招对付其他昆虫成功的盲目自信中。螳螂不明白马车的危险，螳螂缺乏对具体情况作具体分析的自知之明。螳螂的寓言，对高尔夫球手的行为虽然也有警示作用，但还不深入。即便螳螂意识到它对马车无能为力，它依然无法改变自己的命运，被马车碾压是宿命。一名高尔夫球手却可以有其他选择。如果你能觉知到超出你能力范围击打的虚妄，就可以选择不同的击球方式。高尔夫的成功，需要你能够觉知幸运球和熟练球的区别，打出幸运球的机遇只是成功的一份犒赏而已。要具备深入的认识，有赖于自我认知能力的提升。

  在高尔夫运动中，要了解和接受自己。没有自我认知和自我接纳，就会挫折和失败。每个人打高尔夫球都有自身的局限性，"老虎"伍兹概莫能外。伍兹和任何高尔夫球手一样，需要知道如何站位，在什么时候应该更大胆些去博取容易的洞，在打难的洞时则要尽量打得保守些以求安全。总会有改进的空间和突破目前能力的机会，但不应该冒过度的风险。要向伍兹学习，对自己的能力了如指掌，在比赛中适当加以应用。同时要明白，接受和顺从还是有区别的，

关于这一点，《庄子》用鸟的寓言给了我们非常形象的启示。

相传有一种鸟叫鹏，背像泰山，翅膀像云雾，肩膀像蓝天大鹏击打出旋风，穿过云雾，跃入空中，上升到九万里之上，然后大鹏转向南方，准备逍遥远遁于南方无尽的黑暗之中。

小鹌鹑笑着对大鹏说："你以为自己要去哪儿呢？我跳一大步，飞上去，在杂草和荆棘丛中扑腾落下，我从来没有飞到十几码远的地方，最好的飞行就是这样吧！"[11]

知道什么时候该要突破自己的极限，要走多远能走多远，是自我认识不可或缺的重要组成部分。

对于一些人，道家的"忘记结果而获得结果""无为而无不为"和"律己才能最终自由"，这些都是表面浅薄的陈词滥调；对于另一些人，这些也是无意义的相互矛盾体，所以都不应该被称为哲学。《道德经》和《庄子》对道德的表述是大道至简的，是用道来颠覆传统意义上的形而上学表达，道不是形而上学中所谓的实体，道是实相，道是真正的存在。在《道德经》和《庄子》中没有西方通常的争论，取而代之的是洞见和寓言，它们提供了有关生活的实用建议。对很多人来说，这些古老的智慧是老生常谈，但其实我们就生活在这种智慧的光芒之中，须臾不离。在高尔夫运动和这些伟大的经文中，找出这些无价的智慧，更好完善你的工作、你的思想、你的情绪、你的人际关系，让这些"慧灯"之光，照亮你美好的生活。

本文并没有涉及道家思想的全部，仅仅列举了对高尔夫运动有指导意义的几个道家思想的例子。高尔夫一如生活中的任何活动一样，都可以从道家的深刻见解中汲取智慧的营养，同时高尔夫和生活也给我们提供了应用这些智慧的绝佳机会。这些智慧能否帮助到人们，不在于有没有聪明的论据来反对或支持这种智慧，聪明的论据可以反对任何事情[12]，而在于这些智慧是否能被应用、是否真的有用。那么，怎么才叫这些智慧真的有用呢？

要回答这个问题，你必须要亲身践行，要与道同在。要和道在一起，但又要远离道。"想象一下，你在道之外或与道分离，能够跟随它却又不跟随它。那会是怎样的一幅场景？你可以想象这样的画面：我们在溪流中亲近流水之道，除此之外，没有别的其他道路。"禅宗里有一句话："言语道断，不立文字。"很抱歉在此用这样意象性的表达，因为没有简单的答案，答案并不简单。把本文当作葵花宝典一样的秘笈，对你的高尔夫修炼不会有太大帮助，如果你想提高，就必须全神贯注，不断挥杆练习，你的身体慢慢就会知道如何击球的奥义了。

道要传递的一个信息是：如果任由心念发展，思想杂念会分散我们宝贵的注意力。这是为什么我们在练习场的果岭上推杆很好，而在真正比赛时在果岭上推杆往往不及练习时的水平。所以下次推击球前，试着让自己平静下来（知道你能够做得更好），去尝试那不尝试的感觉。你不能用努力来平静你的思想，这是自欺欺人。不要试图尝试那不尝试，你必须自然地做到不尝试。在以前的某一刻，你一定这样道法自然为之过，回想一下那时的你是怎么做到的？

当你知晓了不刻意，明白了无为无不为，你就可以忘记所谓的道了。"如果一个人的脚被截肢了，他就不在乎鞋子了。"[14]道家思想，源于《道德经》的第一句话："可以说的道，不是永恒的道。"《庄子》里也有类似心契的表达："文字的存在，是为了意义；一旦得到了意义，就可以忘记文字了。在哪里可以找到一个忘记了文字的人呢？找到了这样的人，就可以真正说一句有意义的话了。"[15]

当打出老庄一样境界的高尔夫球时，那一刻，你在想什么？正是这样的合道念想，驱使你一次次回到高尔夫球场，乐此不疲。

Notes

My thanks to Andy Wible. His feedback has greatly improved this essay.

1. Chuang Tzu：Basic Writings, trans. Burton Watson（New York：Columbia University Press, 1996）, 13.

2. Lao Tzu, Tao Te Ching, trans. Gia-Fu Feng and Jane English（New York：Knopf, 1972）, chap. 1.

3. Chuang Tzu, 122.

4. Lao Tzu, Tao Te Ching：A Book about the Way and the Power of the Way, trans. Ursula K. Le Guin（Boston：Shambhala, 1997）, 7.

5. Chuang Tzu, 46–47.

6. Ibid., 47.

7. Lao Tzu, Tao Te Ching, trans. Feng and English, chap. 2.

8. Chuang Tzu, 80–81.

9. Lao Tzu, Tao Te Ching, trans. Feng and English, chap. 76.

10. Chuang Tzu, 59.

11. Chuang Tzu, 25.

12. Cleverest of all in this case is that both clever and not-clever are part of the Tao, are equal. The Tao is what is, is tautology, is meaningless.

13. Alan Watts, Tao: The Watercourse Way (New York: Pantheon, 1975), 38.

14. Chuang Tzu, 69.

15. Ibid., 140.

七

高尔夫与理想主义

第十四洞
柏拉图和孔子眼中的高尔夫
从现实到理想

斯蒂芬·劳马基斯（Stephen J.Laumakis）

全球环境

除非你是一个勒德主义者[1]（反对新技术、新方法的保守派），或是一个一心只打圣贤球不闻窗外事的狂热高尔夫球迷，否则都会承认全球化趋势已经不可阻挡地到来，并会一直发展下去。世界正变得越来越小，小到像个"村"。遥远地方发生的事，对世界其他地方也会产生影响。借用量子物理的双关语来表达：中国的一只蝴蝶，扇动了一下翅膀，就引发了美国高尔夫球场上空的暴风骤雨！

汹涌的全球化浪潮，把人们紧密联结在一起。人类在所有重要领域，包括经济、政治、宗教、哲学、科学、研究、技术，当然还有体育，无时无刻不在进行令人耳目一新和激动不已的跨界交流。这种跨界大融合给"弄潮儿"带来天赐良机。越来越多的哲学家意识到，充分利用全球化和多元文化及跨文化的多样性，或许会突破传统哲学高高在上、了无生气的象牙塔局限，寻找出探求当代及未来哲学问题的答案之蹊径。近些年，非西方思想的哲学和宗教的书籍[2]不断涌现……毋庸置疑，我们的子孙如果要在二十一世纪生存下去并繁荣发展，学习传统西方以外的知识和方法，是一门必须要做且要做好的功课。学习面向未来的生存之道，可以采用我们创想的下面这个思维实验：体悟东西方圣贤的人生理念和智慧，放飞想象，跟随柏拉图和孔子一起穿越，挥杆在绿草茵茵的高尔夫球场上，在球场上观孔子、观柏拉图。

本文聚焦高尔夫主题，探讨由高尔夫引发的东西方精神碰撞的价值和意义。在思想探秘前，每个人都可以先问问自己：如果柏拉图和孔子现在和你一起站在高尔夫球场上，这两位圣哲作为高尔夫球手将会怎样打好高尔夫呢？再延伸一下，这两位老人家作为当今社会普通的一员，将如何过好一生呢？有一个具体的问题：打高尔夫，是否非要有像泰格·伍兹（Tiger Woods）或厄尼·埃尔斯（Ernie Els）（柏拉图式理想挥杆方式）那样的"完美"的挥杆呢？或者也可以像像李·特雷维诺（Lee Trevino）或吉姆·福瑞克（Jim Furyk）（孔子式实用挥杆方式）那样有自己独特的挥杆之法，同样也取得高尔夫的佳绩？

现实和高尔夫运动的两种观点

具有哲学素养和知识的人，从孔子和柏拉图东、西两个观察角度来思考高尔夫的特质和如何打高尔夫，会是很有意思的事情。尽管新颖的观察角度多少会被质疑（柏拉图给人的印象过于理想化，会令人产生对高尔夫是否实用的担心；孔子的儒家理论则专注在人性和统御艺术上，也会让人产生对高尔夫是否有启发的疑虑）。作为一位美国哲学学者（中国文化是我的一个研究方向），同时作为喜欢高尔夫的哲学教授，我深信，柏拉图和孔子是东西方最具代表性的圣哲，是人类智慧的源头。借助柏拉图的西方理想主义思想，借助孔子东方现实主义思想，一定能对人们认识高尔夫和思考如何打高尔夫提供深远、重要和有效的启发和指导。高尔夫是人们追求美好生活的组成部分，东西方的智慧会贡献强有力的思想力量！

本文聚焦高尔夫的性质、高尔夫的练习，以及高尔夫要达到的目标，在柏拉图和孔子这两位"哲学高尔夫教练"的指导下，读者有幸会有两点深刻感悟：

（1）理想主义者（柏拉图）和现实主义者（孔子）的差异；

（2）东西方两位先哲对高尔夫的不同态度。

因行文需要，我们把柏拉图看作理想主义者（追求终极真相，认可无时间性永恒以及不变的形式世界，不主张物质感官世界）。

在下文中涉及柏拉图的第一部分，会先介绍和认识柏拉图的两种存在观，然后会从形式和物质世界的差异感受高尔夫这项运动（完美高尔夫挥杆以及如何复刻完美挥杆，完美的高尔夫以及如何拥有完美的高尔夫。另外还会涉及高尔夫的定量指标：得分和记分对应的高尔夫差点记分系统等）。

在下文中涉及孔子的第二部分，把孔子作为现实主义或实用主义思想家的典范。首先，我们通过儒家经典著作《大学》，展示令人叹为观止的儒家伦理思想的全景图！然后，散点聚焦在孔子的巨著《论语》上。讨论《论语》时，会引用非常多的《论语》格言警句，它们体现了思想和人类身心灵、真善美之间的天然亲和性。特别有意思和有意义的是，把孔子这些智慧富有想象力地用到高尔夫中，就浑然天成为弥足珍贵的"高尔夫论语"！

结论：要打好高尔夫，需要将东方的现实性（儒家方法）和西方的理想性（柏拉图精神）融会贯通，这样就会有机会悟透高尔夫的神髓。

柏拉图关于现实和高尔夫的观点

理解柏拉图哲学观点最简单的方法，是把它们看作对哲学认识论基本问题的一系列回答，它们涉及认识论的基本问题包括知识的性质、起源和局限性：知识与观点不同吗？以什么方式不同？什么是知识和观点分别对应的客体？人们如何"知道"事情的实相？为帮助澄清这些问题，我们需要先看一下这些问题产生的历史背景。

柏拉图思想是西方的思想源泉，要追溯它就要回到古希腊。思考柏拉图哲学观的一种方式是，将其视为是从古希腊关于现实的基本性质以及人们应该如何面对现实和生活的思考方式的一系列思想嬗变中涌现而来的。在西方，最早试图解释现实的是Homer 和Hesiod，他们冥思苦想生存中根本性的问题（生死，生命，生命的能量从何而来，生命的传承，干旱和洪水为什么周而复始出现……)。最终他们把这一切归于有一个万能的上帝。这种撒手上帝的观点，很快被前苏格拉底派思想家质疑，这些思想质疑者更倾向于用自然的原因来解释自然的现象，我们把他们称作"原始的哲学家和科学家"。这些原始的哲科思想家声称，他们对现实有更好的解释，因为相比依靠神秘和故事解释复杂的现实，立足于依靠人人本具的能力，用实事求是的思辨和证据，更有助于人们去认识现实。持有这种观点的思想家（包括泰利斯、阿那克西曼德、阿那克西曼德、毕达哥拉斯、赫拉克利特、帕门尼德斯、阿那克萨哥拉斯、泽诺、恩佩多克勒斯和德谟克利特）用了近两百年的时间，试图弄清楚现实是一个还是多个，是永恒的还是变化的，终极真相是可被感知的还是只能被推理的，或是二者兼具。一路思辨下来，根本就不能就这些问题寻求到答案。于是在他们之后，出现了不同的思想家群体——爱智者，尝试用新的途径去猜想和解答这些终极性的问题。

　　爱智者们是巡回的修辞学教师，他们能言善辩，游学在古希腊不同的城邦，广收弟子，传道授业解惑，他们为他们的"智慧"收取费用，同时在这种西式的"论语"辩答中，爱智者们逐渐认识到，前苏格拉底派之间持续两百年的分歧清楚地表明，那些先辈致力要解决的问题没有真正的或最终的答案，因此爱智者提倡一种怀疑主义，即永远不可能找到关于现实的最终真理。这些爱智者在各地游学讲道，由于受到持有不同信仰和实践的人们的抨击，他们认识到，一个人对现实的看法与其说是某种普遍绝对的道理，不如说是来源于其个人所处的现实。因此爱智者们提倡一种相对主义，主张罗马的事归罗马管、凯撒的事归凯撒管。怀疑论和相对主义的结合导致智者群体拒绝接受前苏格拉底的哲学观，他们认为哲学是要寻找现实问题的答案的，哲学的目的和主要的关注对象应该是帮助人们幸福地对待每个人仅有一次的宝贵生命。因此，这些智者思想家，将哲学从过去仰望星空观想宇宙，转到对人类事务更实际的关切，即聚焦在关心每个人如何才能过好自己的一生。爱智者认为，生命和生活的能力和智慧是需要被教育的。这种观点十分契合后来苏格拉底的那句名言：未经审视的人生，是不值得过的人生！苏格拉底的弟子柏拉图（本文两个主角之一），在老师思想的基础上给出了究竟意义上的答案，这些答案迄今为止还被很多学者认为是西方思想的唯一根源！

根据苏格拉底的观点，人类美好或良好的生活在于追求智慧（哲学philosophy这个词的本意，从词源来讲由两部分组成：philo是热爱；sophia是智慧）、对现实的认识和对灵魂的关怀。未经审视的人生，是不值得过的人生[3]。真正美好的生活，不依赖金钱、权力、名声、政治地位、物质财富以及声名显赫这些外在因素。柏拉图的观点，是对恩师苏格拉底以及更早的希腊先哲们一系列思考的总结和精进。

从古希腊思想史一脉下来，我们知道柏拉图的答案主要是从区别知识和观点开始的：前者是不变的、客观的、普遍的；后者是变化的、主观的、依赖事物的变化而变化的。两者最根本的区别是知识是不变的，观念是可以修改的。鉴于周围物质世界是明显变化的事实，柏拉图提出以下论点，即存在一个不同的、独立的领域，对应于感官世界中的对象作为适当的知识对象。

观点1：

如果感官世界中物体的知识是不可能的，那么要么根本就没有知识，要么必然存在由知识物体组成的其他存在领域。

观点2：

不存在根本没有知识的情况（如果一个人声称自己是无知的，那么至少他知道他是无知的，这一点也是知识）。

观点3：

对感官世界中物体的认识是不可能的（因为其对象不断在变化）。

结论：

所以，一定有其他领域的存在，其中包含知识的对象。

这个其他领域的存在，是一个形式的领域，具有无时间性、永恒性的思想和模式（如"完美"高尔夫挥杆），这个形式世界是感官世界中一切的原件（如每个人独特的、特定的挥杆），这个形式世界渗透到感官世界的方方面面。这个形式世界是不变的，因而也是最精确的。正是从这个形式世界，一个人的灵魂在摆脱了与以前的形体接触之后，得以进入他的身体；同样，也正是有了这个形式世界，一个人的灵魂在人死亡以后或灵魂与身体分离之后，会得以再次返回该形式世界，但前提是，他要学习过哲学，净化过他的灵魂，并通过哲学学习和生活历练为回归形式世界做好准备。芸芸众生的大多数穷其一生追求物质生活，没有哲学精神，也不去追求智慧，大多数人最终只会轮回，可能再生为人，但大概率是轮回为畜生。这是柏拉图从古希腊先辈思想家对形式世界和感官世界的争论中得出的结论。

诚然，全面细致分析柏拉图的观点，并非本文旨趣，但通过对柏拉图观点的认识，可以把它应用到高尔夫上并激发出智慧为我们所用。

根据柏拉图的描述，感官世界中的每一个事物都是形式世界中一个原始的、永恒的、不变的形式的复制品。例如，你的高尔夫球袋中的每一个高尔夫球，不管是Titleist的、Nike的、Precept的或者是破旧不堪的练习球，所有这些现实世界中的高尔夫球，都只是形式世界中神圣高尔夫球的一个化身。以此类推，你的高尔夫挥杆、高尔夫杆、高尔夫球包、高尔夫球座和你在高尔夫比赛中所使用的任何其他物品概莫能外。现实高尔夫中的每一项事物都是一种永恒性的复制品或粗略的近似品，都是高尔夫形式世界中所对应形式的现实存在。柏拉图说，形式的存在是对任何特定事物存在的唯一合理解释，也是对任何特定事物到底是什么事物的最终解释。

正如柏拉图所看到的，解释事物如何存在（或者更准确地说，它们只是形式世界的复制品或复刻）和我们如何认识它们（通过形式世界中的预先存在，通过复制品的感官体验触发的回忆或记忆）的唯一方法是要证明存在两种不同类型或层次的领域世界（尽管如此，感官世界和形式世界也通过被称为"参与"的神秘关系而联系在一起）。形式世界和感官世界的这一区别让人们知道感官世界中围绕我们的物体，仅仅是其原始不变蓝图或图案的复制品或仿制品。例如，完成一次高尔夫挥杆，按柏拉图思想的叙事，为完成这次现实世界中的挥杆，形式世界中的高尔夫球、高尔夫包、高尔夫杆，当然也包括完美的高尔夫挥杆动作本身，都参与了完成这一次现实世界挥杆的协同、协作工作。

柏拉图这种形而上学和认识论上的观点，可用于任何存在事物，如游戏或规则以及各种各样的行为或性质。但是我们也必须指出，柏拉图完美形式的观点也并非毫无争议，一方面它要面对亚里士多德的理论批判，另一方面柏拉图自己也对头发、土地、脏东西和其他低劣的事情是否来自他认为的那个纯粹的形式世界有所怀疑。即便如此，有意思的是，他在《理想国》第十章中声称，床和桌子也有一种理想的形式，因此形式观念可以延伸到高尔夫球、高尔夫球杆、高尔夫球座等这些人造物品上。

在对柏拉图观点的解读中，高尔夫的游戏规则和高尔夫礼仪有其形式或范例，正如既有这个世界的法则，也有黑社会的法则一样。高尔夫球比赛和高尔夫运动的其他方面，都对应有无时间性的永恒的形式存在。换句话说，有一种高尔夫形式存在，有一种挥杆形式存在，有一种木杆开球形式存在，有一种切杆和推杆形式存在。就我个人的体悟，在打球过程中，我常常试图把这些不同的高尔夫形式发挥出来。发挥形式的完美度，决定了打的好坏程度。像《查理布朗的圣诞树》中的圣诞树是永恒不变的完美圣诞树的可怜复制品一样，我自己的高尔夫动作通常都是对高尔夫完美形式动作的拙劣模仿，我的挥杆在形式上更接近查理的圣诞树，而不是更完美地模仿了"老虎"伍兹的柏拉图式完美挥杆和菲尔·米克尔森的挥杆。我说我的高尔夫挥杆很差劲，并不意味着我在球场上是不追求高尔夫优雅形式挥杆的差生和笨蛋。事实上，我妻子和我的高尔夫球伴经常会夸我是多么追求完美挥杆甚至会意识到与完美挥杆的差距，这些赞美有警醒的作用，并让我感觉到自己与完美的表现还有多大差距，时刻提醒自己打高尔夫的目的不是追求获得标准杆数成绩，而是追求那个无时间性的、永恒的、不变的真正的高尔夫完美形式。打高尔夫与其说是一项运动，毋宁说更像是个人追求理想的一种境界修行。

孔子关于现实与高尔夫的观点

当我们把注意力转向东方和孔子的哲学观点时，我们进入了一个明显不同的文化世界观，会极大激发我们去追问现实、价值、知识甚至高尔夫的本质，产生豁然开朗的认知，有利于更好地理解孔子有关现实本质的观点、人们是如何认识现实的以及我们在现实中扮演角色的各种方式。我认为，尽管柏拉图和希腊人一般都有兴趣弄清什么是现实，但相比而言，孔子、道家和中国人对如何与他人、与世界相处更为感兴趣。

与其像西方那样，将生活或打高尔夫球看作一种对所涉及事物种类及其性质的科学知识的追求（像利用物理、工程、冶金等科学建造桥梁或铺设管道），不如从中国采取的艺术和美学方式来看一个人应该如何追求美好生活和打好高尔夫：要看重事物的自性平衡性（画一幅山水画，烹饪一顿美味佳肴，将做什么和如何做，以艺术的方式和谐地融入具体实践）。《孙子兵法》的英文译法是"战争的艺术"，生活的艺术、高尔夫的艺术和战争的艺术是一样的，都是一种感觉、一种境界。

理解孔子哲学观的一个最简单的方法是将其视为对伦理学中基本问题的系列回答。这些基本问题涉及好与坏、对与错的行为，更广泛地说，涉及一个人应该如何生活才能成为最好的人：一个人应该如何成为一个人而让生命得以圆融？做什么才能让生命得以圆融？哪些行动会助益生命的圆融？有没有评价生命圆融的标准？如果有，这个标准是什么？如何知行合一地践行这个标准？显而易见，柏拉图和孔子在关乎人生和高尔夫的认识上有本质不同。我们思考孔子和柏拉图两者思想迥异，实际上是在品味人生和高尔夫体现的东西方的思想分野。

孔子的思想兴起于中国春秋战国时期。春秋战国是中国从氏族社会过渡到封建社会的重要分水岭。孔子所处的时代，也是周礼礼崩乐坏后的"末法"时代。战国出现的原因之一也是文明的失败。

一部分臣民辜负了先王所创造和制定的崇高的社会和道德文化标准，选择了一条自私自利的道路。孔子认为周文王是伟大的社会家和政治家，周文王制定的周礼，是中国人之所以成为中国人的规制基础之一。孔子言下的周礼，指的是把人的基本动物性生存需求像对食物的需求、对性的需求，通过合乎人性的文化加以规范：把吃提升到餐饮文化，把性上升到婚姻，把杂音变成音乐，把本能涂鸦变成绘制艺术作品。孔子认为礼崩乐坏的根本原因，是人们偏离了周礼治下的高尚社会文化生活，渐渐变成了追求自私自利之徒。

对于混乱时代的解决之道，孔子建议要回到周文王和先贤所遵循的那个"道"中去：个人的美德与社会和谐共生。孔子是当之无愧的现实主义和实用主义的大师，无时无刻不在孜孜以求当下问题的解决之道。

为了阐述孔子儒家思想的现实主义和实用主义，我想读一读《大学》和《论语》，可以帮助我们了解到孔子的儒家思想为什么和如何关注人人都面临的一个突出的实际问题：如何与他人、与世界以及其中所蕴含的力量相处。

儒家《大学》源自《礼记》，被认为是儒家伦理的纲领性大纲，它提倡自身的修养要符合先贤圣王所推崇的贤明道德的仪轨，这是健康社区与和谐社会一切事情的根基。事实上，儒家经典的《大学》教义，上至宏观层面国度的德行，下达国家和家庭（即社会道德），最终通达个人修身、诚意、正心、致知、格物的微观层面，即落实到每个人的心灵、思想的各个方面。《大学》是令人叹为观止的全景式儒家思想长卷。（有关《大学》的更深入阐释，见本文作者写的第三洞文章）。

《论语》是孔子弟子整理的孔子和学生的对话集。在本书第三洞文章中（《人生与高尔夫的知行漫记——跟随孔子和本·霍根一起探寻高尔夫的"公平的道路"》），我提到过论语的基本思想：

孝：孝顺和家庭价值观。

礼：礼仪。

义：道德上的适当性。

仁：道德和行为上，受人垂范的榜样。

按照孔子《论语》的教诲，完全自我实现的人①，是孝顺的人（1.2）（According to Confucius, fully realized persons are filial）②，是竭尽全力兑

---

① 西方马斯洛模型最高的顶峰就是"人的自我实现"，在这里跟孔子的仁者和作者心目中高尔夫的理想榜样（高尔夫仁者）是暗合的！——译者注

② 子曰："其为人也孝弟，而好犯上者，鲜矣；不好犯上，而好作乱者，未之有也。君子务本，本立而道生。孝弟也者，其为仁之本与！"有子说："孝顺父母，顺从兄长，而喜好触犯上层统治者，这样的人是很少见的。不喜好触犯上层统治者，而喜好造反的人是没有的。君子专心致力于根本的事务，根本建立了，治国做人的原则也就有了。孝顺父母、顺从兄长，这就是仁的根本啊！"（Somebody said, Those who in private life behave well towards their parents and elder brothers, in public life seldom show a disposition to resist the authority of their superiors. And as for such men starting a revolution, no instance of it has ever occurred. It is upon the trunk that a gentleman works. When that is firmly set up, the way grows. And surely proper behavior towards parents and elder brothers is the trunk of Goodness.）——本部分每一条脚注共包括三个部分：第一部分，《论语》中文原文；第二部分，上述中文原文的白话文；第三部分，英文为外语教学与研究出版社1998年9月出版的中英文版《论语》（Arthur Waley 译）中对此段文字的英文翻译。下同。译者注

现承诺的人（1.8）（do their utmost, make good on their word）①，是不作恶的人（4.4）（do no wrong）②，是迎难而上的人（6.22）（deal with difficulties）③，是在寻求成全自己的过程中，成全他人的人；是在寻求提升自己的过程中，提升他人的人；是与身边的人一起互帮互助的人（6.30）（establish others in seeking to establish themselves, and promote others in seeking to promote themselves—that is, they correlate their conduct with that of those near at hand）④，是将目光投向"道"，以卓越激励自己，并将实践作为艺术一样精益求精的人（7.6）（They also set their sights on the Tao, sustain themselves with excellence, and practice the arts）⑤，是恪尽职守，做需要做之事的人（7.30）

---

① 子曰："君子不重，则不威；学则不固。主忠信，无友不如己者。过则勿惮改。"**孔子说："君子，不庄重就没有威严；学习可以使人不闭塞；要以忠信为主，不要同与自己不同道的人交朋友；有了过错，就不要怕改正。"**（The Master said, If a gentleman is frivolous, he will lose the respect of his inferiors and lack firm ground upon which to build up his education. First and foremost he must learn to be faithful to his superiors, to keep promises, to refuse the friendship of all who are not like him. And if he finds he has made a mistake, then he must not be afraid of admitting the fact and amending his ways.）

② 子曰："苟志于仁矣，无恶也。"**孔子说："如果立志追求仁德，就不会做坏事了。"**（the Master said, He whose heart is in the smallest degree set upon Goodness will dislike no one）.

③ 樊迟问知。子曰："务民之义，敬鬼神而远之，可谓知矣。"问仁。曰："仁者先难而后获，可谓仁矣。"**樊迟问孔子怎样才算是智，孔子说："专心致力于（提倡）老百姓应该遵从的道德，尊敬鬼神但要远离它，就可以说是智了。"樊迟又问怎样才是仁，孔子说："仁人对难做的事，做在人前面，有收获的结果，他得在人后，这可以说是仁了。"**（Fan Chih asked about wisdom. The Master said, He who devotes himself to securing for his subjects what it is right they should have, who by respect for the Spirits keeps them at a distance, may be termed wise. He asked about Goodness. The Master said, Goodness cannot be obtained till what is difficult has been duly done. He who has done this may be called Good.）

④ 子贡曰："如有博施于民而能济众，何如？可谓仁乎？"子曰："何事于仁！必也圣乎？尧舜其犹病诸！夫仁者，已欲立而立人，已欲达而达人。能近取譬，可谓仁之方也已。"**子贡说："假若有一个人，他能给老百姓很多好处又能周济大众，怎么样？可以算是仁人了吗？"孔子说："岂止是仁人，简直是圣人了！就连尧、舜尚且难以做到呢。至于仁人，就是要想自己站得住，也要帮助人家一同站得住；要想自己过得好，也要帮助人家一同过得好。凡事能就近以自己作比，而推己及人，可以说就是实行仁的方法了。"**（Tzu-kung said, If a ruler not only conferred wide benefits upon the common people, but also compassed the salvation of the whole State, what would you say of him? Surely, you would call him Good? The Master said: It would no longer be a matter of 'Good'. He would without doubt be a Divine Sage. Even Yao and Shun could hardly criticize him. Aa for Goodness–you yourself desire rank and standing; then help others to get rank and standing. You want to turn your own merits to account; then help others to turn theirs to account–in fact, the ability to take one's own feelings as a guide–that is the sort of thing that lies in the direction of Goodness.）

⑤ 子曰："志于道，据于德，依于仁，游于艺。"（**孔子说："以道为志向，以德为根据，以仁为凭藉，活动于（礼、乐等）六艺的范围之中。"**（The Master said, Set your heart upon the Way, support yourself by its power, lean upon Goodness, seek distraction in the arts.）

(They do what needs to be done)①，是自己不断学习，同时孜孜不倦指导他人的人（7.34）(and they continue to study without respite and instruct others without growing weary)②，是自律并遵守礼节的人（12.1）(They are self-disciplined and observe ritual propriety, or Li)③，是如果不以某种方式对待自己，就不会以这种方式对待别人的人（12.2）(they do not do to others what they do not want done to themselves)④，是说话迟缓但行动坚定的人（4.24）(and they are slow to speak and unrelenting in action)⑤，不仅爱

---

① 子曰："仁远乎哉？我欲仁，斯仁至矣。" 孔子说："仁难道离我们很远吗？只要我想达到仁，仁就来了。"（The Master said, Is Goodness indeed so far away? If we really wanted Goodness, we should find that it was at our very side）

② 子曰："若圣与仁，则吾岂敢？抑为之不厌，诲人不倦，则可谓云尔已矣。" 公西华曰："正唯弟子不能学也。" 孔子说："如果说到圣与仁，那我怎么敢当！不过（向圣与仁的方向）努力而不感厌烦地做，教诲别人也从不感觉疲倦，则可以这样说的。" 公西华说："这正是我们学不到的。"（The Master said, As to being a Divine Sage or even a Good Man, far be it from me to make any such claim. As for unwearying effort to learn and unflagging patience in teaching others, those are merits that I do not hesitate to claim. Kung-his Hua said, the trouble is that we disciples cannot learn！）

③ 颜渊问仁。子曰："克己复礼为仁。一日克己复礼，天下归仁焉。为仁由己，而由人乎哉？" 颜渊曰："请问其目。" 子曰："非礼勿视，非礼勿听，非礼勿言，非礼勿动。" 颜渊曰："回虽不敏，请事斯语矣。" 颜渊问怎样做才是仁。孔子说："克制自己，一切都照着礼的要求去做，这就是仁。一旦这样做了，天下的一切就都归于仁了。实行仁德，完全在于自己，难道还在于别人吗？" 颜渊说："请问实行仁的条目。" 孔子说："不合于礼的不要看，不合于礼的不要听，不合于礼的不要说，不合于礼的不要做。" 颜渊说："我虽然愚笨，也要照您的这些话去做。"［Yen Hui asked about Goodness. The Master said, `He who can himself submit to ritual is Good. If (a ruler) could for one day `himself submit to ritual`, everyone under Heaven would respond to his goodness. For Goodness is something that must have its source in the ruler himself, it cannot be got from others. Yen Hui said, I beg to ask for the more detailed items of this (submission to ritual). The Master said, to look at nothing in defiance of ritual, to listen to nothing in defiance of ritual, to speak of nothing in defiance of ritual, never to stir hand or foot in defiance of ritual. Yen Hui said, I know that I am not clever, but this is a saying that, with your permission, I shall try to put into practice］

④ 仲弓问仁。子曰："出门如见大宾，使民如承大祭。己所不欲，勿施于人。在邦无怨，在家无怨。" 仲弓曰："雍虽不敏，请事斯语矣。" 仲弓问怎样做才是仁。孔子说："出门办事如同去接待贵宾，使唤百姓如同去进行重大的祭祀，（都要认真严肃。）自己不愿要的，不要强加于别人；做到在诸侯的朝廷上没人怨恨（自己）；在卿大夫的封地里也没人怨恨（自己）。" 仲弓说："我虽然笨，也要照您的话去做。"（Jan Jung asked about Goodness. The Master said, Behave when away from home as though you were in the presence of an important guest. Deal with the common people as though you were officiating at an important sacrifice. Do not do to others what you would not like yourself. Then there will be no feelings of opposition to you, whether it is the affairs of a State that you are handling or the affairs of a Family.）

⑤ 子曰："君子欲讷于言而敏于行。" 孔子说："君子说话要谨慎，而行动要敏捷。"（The Master said, A gentleman covets the reputation of being slow in word but prompt in deed.）

他人（12.22）（They not only love others）①，也是坚定的、坚决的、诚实的人（13.27）（but are also firm, resolute, honest）②，是大胆自信的人（14.4）（bold）③，是不焦虑的人（14.28）（and not anxious）④，是博学但专注于目的的人，是不断提问又仔细思考眼前问题的人（19.6）（They study broadly yet are focused in their purposes; and they inquire with urgency yet reflect closely on the question at hand）⑤。

  上面精心摘录出的《论语》的众多格言，从锚定如何成为西方马斯洛理论之顶峰的"自我实现的人"开始，到孔子下面这两句话作为收官，读罢禁不住

---

① 樊迟问仁。子曰："爱人。"问知。子曰："知人。樊迟未达。子曰：'举直错诸枉，能使枉者直。'"樊迟退，见子夏曰："乡也吾见于夫子而问知，子曰：'举直错诸枉，能使枉者直'，何谓也？"子夏曰："富哉言乎！舜有天下，选于众，举皋陶，不仁者远矣。汤有天下，选于众，举伊尹，不仁者远矣。"樊迟问什么是仁。孔子说："爱人。"樊迟问什么是智，孔子说："了解人。"樊迟还不明白。孔子说："选拔正直的人，罢黜邪恶的人，这样就能使邪者归正。"樊迟退出来，见到子夏说："刚才我见到老师，问他什么是智，他说'选拔正直的人，罢黜邪恶的人，这样就能使邪者归正。这是什么意思？"子夏说："这话说得多么深刻呀！舜有天下，在众人中逃选人才，把皋陶选拔出来，不仁的人就被疏远了。汤有了天下，在众人中挑选人才，把伊尹选拔出来，不仁的人就被疏远了。"（Fan Chih asked about the Good（ruler）. The Master said, He loves men. Fan Chih did not quite understand. The Master said, By raising the straight and putting them on top of the crooked, he can make the crooked straight. Fan Chih withdrew, and meeting Tzu-hsia said to him, Just now I was with the Master and asked him about the wise（ruler）. He said, by raising the straight and putting them on top of the crooked he can make the crooked straight. What did he mean? Tzu-hsia said, oh, what a wealth of instruction is in those words! When Shun had all that is under Heaven, choosing from among the multitude he raised up Kao Yao, and straightway Wickedness disappeared. When Tang had all that is under Heaven, choosing from among the multitude he raised up I Yin; and straightway Wickedness disappeared.）

② 子曰："刚、毅、木、讷近仁。"孔子说："刚强、果敢、朴实、谨慎，这四种品德接近于仁。"（The Master said, Imperturbable, resolute, tree-like, slow to speak-such a one is near to Goodness.）

③ 子曰："有德者必有言，有言者不必有德。仁者必有勇，勇者不必有仁。"孔子说："有道德的人，一定有言论，有言论的人不一定有道德。仁人一定勇敢，勇敢的人不一定有仁德。"（The Master said, One has accumulated moral power（Te）will certainly also possess eloquence, but he who has eloquence does not necessarily possess moral power. A Good Man will certainly also possess courage; but a brave man is not necessarily Good.）

④ 子曰："君子道者三，我无能焉：仁者不忧，知者不惑，勇者不惧。"子贡曰："夫子自道也。"孔子说："君子之道有三个方面，我都不能做到：仁德的人不忧愁，聪明的人不迷惑，勇敢的人不畏惧。"子贡说："这正是老师的自我表述啊！"（The Master said, The Ways of the true gentleman are three. I myself have met with success in none of them. For he that is really Good is never unhappy, he that is really wise is never perplexed, he that is really brave is never afraid. Tzu-kung said, That, Master, is your own way!）

⑤ 子夏曰："博学而笃志，切问而近思，仁在其中矣。"子夏说："博览群书广泛学习而已记得牢固，就与切身有关的问题提出疑问并且去思考，仁就在其中了。"（Tzu-hsia said, One Who studies widely and with set purpose, Who questions earnestly, then thinks for himself about what he has heard such a one will incidentally@ achieve Goodness.@: CF（论语）. II, 18; VII, 15; XIII, 18; XV, 21）

抚句长叹：甚至连孔子本人，也不认为他自己在活成君子方面取得进步（7.33）（even Confucius himself did not think that he had made much progress in trying to live the life of an exemplary person）①，更别说把自己当成圣人了（7.34）（let alone consider himself a sage, or ren）②。

上面这些动人心魄的《论语》中十八句信手拈来的警句，围绕着马斯洛理论中何为自我实现的人（也就是何为高尔夫仁者！）这个核心点展开，通过《论语》思想组歌气势磅礴地层层递进，完美地展现出精神追求的绚烂之美！这组《论语》智慧思想的组歌，不是在说孔子已经达到了仁者的境界，而是表明孔子一直在追求这种境界！这种追求卓越品质的精神，是在慈悲地提醒生而为人的每一个人，要善待自己、善待他人、善待所有事物包括有些难度的高尔夫，在任何时间、任何地点、以任何方式都应当秉持正念。只要矢志不渝地追求卓越，就是在朝自我实现的仁者方向行进和精进。

用孔子思想观察高尔夫会蓦然惊觉，孔子儒学的人文高尔夫与柏拉图哲学的精神高尔夫，两者有着多么根本的不同啊！柏拉图主张，人不管在生活还是高尔夫中，都要按理想标准达到的抽象的形式模型；孔子的主张则更接地气，更言之有物，更适应周遭环境，不似柏拉图所教导的，让生活和高尔夫时时处于超越和极端的紧绷之中。与此相反，沐浴在孔子的思想之中，经由长期的实践，经历失败和挫折，不断磨合伙伴关系，不管在生活还是高尔夫中，就会逐渐变得实事求是，更能适应变化的环境，个中原因在于最大的实相是：唯一不变的，是一切都在变！深谙孔子思想的人和高尔夫球手，已经不会被另一个世界虚幻的完美形式标准所驱动和诱惑（例如要打一场完美的高尔夫），而是会与

---

① 子曰："文，莫吾犹人也。躬行君子，则吾未之有得。"**孔子说："就书本知识来说，大约我和别人差不多，做一个身体力行的君子，那我还没有做到。"**（The Master said, As far as taking trouble goes, I do not think I compare badly with other people, But as regards carrying out the duties of a gentleman in actual life, I have never yet had a chance to show what I could do.）

② 子曰："若圣与仁，则吾岂敢？抑为之不厌，诲人不倦，则可谓云尔已矣。"公西华曰："正唯弟子不能学也。"**孔子说："如果说到圣与仁，那我怎么敢当！不过（向圣与仁的方向）努力而不感厌烦地做，教诲别人也从不感觉疲倦，则可以这样说的。"公西华说："这正是我们学不到的。"**（The Master said, As to being a Divine Sage or even a Good Man, far be it from me to make any such claim. As for unwearying effort to learn and unflagging patience in teaching others, those are merits that I do not hesitate to claim. Kung-his Hua said, the trouble is that we disciples cannot learn.）

当下的环境和情境建立起和谐的、欢欣鼓舞的自在互洽关联，在圆融的过程中，找到自己的那颗柔软、灵活、坚定、追求完美的道心（静如处子而又动如脱兔，坦然接受完美和不完美的一杆）。

孔子和柏拉图，代表着东西方对待现实生活和高尔夫上本质不同的认识。柏拉图式的高尔夫拥趸更像哲学王国中的高尔夫选手，把永恒的形式作为生活和高尔夫的指导原则，有点像远离草皮、泥土以及沙坑的泰格·伍兹，打着没有瑕疵的、理想的、遥远救世主般的高尔夫。遵从孔子之道的高尔夫球手，则更像具有亲和力的高尔夫仁者，在实践中练就娴熟技巧，灵活应对各种变化和不可预测的情况，像菲尔·米克尔森发现他的球落到沙坑中且球位极差，却打出了让所有人都不可置信的扭转乾坤一球！

其实，要完整比较孔子和柏拉图这两位东西方顶尖圣哲的思想是很难的。如果硬要对比理性抽象和纯粹的形式（柏拉图式完美挥杆）以及感性的坚实和全观考虑的实践（孔子式灵活方式），很难说两者哪一个对结果影响的权重更大。柏拉图和孔子的两种思想各有千秋，我们关心的是，如何把两者扬长避短、互相结合起来，把完美的追求与实事求是在打球中结合起来，这样才会广阔球场，大有作为……

柏拉图和孔子关于现实和高尔夫观点的融合

要找到融合柏拉图和孔子的路径，就要认识到理想主义和实用主义学说，两者都需要互相平衡：柏拉图派需要加入一些实践诀窍；而孔子儒学则要在灵活变化中加上些许稳定性因素。

柏拉图似乎已经意识到了其理想主义的明显缺点，所以他在《理想国》一书中坚持对那些最终将成为哲学家统治者的人进行实践的训练。尽管这些人倾向于把时间花在对永恒和不变形式的哲学思考上，然而柏拉图却坚持认为，好的领导者必须具备一定的实践经验。在柏拉图的慧眼中，好的领导既是满腹经纶的，也是蕴含实践真知的。

儒家的后继者似乎也意识到，孔子有关现实世界绝对实用的方法，需要用永恒不变的礼的稳定性、可靠性和可预测性相平衡和锚定，以避免相对主义的指控，这样也可以规避依靠经验决策所带来的错误风险。

对孔子和柏拉图观点的每一种反思和矫正，无论是单独考虑还是综合考虑，似乎都表明了在理想主义与现实实用主义之间取得平衡的认识的必要性，以及在实践知识与理论洞察和相互理解之间取得平衡之必要。

在日常的高尔夫运动中践行高尔夫的理想

当我们虔敬地将柏拉图和孔子的智慧融会贯通地应用到高尔夫中，会体悟到一种平衡的、和谐的、驾驭的感觉，这种美好的感觉会帮助我们惬意、轻松地享受美妙的高尔夫……

对高尔夫产生如此美妙感觉的原因在于，高尔夫运动有柏拉图式的理想主义血统（规则和礼仪、标准杆、差点记分系统等理念）。每个球手都知道，说到底，高尔夫完全是头脑的游戏，追求完美的冲动是让球手对高尔夫欲罢不能的根本诱因。但是，在每一场高尔夫中，需要根据不同情形作出决策，比如在五杆洞时，是激进一些争取打出标准杆好，还是仍然保持自然的心态正常打就好？再比如，开球时，是用木杆追求距离和炫酷的感觉呢，还是用铁杆来保证精准的控制性？凡此种种都表明，要打出一场完美的高尔夫，需要不断地修正、精进。

还有一点原因，就是在追求完美的道路上，一定会经历艰辛甚至痛苦，但只要坚持不放弃，必定会找到解决问题的智慧：比如，如何应对杆头"啃地"的尴尬，如何接受挫折，在充满变数的下一杆中，打出比标准杆多一杆甚至多两杆。

柏拉图完美理想和孔子实用实践的初衷，不是要让人们在追求卓越中因面临挑战、困难退缩和裹足不前，而是鼓励人们积极进取、勇往直前。对于每个人来讲，最好的方式是将东方孔子和西方柏拉图的智慧圆融于一身，以审慎的智慧去追求完美，在此过程中坦然接受挥杆的错误等挫折。失败是成功之母，有时最好的击球是不完美挥杆的结果。永远要相信，不断去做，就会有好结果。人啊,拿起球杆,爽打起来!柏拉图和孔子与你同在。

Notes

1. Possibly named after Ned Ludd, an eighteenth-century Leicestershire workman who destroyed knitting frames, the name refers more broadly to anyone who is opposed to technology and technological change.

2. Stephen J. Laumakis, An Introduction to Buddhist Philosophy(Cambridge:Cambridge University Press, 2008), xiii.

3. Socrates, Apology, 38a(my translation).

4. All citations are from The Analects of Confucius: A Philosophical Translation, trans. Roger T. Ames(New York: Ballantine Books, 1999).

第十五洞
"完美"挥杆和"完美"身体
最优化之谜

杰森·霍尔特（Jason Holt）和劳伦斯·E. 霍尔特（Laurence E.Holt）

体育运动迷人从而引人入胜，特别当运动与出神入化的技艺相伴，博得潮水般的赞誉和狂热崇拜时，更是如此。高尔夫就是这样令人心旌摇荡的运动。对于劳苦大众——我们中的大多数人——来说，高尔夫的挥杆动作，是最令人产生挫败感、复杂难懂的一套精巧的动作体系。毫不夸张地说，高尔夫是所有运动中最难驾驭的。打高尔夫的人，没有谁不想精进自己的挥杆，但对大多数人而言，这个愿望似乎高不可攀、遥不可及。高尔夫球手对完美挥杆动作的追求，让自己从还好变得更好、从更好变得最好。这种从平凡到优秀、从优秀到卓越的精气神，充盈于高尔夫圈。

那么，怎样开始高尔夫的卓越追求之旅呢？当然，需要下场打高尔夫，要大量练习，与此同时还需要寻求各种帮助：课程、书籍、杂志，以及有"良好口碑"可带来启示的各种资讯。请先不要质疑上面建议的可靠性，这些建议不过是表明高尔夫挥杆是一种技术熟练动作，存在着一种完美形式的挥杆以及如何运用最好的方式达到完美挥杆。一言以蔽之，隐藏着指导挥杆的"葵花宝典"。具有讽刺意味的是，当前在高尔夫圈子中流行的所谓最优模式，虚设了一些对完美高尔夫动作无关紧要甚至有害的目标，这样不仅不能改进高尔夫动作，反而会损伤身体。所以，我们必须引入人体运动学理论指出这个错误并加以纠正。人体运动学是对人体运动的研究，像其他学科一样，是帮助我们明晰相关核心观念和基本原理的一种思想学问。

下面，我们集中讨论两个错误且自相矛盾的试图优化高尔夫动作的方案："高尔夫挥杆平均数据模式"和"运动员素质模式"。虽然这两种方案在高尔夫界很流行，但遗憾的是，它们并不具备强有力的理论依据支持，反而存在着大量不利的证据。"平均数据模式"主张：最优挥杆，就是对精英级球员的挥杆特性进行数学建模，取平均值作为理想挥杆目标，以此塑造所有球手的挥杆动作。"运动员素质模式"则假定：在其他条件一样的情况下，越是身体素质优秀的运动员，越能打好高尔夫，此方案开出的方子，是要进行各种交叉训练和综合体能训练，最大化提高高尔夫球员的运动员素质。

我们认为这两种解决方案，前者只是按单一的完美模型，把高尔夫挥杆的教学和动作做了简单而粗暴的分解；后者则是把高尔夫拔高到似乎只有运动健将才能参加的纯粹的体育运动项目。这两种思想的结果是，对那些挥杆动作古怪、没有运动天赋的高尔夫球手形成审美偏见，忽视了这两种风格的球手在最顶级的比赛中也取得了巨大成功的事实。

为反驳"平均数据模式"，我们提出了多样化的观点：不存在适用于每一个人的所谓完美挥杆，不同的技术适合不同的人，因为每个人身体特性（包括神经肌肉系统）有个体差异。对于"运动员素质模式"，我们认为，高尔夫运动只需要一般的身体素质即可，运动员素质即使有用也是微不足道的；相反，某些交叉训练方案会大大干扰更重要因素的强化，会降低而不是增强球手的高尔夫水平，所以需要审慎分析高尔夫是否属于纯体育项目，从根本上来解决审美偏见问题，并须明确指出高尔夫运动是具有广泛适用性的运动。

均质化技术

究竟什么是优秀的高尔夫挥杆，对于这一点，仁者见仁，智者见智。但还是有一些基本认识，至少让人们知道它看起来"好像是那个样子"。优秀的高尔夫挥杆无论多么难做到（如果不是完全不可能做到的话），无论个中有多复杂难懂的生理机能原理，人们只要看到那潇洒的一挥，就立刻会知道，这就是念兹在兹的那个挥杆。大多数职业高尔夫球员不同程度上接近完美挥杆。那些越是打得好的球员、那些越是拥有良好挥杆的人，即使他们没有成为完美挥杆的典范，也是最接近难以捉摸的完美挥杆的人：他们凝神聚力，上杆轨迹略微走内线一侧，上杆到顶点时不掉杆头、指向目标，下杆加速时杆头由内向外运动，下杆到底时杆头运动方向直指目标方向，最后是流畅送杆以自然释放所有剩余的动能，整个过程充满韵律且韵味十足，这是每个人潜意识都会感知到的，对优秀高尔夫球员的观察、分析也印证了这些。但如果是完全的外行或者带有一些偏见，就会遮蔽掉挥杆的实相。我们还需要稍微深入问一下：究竟什么能证实那些被宣称为完美的挥杆是完美的挥杆呢？

生物力学是运动学的一个分支学科，它运用物理学去分析、解释人体运动。像其他任何学科一样，生物力学的一个主要目标是要总结出具有普遍适用性的基本原理。很多生物力学专家秉持传统研究理念，去分析人类身体在各种运动中的表现，试图通过每一项运动的研究找到最优化模式。如果把制订最优方案当作整个流程，有一个简单方法：观察和测量一两位公认的高尔夫挥杆最优秀的球员，比如经典挥动作大师中的本·霍根和特雷弗·伊梅尔曼。另一种方法是科学地分析一批顶尖高尔夫球员，对选定球员的挥杆的动作、角度、姿势、速度进行评分并取其平均值，然后总结出一个最优方案予以推广。

但是，当人们把这种平均模式方法应用到高尔夫上时，发现并没有多大的说服力，原因在于盲目假定存在单一的理想的完美挥杆，这一前提本身就是不可靠的。仔细分析一下其中的原因：在优异战绩掩盖下，很容易低估顶尖球员偏离那个所谓理想挥杆的程度，这些偏离不是很容易被发觉，甚至肉眼都无法观察到，要用到先进的慢动作数字摄像机，如果没有专业摄影人员把关的话也无法发现。顶尖球员常常会大大偏离理想挥杆，他们的巨大成功与偏离程度与否并不相关，以至于这种实际挥杆与所谓理想挥杆的偏离显得无足轻重。再举个假设的但定量的和生动的例子：做高尔夫挥杆的某个动作，如果巡回赛高尔夫球员能让自己的身体部位屈伸达到10°—20°，并不意味完美角度15°是所有球员都应当去追求的目标。把统计学平均值作为每一位高尔夫球手的理想目标，即便目标是来自最好的高尔夫球员，也是非常荒谬的。举以上例子是想说明，不同的身体类型会自然存在不同但同样可行的挥杆技术。考虑到顶尖高尔夫球员的挥杆都如此不同，这些高尔夫球手身体素质也有明显差异（不像有一些其他运动，运动表现主要取决于自身的身体素质），对于高尔夫，应当包容和寻求更大的差异化方案，而不能沉湎于完美挥杆这种一刀切的做法。

实践也表明应该这样做才对！完成一次优秀的高尔夫挥杆所需的核心元素是很少的，但这也并不意味着能够轻易地、可靠地实现它。高尔夫挥杆中的各种变化不仅源自身体上的差异，还因击球时杆触球的不同而不同，高尔夫球会以不同的弹道飞向目标。同样的球位，采用不同的弹道的直飞球、右曲球和左曲球来打，都可以达到出色的效果，前提是击球必须扎实，要用球杆的"甜蜜点"去击打球。此外，杆头轨迹和杆面角度的变化也是挥杆的有机组成的部分，为了达到这些效果，需要动作得当，才能获得可重复的卓越的挥杆。

毋须讳言，众多世界最优秀的高尔夫球员，即便站在职业巡回赛的球场上，也未必都会有完美的挥杆。伟大的球手鲍比·琼斯采用的是一种扁平的扫杆式上杆，上到顶点时大大跨过了与地面的平行线，越过了目标线。很多专家将琼斯的挥杆称作老式杆法，认为这种挥杆方式受限于当时的装备水平，只在那个时代有用。现在却有足够理由让人们相信，用当代的挥杆方式，不过是增强了琼斯的挥杆效果，无论如何，琼斯的杆法对胸椎柔韧性不好或后腰有病痛的高尔夫球手是很有帮助的，会最大限度地减轻胸腔、盆腔间的扭矩。另一位高尔夫球手沃尔特·哈根，采用宽站位来配合其短促、快速的挥杆。哈根的杆法完全不同于琼斯杆法，却非常奏效，同样取得了不凡的战绩。再看一个例子，和本·霍根的经典挥杆相比，拜伦·尼尔森的挥杆幅度更小、更简练。值得注意的是，尼尔森在击球时会有一个向下、向前的动作。再说下米勒·巴伯尔，他的杆法也与霍根和尼尔森迥异，巴伯尔的挥杆陡直，是自成一派的姿势和动作体系。我们还可以开列出类似长长的"离经叛道"挥杆姿势清单，包括道格·桑德斯、李·特雷维诺、克雷格·斯坦德勒、吉姆·福瑞克、吉姆·索普、肯尼·佩利、汤姆·雷曼、杜菲·瓦尔多夫等。独领风骚的个性挥杆也出现在女子巡回赛上，人们看到了各种不同的节奏、站位、姿势。

有趣的是，这些挥杆都是选手们自发的自然而然的选择。不少高尔夫球手曾经尝试过采用所谓"完美"挥杆，但最后都折戟，铩羽而归，都回到各自本色的杆法中去了。

也许是成功的球员们已经习惯了，会深陷于各自的某个动作惯式，也许该动作方式适合于他们的身体结构、运动倾向和神经肌肉系统[1]，我们注意到，几乎没什么案例表明，精英级高尔夫球员在完全改变固有挥杆方式后，还能取得媲美甚至超过其以前挥杆方式时的成就。一段时间以来，围绕泰格·伍兹所谓新挥杆动作的大吹大擂喧闹过头了，部分原因可能在于伍兹自我感觉其挥杆有了重大变化，不过客观分析表明，伍兹的全挥杆跟他十年前的挥杆别无二致。

完成特定的挥杆动作，可以有不止一种方式（条条道路通罗马），这是一个常识性观念，用认识论和精神哲学的术语表述就是：万事具有多重可实现性。我们说高尔夫的最优挥杆，具有多重可实现性[2]，是在说不存在一样的身体体能，因而不会存在单一的挥杆类型，也就不存在能涵盖一切的所谓最优挥杆方案。霍根式的挥杆，可能对霍根自己来说是最优方案，但对琼斯来说可能是较差的选项，因为琼斯缺乏霍根那样的躯干柔韧性，所以对身体灵活性不够的人来说，琼斯式的挥杆则更为暖人。如果一定要说存在一个最优方案模式的话，这种方案也是刻舟求剑式的刻板，因而不具有可移植性。顶级的高尔夫球员具有与众不同甚至怪诞的挥杆方式，不管这些形形色色的挥杆有多么偏离所谓的完美挥杆，却相伴他们取得了巨大的职业生涯成就，这已经足以证明人们应当抛弃没有什么依据的完美挥杆概念。当然，我们也要承认大多数高尔夫球手的挥杆都没有达到应该有的效果，这个问题不在我们讨论的范畴之内；但凡那些满足速度、挥杆轨迹和杆面要求的击球，才可以计算在内。龙生九子其各不同，对于挥杆，我们的结论是：每个高尔夫球员，重要的是找到适合自己身体的挥杆方式。

运动员化的高尔夫球手

高尔夫和很多运动出现了一股激进的可能造成损害的趋势：职业高尔夫球

员及顶尖高尔夫球手大量进行超负荷交叉训练和综合体能训练，几乎达到狂热的程度。这种训练即使能提升高尔夫水平，作用也是微乎其微的，有时实际上会危害技能水平。在最好的情况下，技术水平可能基本不受影响；在普遍情况下，可能很好地提升了某些能力，代价却是让其他即使不是更重要也是同样重要的能力受损，以致最终无法打出好成绩；在最糟的情况下，这种训练会导致身体出现不良反应，造成或诱发身体肌体的伤害，这种损伤可能是暂时的，也可能是长期的。

另外，还有一些不为人知的荒谬结论。这些谬论源自对身体及提高身体能力常识性的无知或错误的理解。一种谬论认为，某一特定的技能（如高尔夫的开球距离），可以通过提升特定的基础身体能力（如力量）达到。但我们要说，如果运动员已经具有完成该特定技能的最优水平，那么提升特定的基础身体能力并不会有所帮助。另一种谬论是，要达到某些能力（如柔韧性）或效能（如精确性），不通过特定方式的训练（如通过举重增强力量），这些能力和效能就无法得到改善。再有一种谬论认为，增加一个人的综合体能训练会使他在高尔夫上表现得更好。更多的谬论从一些口号中可以体现出来："训练越多越好"——如果训练效果不错，那就训练得更频繁些、时间更久些、更严苛些，效果就会更好……这种欲壑难填式的训练，全然不顾"收益递减"平衡点的客观存在。超过一定的度，人的肌体组织将不能承受训练之重，会导致身心俱疲，直至最终将崩溃。

实际上，即便高尔夫打到很高水平，对身体条件的要求也不是那么苛刻。高尔夫球手以慢速或普通步速走几英里，然后停下来击球，再等其他球手做同样的事。一轮下来，最需要体力的部分就是击球（下杆击球的刹那），每次大概需半秒钟。对高水平高尔夫球手来说，这意味着一场球十八洞下来只是三十六次击球，不过是十八秒的强力而聚精会神的运动。像推杆和切杆这样的击球主要需要的是精确性，体力需求很少。因为规则没有强制要求，职业球员和富有的业余球手可以雇用球童背球包、带伞和其他装备，球童在需要的时候，还帮忙遮风挡雨、擦洗球杆等。而普通高尔夫爱好者可以使用高尔夫球车，用它载人、装物品，也可以使用手推车为打球服务，免除扛包之劳。

为有效发挥水平，高尔夫球手平时需要保持步行习惯，最好是在混合地形上，以便模仿大多数传统球场地形情况，还要经常挥挥球杆，来保持他们肌肉骨骼系统的动态灵活性。跑步、骑自行车或其他形式的有氧训练其实是不必要的，过量的有氧训练可能会有害，会导致灵活性下降，特别是髋关节和膝关节会扭曲全挥杆动作，使得挥杆中过早让紧缩性肌肉绷住，从而改变了挥杆发力机制。另一个与跑步有关的问题是（不是骑自行车），在每次脚踏地时，由于过多累积力量被吸收而有可能损伤下肢。有个值得注意的现象：当把负重训练方案与跑步方案合并进行训练时，上身肌肉增加的重量会让脚接触地面的负重更严重，结果可能会导致脚踝、膝盖或髋关节损伤，或者像泰格·伍兹那样，造成胫骨应力性骨折。

泰格·伍兹是最负盛名的高尔夫球员，他把"健身崇拜"发挥到了极致。伍兹的案例，可以当作"打好高尔夫没有必要专注健身训练"[3]这个结论的借鉴。伍兹在二十岁时已经成长为卓越的高尔夫球手，有能力对抗并击败世界上最好的球手。当时他身高六英尺两英寸，体重一百六十磅，可以打出每小时一百二十英里的杆头速度和一号木超长距离开球；另外，他还有一些精妙的高尔夫技巧，可以打得出神入化。伍兹以十二杆的优势赢得了他的第一个大师赛冠军，那时他身材瘦削（瘦型体质），没做过过多的身体训练。那次胜利之后，伍兹捷报频传，以令人瞠目的速度赢得比赛，在此期间他不断调整挥杆、多次更换了球童。然后，伍兹开始着手广泛的非特定训练计划。他成功的原因在于他的神经系统；他有健康的神经肌肉循环系统来执行伟大的高尔夫方案，他可以在需要的时候启动它们。不过在过去的几年里，尽管伍兹健身得分很高，却已经不像过去那样，会经常打出高竞技水平的一流比赛来了；他的胜利往往是通过与各路对手的艰苦斗争才取得的，优势仅在一线之间，虽然他一直在赢球。与其认为伍兹对健身和训练的极度重视提高竞技能力，不如说这种训练反而削弱了他的比赛能力[4]。2008年赛季，伍兹因备战受伤并在美国公开赛期间伤势加剧而错过了半个赛季。他必须从膝盖前十字韧带（ACL）手术中恢复，并要治愈他的应力性骨折。我们认为，这些伤病的产生不是因为正常打高尔夫球引起的。

伍兹在2000年锦标赛决赛中，遇到达伦·克拉克（克拉克没做任何健身训练），伍兹口出狂言，认为他在赛前备战中强有力的健身和体能训练可以获得更多竞争优势，最后众所周知，赛前的狂言成了笑柄。在三十六洞比赛中，相比未经特殊体能训练而体能下降的克拉克，伍兹凭借精心调教的运动员体魄保持着比赛节奏，貌似在消耗着他的对手。克拉克则坚持着，最终轻松地以赢四洞剩三洞击败伍兹。当然，克拉克那天的击球更好，这才是意义所在。在任何一天，体格魁伟的巡回赛选手如约翰·达利、蒂姆·赫伦、贾森·戈尔和罗科·梅迪德，或者轻量、瘦小的选手如查尔斯·霍维尔、杰夫·斯鲁曼和西恩·奥海尔，都可以战胜伍兹和球场上的其他人。即使是与伍兹正在捉对厮杀的杰克·尼克劳斯虽然被狂热的健身者们贴上"不像运动员"的标签，也以他羸弱的体格赢得了大部分冠军。无论如何，尼克劳斯的高尔夫技艺从身心两方面都是无与伦比的。尼克劳斯四十六岁时赢得美国大师赛、汤姆·沃森六十岁时因一杆推杆之差而错失英国公开赛冠军，都说明了体能并非决定因素这一点。打顶级高尔夫比赛的能力，更多是与能做到有效击球的高水平技能相关，与压力下能执行这些技能的能力相关，与抗干扰的能力（恶劣天气、比赛中断，以及诸如此类）更相关。对于高尔夫这种爽心悦目的运动来说，出现各种干扰，实在是再正常不过了，毕竟风雨之后才见彩虹。

审美偏见

有审美偏好并不是错，因为世上总有一些东西更美好、更优雅、更有魅力，引得人们喜欢它们，欲罢不能。很难想象我们怎么能将审美偏好从思维中根除，因为审美与我们的抉择、动机、判断和价值观是紧密交织在一起的。对事物作出审美判断并不是坏事，例如，就纯粹个人品味而言，似乎什么都是可能的：你认为某个东西好极了，而我不觉得。有句法国俗语说得好：chacun à son goût，意为萝卜青菜、各有所爱。但在有些领域，还是有一些更为客观的标准来衡量、评判美感因素的。在花样滑冰、跳水和体操这些需要审美评判的运动中，审美评判的元素比如运动员是否可以保持某个姿势、突破某个动作、完成或未能完成等，是必要的审美评判因素，它们自然也成为这些比赛中评分的组成部分。

在目标明确的体育运动中，虽然评分不以审美为基础，也不受审美的影响，但在运动中表现出优雅和时尚，往往会得到赞扬和回报。厄尼·埃尔斯能赢得"大易哥"的绰号，除了让人一看就拍手称赞的挥杆，还能是什么呢？一般来说，在目标明确的运动中，伟大的运动员通常会表现出得体、优雅和时尚这些让我们赞叹不已、充满美感的特点。但是，当我们在诸如高尔夫之类的运动中，指责一个成功的球员的挥杆没有像其他球员那样表现出优雅、时尚，那么即使是含蓄地影射，或是轻松愉快地开玩笑，也是不正常的。这不仅因为表现形式的美属于额外附加品，超越了球员的职责要求，而且因为完美挥杆的概念本身就饱受质疑，因此批评、指责就属于夹带一家之言的私货。话又说回来，对完美挥杆的虚妄追求，无论是理性证明，还是情感诉求，其中有多少是潜在的、不必要的、可能具有误导性的、武断的审美偏见呢？毫无疑问，当涉及对高尔夫挥杆评论、批判和教学时，平均数据模式无疑提供了一个有吸引力的简单化方案，但这并不能成为对李·特雷维诺、吉姆·福瑞克那古怪甚或"丑陋"的挥杆作出否定评价的理由。对于这类偏离所谓完美挥杆模式的情况，把具有传统思想的审美标准放在一边，就不会影响对真正相关联因素的讨论（审美有时是相关联的，有时不是）。更好的做法是，应该引导审美感走向更实用、更多元化，这样就能够欣赏到怪异挥杆和经典挥杆两者都具有的功用性美感。

运动员模式下的高尔夫球手，背负着相似但动机不同的审美偏见，而且这种偏见的审美在高尔夫中可能更明显。健美的身材魅力无穷，大多数人都想拥有曼妙的形体。很多人喜欢观看运动员比赛，是因为欣赏活力四射的运动素质，陶醉于运动员玉树临风的气质。人们倾向于按古希腊范儿（à la the ancient Greeks），把运动员的健美身体投影成希望自己拥有的形体之美，我们姑且称之为联想的美德。因此，棒球界出现贝比·鲁斯（Babe Ruth）、高尔夫界出现约翰·达利（John Daly）[①]的现象是难以被人们接受的。依据联想的美德，解释

[①] 约翰·达利从四岁开始接触体育，喜爱棒球、足球和高尔夫，后来专心于高尔夫运动。他因开球远而著称，有"大力发球手"的称号。约翰经历丰富，从1995年夺冠后时隔六年才重夺冠军。身高1.80米，体重208.80千克，他以独特的体形和大方的性格深受美国球迷喜爱。——译者注

高尔夫上的审美偏爱，是言之成理，是有情感需求的：球员希望被看作名副其实的运动员，球迷也如此成全球员，这样会巩固高尔夫是一个合法的、真诚比赛的、完全成熟的运动的概念。有个奇怪的观点认为，高尔夫球手越是与其他运动项目的运动员相似（传统运动员体形普遍流行于十项全能、体操、足球中的防守后卫、拳击中的轻量级选手），人们就越倾向于认可高尔夫是一项真正的运动。

其他的运动

同质化技术、过度运动化和审美偏见的趋势，也普遍存在于非高尔夫的运动中。所以，把"多重可实现性"和"对身体技能的特定活动观点"用到更广泛的运动领域，比仅仅用在高尔夫上更加任重道远。从高尔夫开始，把这两种重要理念推广普及其他运动，激发人们思考体育运动真正的本质，是一件功在千秋、利在当代的事情。

在体育文献中，对运动有不同的定义以及修改运动定义的情况。我们暂且把运动定义为："由整个身体技能参与的竞技比赛。"[5] 把竞技比赛作为衡量是否是体育运动的要素，这样就可以将体育"运动"与通常的"活动"区分开来了：即使是精力充沛的体能活动，因为是非对抗性的，所以也不能算作体育运动。例如户外团建活动，以及所谓的合作博弈，都不是体育运动。真正的运动应该包含比赛，如伯纳德·舒茨所述：在运动中"努力主动去克服人为的障碍"，这些障碍就是有规则界定的比赛本身[6]。需要指出的是，运动的必要条件不仅包括身体技能，更为关键的是运动必须是整个身体参与的技能，这是真正的运动与只需精细技能、不涉及整个身体运动或身体控制的竞赛的重要区别。挑棍签比赛和吉他独奏不是运动，尽管两者确实都需要身体技能，但它们都不涉及整个身体的动作技能，而只是局部的精细动作技能。运动必须是整体的熟练的身体运动或完成对整个身体的控制[7]。

尽管高尔夫与其他运动相比卓尔不群，但高尔夫还是符合体育运动定义的。高尔夫是一项需要整个身体技能参与的竞技比赛、一项需要技能和全身控制的运动。拒绝将高尔夫球归类为一项运动的人，无疑认为所有的运动都需要很大强度的体力、速度或耐力。强有力的基本身体能力在许多运动中都是必需的，只不过有时候是独立使用某项能力，有时候是结合使用几项，但这种频繁使用体能的情况，不应当导致人们误认为一项运动对参与者的体能要求极高，误认为强大体能是运动的必要条件。我们可以举出数不胜数的反例来驳斥这种崇尚"强人"的傲慢与偏见的观点，包括保龄球、台球、槌球、飞镖以及各种类型的射击比赛、射箭，当然还有高尔夫。在上面这些运动中，都只有少数几次短时间的冲刺动作。棒球和垒球运动员对体能的要求少得可怜（投手和接球手除外）；板球也是同样的情况。尽管力量、速度和耐力在不同运动项目中的重要性各有侧重，但高尔夫运动之所以是真正的运动，在于高尔夫是以身体为基础，是身心灵整体参与的运动，高尔夫是人人可为的高贵运动，没有之一。

高尔夫和有些特定运动是低体能要求的运动，所以不能把高尔夫对身体的轻度要求与那些高烈度身体要求的运动等观。不过，高尔夫挥杆的多样化可实现性，可以推广到其他运动的技能中，尤其是那些像高尔夫挥杆一样涉及非常复杂身体动作的运动中。有理由自信地宣称，如果提高某项运动的水平是目标，有针对性的专项训练而不是全面健身成为运动员而不是全面健身或运动员化的效果，都优先于综合健身或交叉式训练方式，除非你的目的是另有他图。值得注意的是，即使是在有所谓特殊目标的最后这种情况下，采用极限训练也罕有效果（如果硬说有的话），而过量训练则肯定没有积极效果。

当运动活动对身体要求降低时，身体各种变化的可能性会增多，不同动作模式可选择性也会增加。有趣的是，当击打或投掷较轻的物体时，运动模式的变化会更多；投掷较重的物体时，则模式变化则较少。在一项运动中，存在多种可行方案的思想、通过不同的技能方法都可能获得成功的思路，皆因为这些思想源于人类个体在体形和机能上演化的明显差异。如果一项运动既需要按照一套规定技能去表演，又要根据其美感特性进行评判，那么模式的多样性就更会变得可以大行其道，尽管评判标准往往会把模式的多样性限制在可接受范围，就像花样滑冰、体操、跳水和舞蹈这类运动。

研究需要技能的人类动作，必须对使用动作技能的各种方式、实施这些动作技能的实际要求以及执行这些技能的不同身体之间的变化具备足够的敏锐感性、通透悟性。要追求最佳效果，必须诚实面对人体的差异，不管这些差异是身体特征、技能类型还是动作方式。另外，想要达到最优化结果，就不应该过度训练。不适当的交叉训练或综合健身训练，会让期望和效果南辕北辙，采用这种"三个火枪手"式的无明训练，即使在最好的情况下，也只会让优化效果不受干扰；而在最坏的情况下，则会适得其反。最后需要再次强调，有关技能动作的一些错误观点，连同伴随这些观点的谬论必须被抛弃。这类貌似有道理的观点，会贻害自己，也会误人子弟。不管是在高尔夫运动中，还是在人生中，参透最优化需要对本质的觉知以及对个体差异和处事之道的敏感。

Notes

Special thanks to Andy Wible for patient encouragement and helpful suggestions. Thanks also to two anonymous reviewers for useful questions.

1. An anonymous reviewer has suggested the possibility that elite players with unorthodox swings have managed to develop compensatory skills for departing from fundamentals, whereas this would not be practical for golf instructors teaching players who lack the time required to develop such mechanisms. We, however, are offering an alternative account of what the fundamentals are. And as for practicality, approximately 80 percent of the population lacks sufficient thoracic flexibility for anything like the ideal backswing.

2. For an earlier application of the concept of multiple realizability to golf, see Laurence E. Holt, An Experimenter's Guide to the Full Golf Swing (Lantz, N.S.: Aljalar, 2004), 9–11.

3. Lorne Rubenstein, "Are Tiger's Injuries Self-Inflicted?" Globe and Mail, July 12, 2008, S5.

4. Note the irony of the apparent decrease in clubhead velocity generated by tour players, including Tiger Woods, despite recent significant strength gains. For discussion of Dick Rugge's study, see Thomas Maier, "Golf Players Stronger, but

Swing Speeds Down?" Newsday, June 20, 2009.

5. Elements of this formula may be found in John W. Loy Jr., "The Nature of Sport: A Definitional Effort"; Bernard Suits, "Tricky Triad: Games, Play, and Sport"; and Klaus V. Meier, "Triad Trickery: Playing with Sports and Games," all in Philosophy of Sport: Critical Readings, Crucial Issues, ed. M. Andrew Holowchak (Upper Saddle River, N.J.: Prentice-Hall, 2002), 20, 30, and 40, respectively.

6. Bernard Suits, The Grasshopper: Games, Life and Utopia (1978; rept., Peterborough, Ont.: Broadview, 2005), 55.

7. An anonymous reviewer has suggested that the game Twister might be a counterexample to our definition of sport, since intuitively Twister is not a sport, and yet it seems to meet our conditions for sport (as a game involving gross physical skill). Twister involves positioning of the body and requires some flexibility, but gross physical skill implies dynamic motion to achieve a specific outcome, not merely holding a contorted position. Likewise, in Twister chance figures too largely in the determination of outcomes—it is more a game of chance involving skill than a game of skill per se. Sports, by contrast, are games of gross physical skill, in which chance may figure not too prominently. The inclusively in our definition is meant to allow other outcome determiners, such as strategy and fine motor skills, so long as these do not unseat gross physical skill from its privileged position.

八

高尔夫和意义

第十六洞
在高尔夫中品味生活的意义

兰迪·伦斯福德（Randy Lunsford）

2008年5月，三十七岁正当年的安妮卡·索伦斯塔姆宣布退出LPGA高尔夫巡回赛，消息一出，震惊了整个高尔夫界。一些和她关系密切的球员闻讯也颇感惊讶。安妮卡退出高尔夫，正值她处在高尔夫职业生涯的顶峰。上个周末，在弗吉尼亚的威廉斯堡米切罗布超级公开赛中，她还以低于标准杆十九杆和对手七杆的差距赢得了比赛。安妮卡的高尔夫职业成就巨大，共取得七十二场职业锦标赛胜利，是排在凯西·惠特沃思和米奇·赖特之后历史排名第三的选手；在高尔夫十大赛事排名中，她位列第四；曾八次被评为年度最佳球员，仅2001年至2005年就有五次。这五年间，她主宰了女子高尔夫，共赢得四十三场胜利，在近70%的时间跻身前三名。2001年，在凤凰城举行的标准注册赛第二轮中，她打出了LPGA有史以来最低的一轮：低于标准杆十三杆的五十九杆的优异成绩。得知安妮卡退役的消息，泰格·伍兹忍不住动情称赞她是最伟大的女高尔夫球手，并表示她的退出让人们感到难过。我们不禁要问是"什么原因让安妮卡与她钟爱的高尔夫运动挥别呢"？安妮卡宣布退役时讲过一段话，对此提供了重要的线索："某一刻，你突然开始反思：在高尔夫上我到底还要取得什么成就？生活中还有更重要的事需要去做吗？"[1]

从安妮卡说出的这段话看，继续打高尔夫比赛对她已不再具有意义了。那么我们要思考："是什么，让打高尔夫球有意义？"回答这个问题，就是在回答那个亘古常新的哲学问题："生命的意义是什么？"本文将探讨高尔夫意义之诸多面向，并将关注高尔夫和生活的意义以及两者的共生关系。

高尔夫的意义是什么？乍一看，这个问题有点怪，好像答案很明显啊！高尔夫是一种游戏，一种和他人一起娱乐和竞争去争取胜利的体育运动。高尔夫球员通过高尔夫规则参与高尔夫，球员使用特制的高尔夫球杆，用尽量少的击打次数，将很小的高尔夫球打入在远处的一个小洞中。这样的回答说明了高尔夫的性质和目的。对有关生命意义的问题，诸如"我从哪里来？""我为什么在这里？"似乎也可以像回答"高尔夫的意义是什么？"一样作答。有关生命的目的和高尔夫取胜是目的还是其他，探寻生命目的之答案，至少有两种途径：一种来自西方宗教；另一种来自科学。

依照西方宗教来解释生命的目的：人类是上帝创造的，我们存在的目的就是要爱上帝。接受《圣经》的教导就是在聆听上帝的教诲。人需要按照教规的方式来生活。人在世上存在的最终目的，是为信上帝从而会永生做着准备。西方宗教的答案是客观和外在的，人生的意义和目的是上帝赋予的，是独立于人而存在的。

从科学上解释生命的目的：宇宙形成于约一百四十亿年前"大爆炸"的混沌中。在大爆炸后期，宇宙膨胀并冷却，形成密集的物质团，最终成为星系、恒星和行星。在地球这个极为特殊的星球上，原始海洋和太阳的能量发生光合作用，创造出生命的基本条件，最终通过突变和自然选择，复杂的生物被演化出来，形成了今天地球上各式各样的生命形式。宇宙的衍变显然没有终极目的，所以科学的答案在回答生命目的这个问题上带不来客观意义。

许多人在了解生命目的的科学答案后，会觉得无法接受。俄罗斯作家列夫·托尔斯泰大约在十五岁时就有了自杀的念头，因为他那时认为，如果生命没有意义，那就不值得活下去。托尔斯泰发现自己面临两难境地：接受宗教信仰等于拒绝理性；拒绝宗教信仰则意味着拒绝生活。托尔斯泰最终选择了接受信仰的召唤。对于大多数红尘中的人来说，拒绝理性是一种不能理解的很大的牺牲行为。

尽管托尔斯泰这样的大文豪都会陷入生命意义上的困境，但许多人还是能够找到自己的生活意义的，无论这种生活意义是包括在宗教声称的客观意义或目的之中，还是在没有宗教的情况下，能够在共同持有的价值观中找到意义，比如：专注在有趣的工作、帮助他人、与家人和朋友建立亲密持久的关系、欣赏美和艺术、享受娱乐消遣等，它们成了宗教解答之外的补充。结论是：是否接受宗教、是否生活有意义还是没有意义，这一切，都取决于我们自己选择如何去生活。

高尔夫运动客观上是有意义的，高尔夫是有特定目的的运动，按规则进行高尔夫运动的人都孜孜以求要去实现这一目标。高尔夫运动也不仅是遵守规则的"追球"，高尔夫还有更多的其他的"追求"。高尔夫之所以有意义，因为它是人们渴望做的一项运动。不爱玩高尔夫的人从打高尔夫中获得的意义感，比热衷高尔夫运动的人要小得多，因为爱，所以终有感悟。有一次在高尔夫球场上，我没有专心打比赛，结果越打越糟，变得沮丧、愤怒，没能处理好自己的情绪，同组的三人都被我的情绪惊扰到。冷静下来后，我意识到我在那天已经失去了继续打球的欲望，留在球场上对自己或他人都没有好处。我要表达的是，至少在那一天的比赛中，高尔夫对我而言失去了意义。

生活的意义也是如此，在多数情况下，在我们的能力范围内做想做的事情，生活就会有意义。当然，如果想做的事涉及对他人福祉的漠视，就不能为所欲为。只有在社会制约的框架下，欲望才是追求有意义生活的基础和动力。我们要认清这些欲望，才能去满足它。在此种语境下，我们可以说意义是主观的，因为每个人的欲望不同，所以不同人追求的意义会有不同。

满足欲望真的是生活意义的全部吗？哲学家 E.J. 邦德反对这个观点："记得我还是一名大学生时，曾经一度感到相当困惑，当时我的教授和同学们大都持有这样的观点：只要做自己喜欢做的事情，只要有道德约束，那么大胆去追求目标，就没有问题。当时他们每个人都会对某些事情有欲望，但我是一个古怪的人，我没有任何这样的欲望（当然人最基本的欲望除外），也不知道该如何生活。在制订所谓'理性生活计划'之前，我冥思苦想地想知道到底该做什么才是有价值的,到底什么才是真正值得追求的目标。要明白这种价值和目标,靠我业已存在的欲望,靠'担忧'或揣测未来,已经不够了。"[2]

邦德认为,欲望的对象不同,意义和价值就会不同。所以重要的是,要努力去发现那些真正值得渴望的东西。他认为世界上有些东西是有价值的,无论是否有人真正重视它们。邦德主张,意义不是主观的,与我们每个人的个体无关,不取决于我们自己的特定偏好或需求,更确切地说邦德的思想是:世界上有些事物,因为其自身的内在价值对任何人都具有意义。这样的东西被称为具有客观价值,它们的价值并不因为他人的欲望或兴趣而存在,这种价值可以通过理性论证得出。这就提供了一种可能性,即生命有着不同于宗教所声称的客观意义。所以我们的任务就变成要通过理性反思,识别那些客观上有价值的东西,并把它们作为目标来追求,这样做就会为我们的生活提供意义和目标。对意义的感知也可以应用在高尔夫上。如此一来,在高尔夫运动和生活中寻找意义,就变成了一次令人心动的身心灵发现之旅。

客观的意义或者说意义的客观性,并不意味着我们自身的精神状态无关紧要。相反,仅仅通过理性的探究来发现什么是有价值的,然后仅仅以此为目的来追求,还远远不够。为了在有价值的东西中发现蕴含其中的意义,这些有价值的东西必须也是我们想要做的事情。哲学家约翰·斯图尔特·密尔(1806—1873年)早年花了很多时间,想为自己设计一个理性的人生计划。尽管他知道自己选择的人生和事业在道德上是高尚的,但后来他突然对此等人生计划失去了兴趣,这个计划对他不再重要了,因为他做的这项工作让他不满意,不再给他带来幸福感,最终他决定要在余生中成为一名"世界改革者"。密尔的例子可以帮助我们来思考安妮卡为什么决定退出高尔夫:没有了主观的满足感,追求就会变成负担,就失去了意义。

对业余高尔夫爱好者来说,主观的满意度通常不是问题。我们大多数人玩高尔夫是因为我们喜欢。重要的是在享受高尔夫时,要谨记你对待这项运动的方式会使高尔夫或多或少具有意义。生活何尝不是如此!但还有一些生活方式,可以超越人们主观的满足感,使生活更有意义。讨论这点之前,我们在下面先探讨一下主观满意度的局限性。

享乐主义

有一个西西弗斯的古老神话。西西弗斯向凡人泄露了神的秘密,触怒了众神,因此受到惩罚。西西弗斯被判要将一块大石头从山底推上山顶,让石头滚下山;再从山底推上山顶,如此周而复始。这是无意义存在的缩影,除推石头上山这个动作本身外,没有目的、没有意义、没有最终目标。但西西弗斯的行动,也可以变得有意义。哲学家理查德·泰勒建议:如果众神将某种化学物质注入西西弗斯的血管,让西西弗斯觉得,他最渴望做的事情就是把石头推上山顶,再推下山顶,那么西西弗斯的生命将立即变得有意义起来。西西弗斯会欢欢喜喜每天早上起床,去做他能做、他想做的事,因为有了单纯的热爱,生活瞬间就变得有意义起来[3]。

对西西弗斯神话意义的解读,显然是有道理的。对许多人来说,生活的目标是幸福,但要发现真正让我们快乐的是什么却很困难。享乐主义学派认为,快乐的生活就是有最大快乐和最少痛苦的生活。古代哲学家伊壁鸠鲁是这派哲学最著名的代言人,他写道:"快乐是我们首要的有共同感觉的好东西。""快乐虽然可以看作每一种厌恶的起点,但我们却应一再回到快乐,让是否快乐成为判断每一件事情是好事的准则。"[4]

但伊壁鸠鲁也明白,直接体验快乐本身并不足以带来幸福。要感受幸福,智慧是必不可少的。智慧让我们能够接受会产生未来快乐的暂时痛苦,并可以超越导致未来痛苦的暂时快乐。如果缺乏智慧,我们会放任自己由快乐控制,会牺牲长期利益以贪图短期满足。一个高尔夫球员可能不喜欢在练习场上花费大量时间完善挥杆,但当她在高尔夫球场表现得一顺百顺时,平时在练习中短期的不适感就得到了报偿:在高尔夫比赛中会打得更好,挫折感减少,满意度大幅提高。

高尔夫球手会花大量的时间在高尔夫球场上,原因是高尔夫能带来主观满意度,打高尔夫是非常令人愉快的享受。在发球台开球的飒爽一刻,如果球手掌握好挥杆技巧,让球击到了杆面的"甜蜜点"上,就会发出打出好球才会有的悦耳声音，这种声音，对每个高尔夫球员来说就像音乐一样美妙动听。一记好球，在球道上空飞过的美妙弧线，也是一道美丽的风景线。如此美妙的音画，此起彼伏，会给置身其中的球手带来莫大的满足感。

高尔夫的另一个乐趣是高尔夫球场的自然之美，这是一种无法抗拒的审美诱惑力。毫不夸张地说，高尔夫球场是地球上最美丽的地方之一，和人间天堂的概念绝配：修剪整齐的球道、五颜六色的花草和树叶、错落有致的绿树群、设计精美的溪流小桥……在圆石滩这种顶级的高尔夫球场，还能饱览壮丽的自然海景，美不胜收，令人心旷神怡。

在极特殊情况下，打高尔夫会带来终极性满足感。在一个非常著名和具有挑战性的高尔夫球场上打球，也许这是你一生梦想要打一次的高尔夫球场。你和情投意合的球伴一起畅打，这是天公作美的一天，你的击球比迄今为止一生中的任何时候都要好，你以难以置信的一个老鹰球完成了上九的最后一杆，上九洞的成绩是三十二杆。上九洞的傲人佳绩，在下九洞的比赛中继续着，在第十八洞的三杆洞中，你一杆进洞。最后你的整场成绩是六十二杆，一项新的球场记录诞生了！当你们四人进入俱乐部庆祝时，你开玩笑地说：如果今天伍兹也参加比赛会怎样！接着，你被一位记者拦住，他想做一个关于你的专题报道，登在下一期的高尔夫杂志上！

好吧，现在让我们从上面的梦中醒来！未来，在虚拟现实机器上如此拉风并不是梦，但打破球场记录的不是真实的你，完成这一壮举的是你的体验。哲学家罗伯特·诺齐克曾描述过这类装置：在一台体验机上，神经心理学家刺激你的大脑，让你相信你正在做你一直想做的事情：你会写一部伟大的小说、从云端跳伞或者在打一场精彩的高尔夫。设想你在一个装有传感器的水池里游泳，你的大脑连接上了各种电极，这时诺齐克提出下面的问题："你愿意按下电源开始吗？除了所谓体验给你内心带来的感受外，还有什么对你来说是重要的？"[5]

为什么大多数人不愿意打开电源开关去实现他们的梦想？诺齐克举出了下面三个可能的原因：

（1）人们想做实际的事情，而不是仅仅去感受这些事情。

（2）人们想成为一个具有确定感的人，而不是像一个"不确定的斑点"，漂浮在池子里。

（3）人们不希望身处在人工制造的虚假世界里，他们需要投身于能够全身心参与其中的现实世界。

在体验机中缺乏生活的真实。一段经历之所以有价值，部分原因在于它是真实世界的真实经历。相信中了彩票或者发现治愈癌症的方法可能会让人们感觉良好，但如果快乐是建立在错误的信念上，那么其价值就会大大降低。一名高尔夫球手不仅想要这种美梦的感觉，更希望这是在真实高尔夫球场上发生的事，真实是体验机无法提供的，有真才有善、才有美。

追求完美

高尔夫是非常有意义的运动，会给人们带来莫大的收益和乐趣，所以才有那么多高尔夫爱好者乐此不疲！但高尔夫毕竟是一项体育运动，要和他人或自己竞争，如果仅仅为了娱乐玩高尔夫，不努力在高尔夫中精进，那就错过了高尔夫的重点。高尔夫的目标是用最少的击球次数将球送入洞中，但说到底，高尔夫是对完美的追求，这是所有高尔夫球手都非常看重高尔夫得分的内因。

高尔夫球手从亲身体悟中深知，要取得完美是不可能的。博比·琼斯说过："高尔夫是一项神秘的运动，如果一个人正确击打了高尔夫球一千次，一般认为，他应该可以重复这个正确的动作，但事实却并非如此。"高尔夫运动中还有很多因素是球手自身无法控制的：像风向的突然变化、下雨、背景噪声、不走运的反弹和不好的球位都是干扰的因素。这就是为什么高尔夫球手只冀望取得最好而不是最完美的成绩，要真能这样，就已经是达到了某种程度的卓越。电影《重返荣耀》中有句台词说得好："这是一场无所谓赢的比赛，玩的就是心跳。"

生活像高尔夫中一样，追求卓越是必不可少的一课。E.J.邦德说道：

"一般意义的享乐主义观念缺乏一个重要成分，那是一种除了奖励或回报之外的叫作价值的成分。如果在长时间，一个人拥有很多她喜欢的东西，我们就可以说她很富有，会羡慕她。但依然没有任何东西能赋予她之所以成为人的那些特殊价值，包括领导力、感染力或自尊这些关键的价值要素。传统意义的享乐主义忽略了价值这个其实最不应该忽略的要素。从最普遍、最古老的意义上来看，就是缺失了美德或卓越的价值取向。"[7]

每个参加PGA和LPGA高尔夫巡回赛的职业高尔夫球手，都追求并希望达至最高的卓越。对职业球员来说，高尔夫已经成为他们的一种生活方式。一年四季，他们要么是在比赛，要么是在去比赛的路上，几乎每周都要参加高尔夫比赛。拥有高尔夫的职业水准，对绝大多数高尔夫爱好者来说是可望不可即的。要达到这种水平，不仅需要持续不断的练习，还需要极少数人才拥有的特殊天赋。当然，这并不意味着一般高尔夫球手不能追求卓越。高尔夫的成功，可以用绝对和相对的优秀来衡量。职业高尔夫球手的水准，是绝对意义上的卓越，是在和世界上最好的职业球手同台竞技中取得的。对一般高尔夫选手来说，卓越水平则可以根据个人过去的表现，在相对意义上加以衡量，是胜己者强。高尔夫比赛中球手的任何进步，都可视为是朝着更卓越的方向前进，精进的含义便在于此。一个高尔夫球手的目标，可能只是单纯想提高到他20世纪80年代的打球水准，或将差点降低到十。根据自己的天赋和身体状况，他可以制定一个合理的目标。也就是说，在高尔夫中每个人都可以取得自己的优异成绩。追求卓越说到底，是一个"自我实现"的过程，每个人在生活中都有机会去追求卓越。卓越可以来自工作，也可以来自寻找和发现自己激情的过程中。每个人海阔天空地想，同时又脚踏实地地干，专注完善自己，就是在一点一滴中创造出自己的意义。

卓越也不只是狭隘地局限在出色完成某些活动，追求卓越也是要努力成为某种人。邦德指出，成为既能激发他人尊重又拥有自尊的人，过上有意义的生活，对于这件事的意义和重要性，怎么形容都不过分。为此，需要遵循正确道德观的指引，包括承认每个人都有权追求有意义的生活。每个人的行为都会对其他人产生消极或积极的影响，每个人都应该检点自己的行为是否会影响到其他人追求其人生计划。利己与利他是并行不悖的。

哲学家约翰·凯克斯认识到道德的重要性：社会生活的形式，来自树立权威，来自制度和传统的规制方式，也来自规则的迭代和精心改进。所有这些的前提，都要求社会成员遵守规则。这样，我们能做什么就有了限制，有了基本的限制，就为我们想做什么和社会允许做什么设定了前提条件。不同的社会有不同的权威、机构、惯例和规则。任何社会的运行都离不开它们。任何人都离不开参与社会生活，这是一个人寻求满足和期盼过上有意义生活的必要基础[8]。

高尔夫离不开道德问题。在高尔夫运动中追求卓越，需要深思熟虑一些问题，包括道德问题。下面举例子说明。

- 高尔夫运动是昂贵的运动，从昂贵的装备和服装，到高昂的果岭费用。既然满足其他更紧迫的社会需求也需要很多钱，那么一个重要的道德问题就出现了：如何在高尔夫球运动中秉持节俭和正确的投资原则。

- 高尔夫球场的建设和维护可能对环境产生不利影响，所以必须思考环保高尔夫球场建设的必要性。

- 有些私人高尔夫俱乐部有种族、宗教或性别的偏见和歧视，有将某些群体排除在会员之外的历史，所以有必要反思如何构建高尔夫俱乐部的多样性，抵制存在歧视性做法的俱乐部。

打高尔夫必须考虑比赛道德。像所有运动一样，高尔夫也有自身独特的规则。这些规则允许竞争和追求卓越，从而使得高尔夫成为有意义的运动。高尔夫规则不仅限制了球员把球打入球洞时能做什么、不能做什么（比赛的挑战性），还确保了每个人都有公平的成功机会。同时高尔夫规则也包括：其他球员挥杆击球时不要说话、在沙坑里要用沙耙耙平脚印、要修补果岭上的球痕、要注意自己在果岭上的影子不要干扰其他人推杆等。行为规则无论是游戏规则还是社会道德规则，必然会限制自由，但制定这些规则，却是打有意义的高尔夫和过有意义的生活必不可少的重要组成部分。

有些人会质疑，在规则范围内打球是打有意义的高尔夫的必要条件，这一点可以理解，但对于过有意义的生活来说，这一点也许并不那么确定。比如，想象一下"快乐杀手"的情况：尽管他邪恶地残害了他人的生命，但他对自己的邪恶举动可能还感到高兴并惯于此道，而且图财害命挣到的钱让他还可以享受生活中的其他事情（比如打世界上最好的高尔夫球场）。进一步而言，如果这个"快乐杀手"从不感到内疚，并且永远能够逃避惩罚，他的生活虽然不道德，但对他来说，是不是也是很有意义的？

我们必须承认确有这样一种可能性，有些人过着不道德的生活，但似乎很快乐、很充实。但这方面的真实例子无疑相当罕见。更常见的情况是，个人会为不道德行为付出代价，从相对较轻的惩罚如个人因犯罪而遭社会排斥，到更重的惩罚如被监禁。所以，过道德的生活，通常符合人们的最大利益。而做符合我们最大利益的事情，有助于让我们过上有意义的生活。生活像高尔夫比赛一样，如果我们选择按规则行事，通常会把球打得更好，会把生活过得更好。

我们和朋友及家人的特殊关系，比我们对其他人的普遍关心更为重要，亲朋好友彼此会更亲密、更相互关心。这些特殊关系的重要性，超出了所能带来的单纯的快乐和幸福，可以说，亲密关系本身增加了生活的意义。

密切关系的一个表现是共同参与活动。和关系密切的人共同面向未来，不仅让彼此更愉快，也有助于培养和深化关系。高尔夫运动是极好的沟通工具和关系增强器。高尔夫是一项非常难以掌握的运动，但这也为人们提供了一个好机会，让人们能够在高尔夫中精益求精，让人们在高尔夫球场上培养更多的耐心，更好地学会如何面对逆境和挫折，当然也包括如何面对成功。在高尔夫中，可以丰富和塑造对我们生活至关重要的特殊关系。

无意义的潜在源头

高尔夫为人们提供了一个追求完美的绝佳机会，但这并不是没有代价的。高尔夫圈有句名言："如果挫折是你的目标，那么高尔夫就是你该玩的游戏。"通常，高尔夫新手最初几轮比赛的兴奋感往往会因随后出现的打球水平的瓶颈而减弱。即使在球技达到一定水平后，仍须忍受一段提高的平台期。而当球打得越来越顺，高尔夫球手往往又开始会过分关注自己的得分，结果却常常适得其反，反而打得变差。球打得不顺，挫折感会随时间的推移而增加，渐渐糟糕的情况变得更糟。高尔夫这些负面状况让一些球手"弃杆而去",他们认为所付出和需要承受的代价太高了。

有些哲学家,对生活也持有类似的观点。叔本华也许是最有代表性的悲观主义哲学家了。叔本华认为,所有证据都表明,生活中任何感到的满足感注定会遭遇挫折或注定是虚幻的。叔本华认为生活缺乏意义,因为人们总是不满足,总是无法满足自己的欲望。无法满足的欲望,是悲观主义的一个要点,像西西弗斯神话揭示的,满足欲望是过有意义生活的要点。叔本华指出,在极少数情况下,个人能够实现自己的目标,但每个人最终都会彻底失望:暂时的快乐,会被不满甚至是无聊所取代。一旦人们发现实现某一特定目标并不会真正令人满意,人们就会用一个新的目标取而代之,而同样荒谬的循环就又重新开始。叔本华对人类的存在做了悲观的控诉:"一切美好的事物都是虚荣,世界上一切事物都将破产,人们终将发现,生活是一项入不敷出的事情。"[9]

如果你曾有下场打高尔夫的经历,起码会觉得叔本华的论述相当精准地总结了打高尔夫的感受。高尔夫球手必须克服对失败和羞辱的恐惧、对危险或不利球位的沮丧以及对前方球员打球速度过慢的愤怒等诸多负面的情绪影响。每个高尔夫球手,都会打出令人痛苦不堪的失误球,包括左曲球、右曲球、触地球、切杆触地球、高炮球和相克球(Shank)。每个高尔夫球手也都有这样的体悟:高尔夫比赛,似乎是诅咒而不是祝福,高尔夫运动是情感的"过山车"。高尔夫的部分挑战来自如何掌控比赛时的心理,其中的关键是要接受消极情绪,不要让这些情绪干扰比赛。控制好自己的情绪,对比赛中所发生的一切保持开放心态,这样每次打高尔夫,就会成为一次修行的机会。高尔夫球手自己要对打出去的球负责,不能将糟糕的击球归咎于环境或外在的干扰,这样,就可以在良好的精神状态下学习和享受高尔夫。

在高尔夫比赛中经历的情绪高潮和低谷的磨砺,有助于人们更好地面对生活。当一个人为发生在自己身上的事情负责时,当一个人认识到生活是由自己创造的而不是无缘无故发生时,生活就会开始变得不令人沮丧,生活开始变得让人能够接受了。承担责任,使得我们有机会向生活中的事件敞开心扉并从中学习,对实现自己的目标有莫大帮助。如叔本华所说:目标的实现,常常让我们感到空虚和不满；目标的重要性，不仅在于目标的实现，还在于实现的过程本身。这才是为什么要设定目标的真正价值所在。如果目标仅仅是成就，那么一旦生活中的主要目标实现了，生活必然就会失去意义。只有寻求目标实现的过程，才使得我们的生活具有意义。

有的时候，打一场极棒高尔夫的乐趣，会因为这样一个事实而减弱：比赛必须在规定的十八洞打完后结束。假设你在一场比赛中感觉奇好，开球长而直，切球干净精确，推杆都顺利达洞，我们常常会希望这场比赛能一直继续下去。但比赛总是要结束的，就像每个人的生命，总有一天会结束一样。悲观主义哲学家如叔本华和阿尔伯特·加缪提出生命毫无意义的主张，我们可以做这样的正向解读：因为没有后续，因此生命结束了，也就结束了。

对大多数人来说，总有一死的前景和世界终有末日是难以想象的。科学家说，再过大约五十亿年，太阳将走到生命的尽头，会爆炸成一颗巨大的超新星，吞噬掉整个太阳系。哲学家伯特兰·罗素写道："（那时）历代所有的劳动、所有的奉献、所有的灵感、所有人类天才的光辉，都注定会在太阳系的浩劫中消亡，而人类成就的整个殿堂，会成为被埋在宇宙废墟下的一堆瓦砾。"[10]

许多人会为个体和人类社会终极的死亡前景感到担忧。但是，仅仅因为生命是有限的，就说生命无意义，这有意义吗？人们在真实生命中所展示的肯定不是这样：知道努力作用有限，并不妨碍人们努力发现价值并参与其中。高尔夫运动不会因为比赛时间有限而变得毫无意义。恰恰相反：高尔夫之所以有意义，正是因为高尔夫运动时间是有限的。一场高尔夫球赛只有十八洞，我们就更不能不负责任地凑合打一洞，却借口说我们将在下一洞上将心注入。一场高尔夫的时间是短暂的，因此更要尽心尽力打好每一杆。同样，生命短暂，我们也要每一天不负韶华。在高尔夫运动中，人们常会为精彩的比赛结束而悲伤；同样，一个人在生活美好的某一刻也会悲伤地感到，终有一天美好将随风而去。我们很可能会择日再打一场高尔夫，却不能说择日进行第二次生命之旅。这是我们不得不面对、不得不接受的事实，但这不意味着生命变得毫无意义。如果这就是生命的实相，就是我们所应得的正果，那么我们就更应该智慧地活在当下，尽情地活在属于我们的珍贵无比的每一分每一秒中……

确定了有限的时间，其实赋予了高尔夫以意义。如果时间不确定地进行下去，高尔夫会变得单调乏味，就会从一种令人愉快的消遣变成一件无法忍受的事情。生活何尝不是如此：无穷无尽的没有意义的生活就像无穷无尽的高尔夫，会让人们的欣喜之情和欣赏之意渐渐消退，慢慢将变得单调乏味。关于死亡是否标志着存在的终结，哲学家沃尔特·考夫曼写道："这种想法可能是错误的，可能会有惊喜等着我们，不管这种可能看起来多么不可能，也不管证据多么匮乏。我不希望我想要的生活无法永恒。如果我们充满爱、激情四射、充满活力和创造力，过了想要的生活，过了没有比这种生活更让我们喜欢的生活，那么我们将无惧生死。"[11]

有意义的高尔夫，有意义的生活

有人认为，打高尔夫纯属浪费时间，这是可以理解的。是的，打高尔夫不会解决世界饥饿问题，不会结束军事冲突，不会拯救环境，不会解决任何紧迫的社会问题。但如果我们纵身其中，会发现高尔夫不仅是一种消遣，还可以教会我们如何更好地生活。人们从高尔夫中学到重要的一点是：生活不应该是"一件该死的事情接着一件该死的事情"。高尔夫重要的不是比赛，而是如何比赛。在高尔夫中采用何种方法来应对不同状况下的挑战，决定了高尔夫对我们的意义和价值。同样，在生活中重要的是如何生活，而不仅仅是生活。如果将生活与高尔夫运动对比起来看，就会惊奇地发现，在有意义的生活中，无论做什么，无论如何生活，所谓卓越和追求卓越，就是与那些对我们最重要的人一起静享时光的流逝。

Notes

1. "Citing Other Priorities，Sorenstam to Retire at End of Season，"May 14，2008，http：//sports.espn.go.com/golf/news/story?id=3394086（accessed February 7，2009）.

2. E. J. Bond，Reason and Value（Cambridge：Cambridge University Press，

1983), vii.

3. Richard Taylor, Good and Evil (New York: Macmillan, 1970), 259–260.

4. Epicurus, "Letter to Menoeceus," in Greek and Roman Philosophy after Aristotle, ed. Jason L. Saunders (New York: Free Press, 1966), 51.

5. Robert Nozick, Anarchy, State, and Utopia (New York: Basic Books, 1974), 42–43.

6. "Bobby Jones Quotes," http: //en.thinkexist.com/quotes/Bobby_Jones/ (accessed February 3, 2009).

7. Bond, Reason and Value, 121.

8. John Kekes, "The Informed Will and the Meaning of Life," in Philosophy and Phenomenological Research 47, no. 1 (September 1986): 85.

9. Arthur Schopenhauer, The World as Will and Idea, trans. R. B. Haldane and J. Kemp (London: Kegan Paul, Trench, Trübner, 1883), 383.

10. Bertrand Russell, "A Free Man's Worship," in Why I Am Not a Christian (New York: Simon and Schuster, 1957), 107.

11. Walter Kauffman, Existentialism, Religion, and Death (New York: Meridian Books, 1976), 214.

第十七洞
友谊第一，比赛第二
高尔夫和友谊

安迪·威布尔（Andy Wible）

电影《生活多美好》（*It's a Wonderful Life*）中，天使克拉伦斯最后送给贝利一本书，扉页的题词说得好："有朋友的男人不是失败者。"人类是有爱心的，生命因家人和朋友变得不同。高尔夫常常被认为是极端孤独和独自的运动，要单独一人对抗球场，输赢不假于人，完全取决于打球者自己。虽说如此，但高尔夫运动的乐趣和吸引力，却大部分来自打高尔夫球时积累起来的朋友圈。一个人如果一直单独打高尔夫，这个人最后很少会频繁地去打高尔夫球。虽然打高尔夫的目的不是促进友谊，但高尔夫比大多数运动更具魅力，这恰恰是因为高尔夫具有培养恒久友谊的功效。无论是自然的高尔夫四人编组，还是其乐融融的高尔夫退休养老社区，神奇的高尔夫成为人们自然放松、愉快玩聚在一起的纽带。高尔夫为什么会促进友谊呢？回答这个问题前，我们先看一下什么是友谊。

什么是友谊？

我们几乎每天都称呼某人为朋友，但如果真有人问："什么是朋友？"，我们可能一下很难回答出来。朋友，显然是某个你喜欢待在一起的人。朋友的反义词是敌人，是你不喜欢的人。朋友有各种类型，比如健身的朋友、政治上的朋友、工作上的朋友、打高尔夫的朋友、网球的朋友等，不一而足。人们之所以成为朋友，归根结底是有共同的价值观和兴趣。古希腊哲学家亚里士多德称这种朋友是"基于效用的友谊"，朋友关系让彼此受益。但亚里士多德也认为，基于效用的朋友的帮助有限，是不能长久的。比如因高尔夫球结成的朋友，当一方放弃打高尔夫球后，就不再是朋友了。幸运的是，在现实生活中，许多高尔夫的球伴超越了只是打高尔夫的搭档关系，因为高尔夫的机缘，他们最终成了真正的朋友。

本文重点讨论的，正是有关真正朋友的友谊这个议题。毋庸讳言，朋友常常对我们有益，但这不是我们喜欢朋友的根本原因。亚里士多德认为，朋友有良好的品格，才是我们喜欢和他们在一起的深层原因。真正的朋友，即便改变了所喜欢的运动、工作有了变动或改换了门庭，都不影响我们和他们之间的牢固友谊。友谊，只有友谊，才能经受住人世间的沧桑变化。对原来的朋友，在我们认为其道德败坏时，才会与之断交。亚里士多德说：如果一个人对你撒谎、给你带来伤害[1]，友谊就将很难再保持下去。

关于友谊的本质。友谊是非同寻常的，不是每一个我们称赞的人，都能成为我们的朋友。我本人高度评价美国总统奥巴马的所作所为，但他并不是我的朋友。有些人常常会滥用朋友这个词，把遇到的每一个人都叫作朋友并加以赞美。真正的友谊需要时间的沉淀积累，你即使和某人打了一次十八洞的高尔夫，也不一定能成为朋友；但时间也不意味着一切，我们可能在工作中长时间与某人相处，但他/她不过是我们不得不与之共事的人，并不一定会是我们的朋友。知音难觅，朋友难得。

友谊至少有两个附加的特征：双方彼此深入了解并真诚关心。我们了解我们的朋友远胜陌生人，对朋友的思想、价值观和需求了解得越多越细，彼此的友谊就会越牢固。同事只是工作上的伙伴，工作中的交流还不足以了解他个人的全面信息。作为朋友，我们想了解他们，因为真正的朋友会关心对方的福祉，私密信息的交流其实是一种亲密感情的传递，是牢固彼此关系的重要纽带。值得注意的是，有些人第一次见面就告诉你他生活的细节，比如他的父母即将离世，这些不意味着这个人会成为朋友，因为我们对被随便什么人告知的信息并不会像对朋友那样产生共情。朋友是让我们比对陌生人更在乎的人。当一个朋友心急如焚，我们也会忧心忡忡，即使担心的程度没有对方那么迫切。我们希望朋友大吉大利，如果好运没有降临在朋友身上，我们也会感到不高兴。朋友间要存有真情，所谓本真，才能本善，本善就会带来本美，彼此倾心的朋友就该如此。

哲学家劳伦斯·托马斯指出，友谊还有另外三个突出特征。

第一，友谊是一种选择。朋友是我们自己选择和他们在一起的人，跟我们所关心的父母或兄弟姊妹不同。父母永远是我们的父母，但朋友经常会因为我们的选择而产生变化。在很多情况下，朋友是有限的选择：我们可能想和泰格·伍兹或杰克·尼克劳斯做朋友，但这种选择的渴望只是一厢情愿。此外，友谊往往产生于不期而遇之中，终生相伴的友谊经常结缘于高尔夫球场：当独自下场的高尔夫球手随机配组成一个球队，四人一起打十八洞，一种高尔夫友谊的机缘就产生了。

友谊的第二个特征是，朋友关系中没有谁处于对方的权威之下，朋友是平等关系。一个人不能强迫另一个人成为朋友，在交往中，也不能像心理治疗师那样[2]，自觉或不自觉地让对方掏心掏肺地付诸感情。如果我花钱请人一起打高尔夫球，而来的人不能双向交流，那么他也不应该算作我的朋友。

托马斯认为友谊的第三个也是最后一个特征，是要相互信任。朋友会被互相关心和帮助所感动，并且内心笃信，想要倾诉时，对方会诚意聆听；需要援手时，对方会拉一把。朋友间是能够分享私密信息的，这源于彼此相信对方会保守秘密。朋友就是要互相帮扶、彼此依赖，撒谎或在需要的时候不出现的所谓朋友，终将被证明不是真正的朋友。简而言之：朋友就是经你亲自挑选的、值得信赖的、和你处于平等关系的、你欣赏的人中龙凤。

四人编组高尔夫促进友谊

只要是体育运动，都能促进友谊，因为大家参与其中有共同乐趣。除被迫参加体育运动的儿童和需要以体育谋生的职业运动员外，人们参加体育运动只是源于纯粹的热爱和享受的乐趣。但是，进一步研究表明，并不是所有运动在培养友谊方面的效力都是一样的。

　　高尔夫在各种体育运动中有一点是独领风骚的，在打高尔夫球中，球伴间会有大量的交流时间。不管是步行或坐车到下一个击球点，或是在果岭上等待推球或在发球台上等待开球。一场球下来的几个小时里，高尔夫球伴有大把交流时间。交好的朋友是需要花费时间的，打高尔夫就提供了绝佳的时间窗口。棒球比赛允许运动员在休息区交谈，但仅限于同一支球队球员之间。其他运动如网球、篮球和足球，只允许在暂停、中场休息时间或比赛间隙交谈。打高尔夫时，沟通交流经常会延续到第十九洞（即回到会所的餐厅继续尽情增进友情），重要的是，高尔夫运动在比赛的全过程中，给球伴们交流提供了极大的便利，让所有一起比赛的高尔夫球手可以放松、自然地交流沟通。

　　打高尔夫球中建立的友谊，往往恒久远，因为高尔夫是一项可以从三岁（泰格·伍兹是从两岁）打到一百零三岁的运动！许多运动如足球、风筝、冲浪甚至篮球往往只能在身体巅峰期才可进行，而且还会因为激烈的运动造成身体的磨损，无法长时期进行下去。篮球飞人迈克尔·乔丹五十九岁时，已不太可能与篮球界的顶尖选手竞争，而高尔夫界的汤姆·沃森五十九岁时，在2009年英国公开赛上仅以一杆之差憾失桂冠。还有一个独树一帜的有趣的现象，参加高尔夫的人数随年龄的增长不是下降而是增加。对魅力无穷高尔夫运动的共同爱好，让高尔夫球友间建立起密切关系，并且可以从青少年联赛一直延续到超级长青赛。

　　高尔夫球手朋友间会如此亲密，很多人会按高尔夫朋友圈来安排自己的生活。许多高尔夫爱好者会加入私人高尔夫俱乐部并经常参加活动。在那里除了打高尔夫球还能共进晚餐，在泳池劈波斩浪和开展其他社交活动。另外，高尔夫退休养老社区的人气也越来越旺，著名的退休养老社区，如佛罗里达州的威利吉（位于奥卡拉和奥兰多之间）或亚利桑那州的太阳城社区以及其他类似的地方，吸引了成千上万想打高尔夫球的人。在这些社区，打到价格合理的高尔夫并不是主要的快乐，真正的美妙之处在于你可以和那些有着共同兴趣和价值观的同龄人，一起尽情并慢慢度过人生中的美好时光。高尔夫像块吸铁石，具有成就友谊的强大吸引力，让人们心之向往地聚集在一起。

高尔夫是平等的运动。高尔夫有一个差点记分系统，允许水平差别很大的高尔夫球手在平等竞技环境下进行高尔夫比赛，而不削弱任何一个打球者的乐趣。在网球和棒球等一些运动中，和水平高很多或低很多的对手较量，会了无乐趣。高尔夫则完全不同，即使伍兹来了，众人也可以和他一起享受同台比赛的乐趣，甚至按照差点系统的公平竞争记分，伍兹还可能被一位差点为十五的球手击败。

挑战高尔夫球场和球伴对手，是不打不相识地让彼此亲密增进友谊的修行过程。高尔夫会让身体和精神上的弱点充分暴露出来，会透露出人内心的脆弱，最后具有坚强意志和出色身体的人，才会攀登到高尔夫水平的顶端，那些软弱或扛不过竞争的人则会沉沦到底部（我就是底层的"送财童子"）。从打出一杆完美的五号铁带来的浑身舒坦、欢天喜地，到错过两英尺推杆的捶胸顿足、懊恼不已，高尔夫球让每个人迟早会在高光时刻和低光度中无所遁形。除了自己，没人会对由此而来的责备或奖励负责。

值得一提的是，高尔夫和其他运动一样，会营造出只有少数几个人才有的共同活动、共享回忆的时光。一杆进洞、在走线复杂的五十英尺长推杆入洞并最终赢得一美元拿骚赌局，甚至打出相克球将一辆路过汽车的挡风玻璃击碎，这些令人怦然心动的高尔夫时点，就是在雕刻友谊的时光。难忘的时光造就难忘的友谊。

人们会问：难道竞争不会妨碍友谊吗？当两个人之间存在相互关心或善意时，友谊是存在的。但在竞争中，为了获胜而打败对方是目标，这与彼此善意的初衷相反。竞争带来的是自私而不是合作的行为。我们承认，真正的友谊可能在一个没有公开竞争的俱乐部（如扶轮社或同济会）或宗教环境中才会得到更好的增进。高尔夫毕竟是一项个人运动，也会对塑造友谊造成一些麻烦。与此对应的团队运动的参与者有一个优势，那就是能够把队员团结在一起，一起努力打败竞争对手。团队竞技运动在增进友谊方面特别好，因为有一个共同的"敌人"，没有什么比有共同的"敌人"更能把人们凝聚在一起了。

高尔夫也有团队比赛。参加莱德杯和总统杯的美国职业高尔夫球手经常会说，当他们与欧洲队或国际球队对抗时，他们与队友的关系突然会变得特别亲密。业余高尔夫爱好者之间也经常会有团队比赛，在这些活动中，伙伴们会形成特殊的关系。此外，高尔夫虽然是个人运动，但是也能培养相互信任，因为玩家需要自我宣告罚杆，每个球手都必须相信对方是诚信和直率的；另外记分规则也导致彼此进一步的信任，因为分数是由同组其他球员记录而不是官方记录。这些点滴过程中累积的信任，解释了为什么打高尔夫对商务交往和增进亲密友谊有很大帮助：如果一个球手在球场上很诚实，那么很可能他在生活中的其他领域中也会诚实（反之亦然）。此外，在高尔夫球场上也有一个共同的"敌人"，这个"敌人"或许在道义上看来甚至好过团队赛的内部互相以对方为攻击目标。这个共同的"敌人"就是高尔夫场的球道。高尔夫球手经常威胁要做一些事情，比如砍倒总是挡在他们击球路线上的某棵树，当然没有人会在他们的球包中私藏电锯，这种抱怨只是玩笑。但请注意，说出这样违反人性的话总还是很糟糕的，比如在电影《疯狂高尔夫》中，卡尔说要割断史麦斯法官的腿筋来帮助泰·韦伯赢得比赛，尽管他只是开玩笑，但这话让人听了会极度不舒适，卡尔在说过分的疯话。

　　最后，高尔夫比赛还可以促进亲密关系。在高尔夫比赛中获胜，成为共同的利益追求，这大大增加了比赛的乐趣。人们喜欢彼此竞争，并通过自由选择挑出一起竞争的伙伴。高尔夫比赛因此被哲学家兼高尔夫球手罗伯特·西蒙（Robert Simon）称为"对卓越共同追求"的比赛。西蒙相信，在游戏规则和道德准则下的竞争能让人们关系更加亲密。竞争不是要不惜一切代价赢得胜利，相反，"良好的竞争，是和竞争对手比学赶帮超，让彼此都经历强有力的挑战洗礼。虽然一方赢了，另一方输了，但双方都共同经历了努力奋勇的拼搏[3]，所以都将终有所获"。这种彼此的良性竞合，需要有体育精神做背书。因此试图打败对手时，也应该同时祝福对手成功。我们可能想打败朋友，但也应该希望朋友打得出色，当然更希望自己打得更好。一个怀有"不计牺牲也要赢"心愿的高尔夫球手，也许会赢得一场高尔夫比赛，但可能会由此失去经年累月点滴积累下来的友谊美德，而后者是更为珍贵的。

友谊为什么极为重要？

人们在相互竞争中往往会激发卓越表现，这种成就感的乐趣是产生友谊的深层原因，所谓不打不成交。人们重视友谊，这一点从渴望和熟悉的人一起打高尔夫中已经表露无遗：有人陪着打高尔夫感觉好，跟好朋友一起打高尔夫的感觉就更好了！我们珍视友谊，还表现在梦想和高尔夫体育明星互动。在PGA和LPGA巡回赛现场观看世界顶级高尔夫比赛，人们不仅陶醉于顶级球员高超的高尔夫球技里，并且从内心也欢喜见到这些运动员，想看看伍兹、尼克劳斯、帕尔默或劳瑞娜·奥查娅的打球，想要与他们互动甚至成为朋友。一名明星球员对我们说："嘿！你看起来很酷，比赛结束后一起吃晚饭怎么样？"这句暖心的话，透露出"大神"喜欢我、平等待我，大多数人一定会像中了彩票大奖一样兴奋吧！体育作家约翰·费恩斯坦认为，阿诺德·帕尔默的魅力在于他能像朋友一样与粉丝沟通。费恩斯坦写道："当人们呼喊帕尔默名字时，他不像大多数球员那样，高高在上地向观众挥手，而是在人群中找到那些呼喊他的人，用眼神与喊叫者交流，然后会说点什么[4]，每次都是这样，屡试不爽！"帕尔默有种魔力，使在场的人都觉得他注意到了他们的关心，并一定会谦逊地作出回应。"阿诺德的粉丝军团，就是阿诺德的朋友们，毫无违和。"

既然大家都重视友谊，我们还再深入问一下：为什么要重视友谊，友谊总会有好处吗？亚里士多德说过，人们珍视友谊，因为人是社会性动物。人们享受别人充满友谊的陪伴，因为在友谊中，才能充分实现自我价值。亚里士多德指出，一个人如果没有朋友就不会幸福，没有朋友的人就像孤独地在睡梦中度过了一生，是不会感到幸福的。人在爱别人时感到快乐，人更喜欢被别人爱，自利利他即是如此[5]。没有什么比你在乎的人也在乎你更好的事了。这种惺惺相惜，不是为了利益，因为朋友就是那些把你当作一个人来关心的人。同打高尔夫的伙伴，关心你是否能与他或她一起组队比赛，这种关心令人感动，当球伴不含有其他目的从内心关心你时，他或她才是你真正的朋友。秉承亚里士多德的思想，能达到友谊或关怀的最高层次，根源在于双方都认为对方是品性良善的人。这种心心相映的友谊，才是理想的友谊，这种友谊才会持久。只要双方都保持品性良善，彼此的友谊就会恒久远、永流传。一个坏人不会从其他人身上得到快乐，除非另一个人对他有好处。好人愿意和品性良善的朋友同甘共苦。

亚里士多德清晰洞见到，人们想要品德高尚并充分发挥潜能，就必须有朋友。大多数活动甚至独自沉思的思想活动，如果能与朋友合作则会更好[6]。在共修的过程中，朋友冒出这样那样的想法，会给你这样那样的启发和借鉴。有些想法在我们头脑中产生后，自己可能觉得很棒，把想法和朋友交流后，可能就会觉得这些想法还是比较稚嫩甚至可笑的。朋友们会互相提醒要打一杆过渡，不要试图直接把球打三百码过水面，这些都是实实在在的有效用的建议。人都会本能地高估自己，朋友是一面镜子，可以避免我们犯一些错误，让我们更准确地评估自己的生活，有更多的自知之明。友谊是建立在高尚品德基础上的，所谓朋友就是支持彼此成为有美德的人，彼此给对方都带来无限快乐的人。朋友也是理性的知己，是和我们有情感联系的人。成为品德高尚的人的方法，就是要和品德高尚的人在一起。高尔夫赛四人编组中，如果四个人中有一个是诚实的人，就会促使这一组的球伴们也变得诚实，所谓"近朱者赤"。

亚里士多德指出，在某项活动中，与有共同价值观的人一起共度时光，会增加人们的兴趣，也会让大家都乐此不疲。不管是打高尔夫球还是看电影，乃至从事枯燥繁重的劳动，和朋友一起做，会趣味横生、快乐多多，老话说的"男女搭配，干活不累"也是这个意思吧。当然这不包括一些不合格的朋友，因为这些不合格的朋友不具备真正的朋友温情，他们仅仅是为了单纯的快乐而结成所谓的朋友。这种友谊带来的快乐是次要的，交友的目的不只是快乐，只不过对朋友的关心和共同兴趣会带来快乐罢了。这是一个悖论，我们从朋友那里得到深深的快乐，而这种快乐不是我们主动寻求的，与我们尊敬和喜爱的朋友一起打高尔夫球，比起与一个我们以为很有趣的人一起打高尔夫，我们会得到更多的发自内心的快乐。

越是对个人友谊有深入了解，就越会洞悉友谊对社会的重要意义。社会受益于诚实、勇敢和有节制的人。真正的朋友是我们可以信任的，在需要的时候能帮助我们、能耐心听我们倾诉的可信赖的人。品性高尚的人会是好公民，是我们想要成为朋友的人。劳伦斯·布鲁姆指出，友谊创造道德公民社会最明确、清晰的品质：彼此关心的共同善意。友谊很重要，友谊也意味着要为朋友而行动。彼此关注美好良知，让朋友互相照顾，并由此夯实个人发展和社会的正常运行的基础。

布鲁姆认为，关怀、同情、意气相投这些合乎情理的情感，可以有效反驳统治了现代的一些流行但没有感情的道德学说：功利主义（为社会最大多数人带来最大幸福）、康德伦理学（普世化的道德就是不得杀人、不得撒谎）[7]。我认为，朋友的相互祝福具有更大的道德价值，或至少较之功利主义和康德主义是不相上下的。功利主义和康德主义摆出的是一副对陌生人和知己应该一样关心的道貌岸然的面孔。举个例子：假设你住院了，一位朋友来探望。你说："谢谢你来看我，谢谢你的关心。"一个功利主义的"朋友"可能会答道："呃，我只是顺道来看看你，看望你会增加更多人的幸福感，我想我是在做一件正确的事情。"而一个康德主义的"朋友"，则可能会这样说："嗯，我有道德义务来看你，所以我来了。"在这两个假定的场景中，每个朋友都采取了正确的行动，却因为错位的观念采取了"冷道德"的方式。好朋友来看望你，只是因为他们关心你，担心你的身体状况。友谊的核心是对个人的关怀，这种真挚的个人情感对社会也是非常有利的，友谊之中包含着使个人和社会变得更好的正能量种子。

邪恶的友谊和不合理的排斥

人不应该有了很多朋友就自以为是。仅仅有朋友甚至很多朋友，不意味着能过上高尚充实的生活。现在来看看两个要避免的友谊陷阱。第一个友谊陷阱是由C.S.刘易斯提出的。不同于亚里士多德，刘易斯认为坏人之间也可以是而且往往是朋友。电视剧《黑道家族》的匪徒帮派成员托尼·索普拉诺身边就有一些凶恶的朋友。这些狐朋狗友经常会怂恿托尼去复仇，并且帮助他掩盖罪行。在高尔夫球场上，我们也会认识一些缺乏道德的人：他们粗鲁、撒谎和取笑别人，也有一些人醉心支持各自的偏见和冷漠态度，应了那句话：物以类聚，林子大了什么鸟都有。在内心匮乏和道德缺失的人之间，友谊的基础是恶而不是善。

　　刘易斯说的对，恶人之间也会形成亲密的关系。但友谊这个高尚的概念并不因此被贬低。坏人间的友谊只是代表了坏人也有善良的天性。关心朋友的幸福，即使是邪恶朋友之间的关心，也是一种令人钦佩的好品质。两位朋友间即便经常会夸大彼此的高尔夫差点，试图以不光彩的小伎俩赢得在俱乐部的高尔夫赛，但只要对朋友的病痛感到难过，都还是具有善良情感的朋友。亚里士多德主张，只有品德高尚的人才能成为朋友，这种主张可能是错误的，因为对他人的关心是一种良好的品格，即使关心的是一个坏人。当然，坏人之间的亲密关系也并不都是友谊。一个人假装关心他的"朋友"撒谎说他不能帮忙送"朋友"去医院，因为"朋友"的车抛锚了（真实情况是他约了高尔夫球，他只想打球），这当然不像是一个朋友。另一个差不多的情况是，一个所谓的朋友向另一个朋友借钱却不打算还钱，这种人也不是真正的朋友。

　　友谊的第二个陷阱则更为严重，那就是友谊的偏爱。友谊本质上是排他性的，不是每个人都能成为朋友，因为培育友谊需要时间，友谊是建立在彼此共同的兴趣和价值观基础上的。我们对朋友的关心和对陌生人的关心是不同的，我们对朋友的关心要深得多。照顾朋友顺理成章，在大多数情况下，照顾陌生人却是勉强的。我们通常更会去帮助朋友，给他们买漂亮但对方不一定需要的礼物，而不是把钱用于救济一个缺乏基本生活必需品的陌生人。帮助那些最需要帮助的人（做正确事情），这种更大的善行似乎被狭义的友谊扭曲了。此外，友谊也可能与正义背道而驰：一家企业的老板，可能让朋友的女儿而不是让更有资格的陌生人得到实习机会；老师可能会给他的朋友打一个更高的分数。友谊偏好的陷阱也会导致种族隔离，有的时候隔离是故意的（只和相同宗教背景的人交往），有时虽然不是故意为之，但会不自觉地只和跟自己相似的人交朋友。凡此种种的偏袒性友谊偏爱，有悖于友谊的初衷。友谊应该为社会带来整体幸福、做公平或公正的事情、促进开放和多元化。

　　高尔夫也不能幸免一些友谊中固有的问题。虽然高尔夫运动在克服友谊陷阱方面已经取得了很大的进步（格雷在本书第八洞文章《玩到底？高尔夫运动中的种族主义与性别歧视》中指出了这一点），然而许多乡村高尔夫俱乐部往往还在公开实行基于阶级、性别或种族的排他性政策，并且悄悄采取某些排他性行为。女权主义者尤其反对传统社区中的忽视性别问题的一些价值观[8]。私人俱乐部则要求必须有推荐人或保证人才能成为俱乐部的会员，一个人如果在圈子之外，就无法成为会员。商人们经常参加高尔夫俱乐部，来将商业联系发展成友谊关系，这些关系给予成员特殊的优先权，没有这种友谊关系的人就没机会。即使一个高尔夫俱乐部是面向公众开放的，没有明确的排外性，但在那打球的朋友之间，也可能产生排他性。一些朋友群还因排他行为而名声在外，像非裔美国人团体、犹太人团体，当然，也包括一直很受欢迎的富有的白人团体。

排他性给友谊带来严重问题。似乎和亚里士多德的观点相反，排他性允许友谊是不道德的。幸运的是，有好几种方法可以用来避免这些问题。一种方法是：对待每个人都一样，永远不成为狭隘友谊的牺牲品。现代道德理论和法律关注整体社会幸福或抽象正义等概念，这促进了平等的观念，每个人都应该被平等对待，给朋友的礼物和给陌生人的应该一视同仁，在生意上永远不要考虑友谊等。政府和企业显然鼓励这种做法，在娱乐和送礼方面，有严格的法律限制和自我约束（这对苦苦挣扎求生存的私人高尔夫俱乐部不利）。从以利益和公平为中心的商业角度来衡量，这个方法可能是合适的（尽管企业和客户之间失去友谊，然后失去信任，似乎已成为现代商业中普遍的现象）。但从个人角度而言，这样的做法有些过火。在日常的个人生活中，友谊使生活充实而有价值，当你有喜欢和信任的朋友时，你的幸福感会增加。一个道德社会，应该是一个包容个人友谊的社会。

女权主义哲学家玛丽莲·弗里德曼给出了另一种解决排他性友谊的方法。弗里德曼承认社区对自我认同和社会繁荣的重要性，但她也敏锐地意识到，人们出生的家庭和社区往往带有性别歧视或种族歧视的基因。这种无处不在的隐形歧视常常被忽视。想想本文开头，甚至连"天使"克拉伦斯也说过：有朋友的"男人"不是失败者。弗里德曼没有避开这种歧视问题，她承认"现代自发友谊社区"的重要性，也承认这些社区是传统的家庭和街坊社区的重要观念解毒剂。政治行动团体、互助团体和共同爱好者协会是自发的朋友圈，应该被承认为公共成果和个人成就的重要组成部分[9]，其中妇女团体、非裔美国人社区就是这类自发友谊团体的例子。美国女子职业高尔夫球协（LPGA）也是这样一个职业团体社区。LPGA是由女性组成的，让女性参加女性自己的高尔夫赛，以便充分发挥女性潜力、实现平等。LPGA是运营时间最长的独立职业女子体育组织，在解决性别歧视上比以往任何时候的任何运动都更成功。总的来说，LPGA和女子体育不应被当作低人一等的运动，而应当光明正大地作为一种不同类型的竞技运动傲立于世。作为一个非传统的开放社区，LPGA甚至提供了一个更充分表达所属成员个性和成就感的途径。在休闲高尔夫中，有许多自发的高尔夫友谊社区：女子、犹太人、非裔美国人等组成的高尔夫团体，这些特立独行的承载高尔夫友谊的一叶"扁舟"，让传统上被排斥的群体借由高尔夫开始身心灵的充分圆融，真善美的尽情绽放。

令人担忧的是，我们也必须认识到，上面这类自成一统的持续排他隔离状态实际上并不能实现真正的平等。如果人们从消除公立学校种族隔离的"布朗诉教育委员会案"中学到了什么的话，那就是认识到排他性隔离实际就是不平等。基于宗教、种族、民族的排他性隔离是错误的，这类排他性问题的答案似乎很明确，但性别的排他性隔离却不是那么容易判断。有人会辩称，LPGA并不像过去的非洲裔美国人棒球联盟，后者虽然给了黑人选手参加比赛的机会，但在本质上是不公平的，而且女子高尔夫传奇球手安妮卡·索伦斯坦也不能和黑人传奇棒球手杰基·罗宾逊相提并论。想想看，自从贝比·扎哈里亚斯于1945年在图森公开赛（Tucson Open）顺利晋级之后，就再也没有女性在LPGA巡回赛上晋级。依照一些保守派的遗老遗少观点，不是政经力量而是体力阻止了女性参与高水平的高尔夫竞争。LPGA有许多容颜姣好、身材一流的漂亮高尔夫女球员，但LPGA还只是一个三流的高尔夫比赛。在高度竞争的高尔夫巡回赛上，简单地把男女高尔夫球员混合在一起比赛，其结果将会使大多数女性球员注定沦为小型旅游团的游客角色[10]。我们需要承认，比起男女混合的高尔夫比赛模式，LPGA和女子高尔夫运动总的来说给了女性高尔夫选手更多的机会。

对女子体育运动应该隔离进行的观点，至少有三条理由可以来驳斥：第一，从青少年时期开始的男女混合赛，会激发更高层次的平等竞争和友谊的百花齐放、欣欣向荣的局面。魏圣美或是一个无法复制的例外，但是她的案例也可以被看作男孩和女孩从一开始就混合在一起训练的情形，而这是催生平等竞争的萌芽。第二，高尔夫球场应该被建成更适合女性高尔夫球手的球场，让女性选手可以淋漓尽致地发挥：比如球道可以更窄、长度可以更短、果岭可以更小更快，这样的球场设计，会让男女球手同台更平等竞争。第三，即使男女在生理上是不同的，也不能由此推论说男女分开比赛就是一个合乎逻辑的结果。亚洲人体形上比其他种族的人小一些，但并不能证明举行一个只允许亚洲人参加的职业联赛是合理的；非裔美国人主宰着职业篮球，但这并不能让一个只有白人的篮球联盟变得顺理成章。

休闲高尔夫俱乐部应该开放会员资格。像男性专属高尔夫俱乐部，以及现在看来匪夷所思的男性专用烧烤架，都应该成为歧视性历史的一部分，被抛进历史的垃圾堆；所谓女性节日也应该被当作某个历史阶段过渡性的慰藉，这样才能实现真正的社会正义。布鲁姆认为，同情、关怀和意气相投是道德生活的重要方面，这当然是正确的，但我们也应该承认道德生活还包括一些其他重要的价值取向：任何道德，必须要与社会整体福祉、正义、多样性和权利这些价值观相平衡。不能像拒绝一个品行不好的人加入俱乐部成为会员一样，只因为种族、性别、宗教种族等理由而拒绝一个人拥有高尔夫俱乐部会员资格，这是不公正的。高尔夫俱乐部和球场应该采取进一步措施，制定广泛的反歧视政策（像《财富》500强中大多数公司所做的那样），包括禁止用上述理由以及其他无关理由加以歧视。

个人友谊在包容和多样性上也需要更加开放。友谊是建立在选择基础上的，许多人不愿意批评任何一种友谊，因为毕竟友谊"是一种选择"。我们承认一些选择比另一些要好。把说谎、偷窃或伤害别人的人排除在朋友圈以外，这种选择当然是正当的；但因种族、性别、宗教或民族因素，而将某人排除在朋友圈外，是没有道义的理由的。很少有人会承认自己是种族主义者，大多数人会说，"我不是种族主义者"（或性别歧视者或偏见者），但这些人的朋友圈只有相同民族、性别、种族的朋友。认清自身在朋友和友谊上的倾向性（真正的好朋友会帮我们反思），重视包容性和多样性这些核心价值观，对我们过上有道德的生活至关重要。多样化丰富的友谊是道德品格和智力品格的"沃土"，会让人们从善如流地过好生活，在生活中成为更好的人。

调整好个人生活和我们的组织制度，避免不公正的排他性，与此同时，保有一份对友谊的关心和忠诚，是每一个人在高尔夫球场内外安享美好生活的关键所在。高尔夫之所以是令人向往的运动，在于高尔夫能让友谊的"小苗"在适宜的条件下茁壮成长。克拉伦斯或会在一个仲夏之夜翻拍《生活多美好》时说道："打高尔夫球的人都有好朋友。"这句高尔夫"心语"，是一株友谊的"小苗"，应该被润物细无声地植入每个高尔夫人的心田。

Notes

1. Aristotle, Nicomachean Ethics, trans. J. A. K. Thomson (London: Penguin Books, 1953), 1156a16–1157a9.

2. Laurence Thomas, "Friendship and Other Loves," in Friendship: A Philosophical Reader, ed. Neera Kapur Badhwar (Ithaca: Cornell University Press, 1993), 56.

3. Robert Simon, Fair Play: The Ethics of Sport, 2nd ed. (Boulder, Colo.: Westview Press, 2004), 27. Chapter 2 provides Simon's full defense of competition as a quest for mutual excellence.

4. John Feinstein, A Good Walk Spoiled: Days and Nights on the PGA Tour (Boston: Little, Brown, 1995), 254.

5. Aristotle, Nicomachean Ethics, 1159a9.

6. Ibid., 1177a34.

7. Lawrence Blum, "Friendship as a Moral Phenomenon," in Badhwar, Friendship: A Philosophical Reader, 192–210.

8. Particularly see Marilyn Friedman, "Feminism and Modern Friendship: Dislocating the Community," Badhwar, Friendship: A Philosophical Reader, 285–302. Friedman does not argue against traditional country clubs in particular, but in her assessment communities, families, and religious organizations certainly seem analogous to traditional communities in golf.

9. Ibid., 298–99.

10. For a fuller discussion of men and women in sports, see chapter 5 of Simon's Fair Play, and Betsy Postow, "Women and Masculine Sports," Journal of the Philosophy of Sport 7（1980）: 54.

九

高尔夫之畅想

第十八洞
高尔夫的畅想
艰难游戏中的难题

安迪·威布尔（Andy Wible）

本书是高尔夫跨界哲学的思想结晶。全书共十八篇（洞）文章，依照高尔夫球场习惯呈十八洞排列，系列阐释了高尔夫、人生、哲学中的不同主题思想。作者是美国多所大学共十七位哲学教授和学者，包括美国体育协会前主席。第一洞到第十七洞的文章，探究了高尔夫和哲学的甚深因缘，想必读者读过后，会心有戚戚焉。本篇是第十八洞文章，也是本书最后一篇的文章，我们来畅想一下高尔夫中的哲学问题，旨在激发人们对高尔夫运动、高尔夫球手、所处世界的反观和哲思。读者在阅读过程中，可以积极思考并提出自己的问题。伟大的阿尔伯特·爱因斯坦曾经语重心长地说过："重要的是，永远不要停止提出问题。"

1.哲学家传统上倾向于理性而非感性。柏拉图和亚里士多德认为，要成为优秀的人，就需要理性统御情感。对比高尔夫和其他运动球迷的行为表现，高尔夫确实比其他运动显得更理性。高尔夫球迷观看高尔夫比赛时，会礼貌地鼓掌并保持安静，会控制自己的情绪，少有不守规矩的行为发生。

我们不禁要问：所有运动都应该遵循这种高尔夫模式吗？

高尔夫是否因球迷的礼仪行为而在道德上较其他运动具有优越感？曾经的莱德杯赛，以及凤凰城高尔夫公开赛第十六洞，出现的失控的欢呼场面，我们能说这是有违传统高尔夫道德的行为？凡事应该没有绝对吧！

2.圣奥古斯丁说过："不公正的法律不是法律。"这个信条激励公民去抗争不公的国家法律。高尔夫球员是否也应该对高尔夫的某些不公平的内部规则加以抗议？比如，业余高尔夫球手是否应该不遵守在果岭球位处放置妨碍性标记？这种标记对球手造成了非自然的干扰，以前则没有类似规则，所以也没有干扰。美国高尔夫球协会是否应该设立一个高尔夫法庭，听取业余和职业高尔夫球员对类似规则不满的申诉？

3.大多数高尔夫球手都会参加慈善活动。在许多高尔夫社区，每周末都有资助当地慈善机构的活动。多年来，PGA高尔夫巡回赛已向慈善机构捐款超过10亿美元。高尔夫慈善是彰显高尔夫运动价值最值得称道的事情之一。然而，如果高尔夫球手和球迷真的决心要帮助社会，那么直接向慈善机构捐款，而不是把大部分捐款用于高尔夫比赛、午餐、奖品，这样做不是更到位吗？慈善机构通常不会从捐款人那里直接获得收入，这样合理吗？慈善捐款一定要借助娱乐体育活动吗？

4.柏拉图在其名著《理想国》中讲述了一个格吉斯戒指的故事。柏拉图认为：如果每个人戴上格吉斯戒指就能逃脱惩罚，这个行为本身就是不公正的。牧羊人格吉斯找到了戒指，意识到这个戒指能让他隐身。格吉斯利用隐身手段，诱奸了女王，杀死了国王，并接管了王国。泰格·伍兹在职业生涯的头十三年中，是否也佩戴着类似的格吉斯戒指？如果你穿上伍兹的隐身鞋，会东施效颦步伍兹后尘，犯下类似的不公正行为吗？你会在没人看见的时候，移动你的高尔夫球吗？《理想国》中讲述这个故事的格劳肯说：认为拥有这样的一枚戒指，也不应该去做错事的人，是个白痴。都说上帝一直在看着我们，上帝是否能阻止人们去犯这些一般人看不见的错误？聪明人因为自己确信自己是公平、正确的，因而获得了足够的内心平静，如此一来，这些聪明人就可以大胆妄为了吗？

5.伯克利主教反对一种最普遍的信念：有一个物质世界存在。我们感知到的树木、物品和身体，都只是自我感知而已。没有物质世界会不受我们自身观察的影响。伯克利主教启发我们，要试着从摆脱感知的角度来思考问题。主教说:"为了弄清楚这点,有必要设想这些事物存在于你从未想象和思考过的情景之中。"道者,反之动也[1]。伯克利主教认为的物质世界不存在于我们感知之外,这个判断是对的吗?哲学家伯特兰·罗素反驳主教:物质世界的存在最能解释人们观察的连续性。当把高尔夫球打到池塘里,闭上眼睛然后再睁开,希望水不在那里是不可能的,池塘也永远不会消失。如果你认为罗素的争辩无关紧要,但你的球杆、球和比赛伙伴都只是你的感知而不是真实的,彼此的友谊还会发展吗?日复一日挥汗挥杆,难道都是徒劳的吗?这样一想,罗素对主教的争辩还不重要吗?

6.道德会影响事物的美吗?这也是在哲学上存在着巨大争议的问题。某件艺术品(一座美丽建筑)在道德上被指责(奴隶劳动制作或刻有支持奴隶制的文字),这件艺术品是否就不再美丽了?一位高尔夫球员挥杆姿势优美,却是一个品行不端之人,他的挥杆是否就不再潇洒如前了呢?一个高尔夫球场使用了大量有害环境的化学制剂,该球场是否就不再魅力十足了呢?还是说,这个高尔夫球场仍然是亮丽的风景线,只是球场的经营者是不道德的?

7.高尔夫球场可以说是地球上最美丽的应许地之一。但高尔夫球场动辄使用数千磅的杀虫剂和化肥,破坏了自然栖息地,减少了可建造宜居住房的大量土地,助长了郊区化的蔓延,也会耗用数百万加仑宝贵的水资源,凡此种种,只是为娱乐中上层阶级,造成这些环境问题是错误的吗?即使减少水和化学物质的使用,也只是掩盖了高尔夫球场背后存在的根本问题吧?高尔夫球手是否应该在走下高尔夫球场后,去思考例如虚拟高尔夫的开发,作为一种环保型高尔夫运动的解决方案?

8.高尔夫球越打越远,球场相应也越造越长。职业高尔夫球手是否应该效仿职业棒球,使用老式的柿子木棒和橡胶球?这样的效法会损害球员对卓越的追求和伤害球迷欣赏高尔夫的乐趣吗?如此的复古是应该的吗?此种效法棒球的举动,是否应该在业余高尔夫爱好者中率先予以提倡,并由此开发出距离更短的、更环保的高尔夫球场?

9.如果人人都能打高尔夫,世界会变得更好吗?USGA和PGA统计表明,如果更多人打高尔夫,贫困和种族主义等社会问题可以得到缓解,你认为是这样的吗？高尔夫这种昂贵的排他性的运动，真能对社会弊病产生有益影响吗？像"第一球座"（First Tee）这样的公益项目，是用道德的方式来帮助儿童吗？这些孩子得到了帮助，是因为孩子们能够借由高尔夫接触到更富有的社会阶层，而不是因为运动本身吗？许多高尔夫球场从业者，是否忘记了其实可以通过取消球童计划为下层阶级提供高尔夫社区服务机会，并以此来促进公民的正义？

10.尼采说："凡杀不死我的，会使我更强大。"通常，在生活中经历的痛苦越多就会越优秀。如果是这样，那么是否需要在发球台的前面修建难度更具挑战性的球道？是否应该鼓励球场管理者增加更多的沙坑和水塘障碍物以增加打球难度？如果一味鼓励要迎难而上，是不是也应该鼓励迎难而下：把鞋钉子穿在鞋里面而不是外面？

11.凯西·马丁因残疾坐着高尔夫球车打比赛，赢得了PGA高尔夫巡回赛的场地赛，堪称残障英雄的传奇。在足球比赛中，走路似乎不像跑步追球和铲球那样重要，允许足球运动员坐球车去追逐球而击败对手，那样的话会毁掉足球比赛。在高尔夫运动中，大多数人在比赛中都会坐高尔夫球车。高尔夫球车是否只应该提供给真正需要的残障球手？散步对环境友好，有益健康，符合保护球场的要求，诸如此类的理由，是否足以让高尔夫球车贴上残疾人贴纸，只供真正的残疾高尔夫球手使用？或者，使用高尔夫球车的危害是如此之小、享受是如此之多，是否人人都应该被允许使用高尔夫球车去打高尔夫球？

12.如果外星人入侵地球，外星人会被允许参加PGA高尔夫巡回赛吗？如果外星人是由不同于人类的材料制成的，这有关系吗？外星人也许比大多数人更强壮、更虚弱或更灵活，这有关系吗？将这种发散思维延展开来，是否男人和女人应该一起打高尔夫比赛？毕竟，男人来自火星，女人来自金星。

13.大家都不喜欢玩虚拟高尔夫。因为虚拟高尔夫只是在屏幕上打来打去，不被认为是"真正的"的高尔夫。随着技术进步，虚拟高尔夫反而更能够完美地反映出一个人挥杆的水平和结果，因此，虚拟高尔夫可以一步登堂入室变成"真正的高尔夫"吗？摆动相同，结果相同，这些难道不是衡量高尔夫水平最重要的因素吗？我们在虚拟高尔夫运动中失去了什么吗？如果高尔夫虚拟运动软件能消除实际运动中的所有不确定性干扰,像突然刮起的大风,或是高尔夫球碰击到球车反弹出去等情况,我们是否可以认为,虚拟高尔夫反而是一个人高尔夫运动水平更真实、更公平的反映?

现在的你,就站在高尔夫球场的发球台上,无念。当下挥杆便是,也便不是! 去接受一切、享受一切!

Note

1. George Berkeley, "A Treatise Concerning the Principles of Human Knowledge," in Principles, Dialogues, and Philosophical Correspondence, ed. Colin Murray Turbayne (Indianapolis: Bobbs-Merrill, 1965), 32.

《高尔夫与哲学》作者阵容

詹妮弗·贝勒（Jennifer M. Beller）
华盛顿州立大学教育心理学副教授

国际公认的道德推理和道德发展专家，与他人合著了五部关于竞争人群道德推理的工具书籍。她与安吉拉·朗普金和莎伦·凯·斯托尔合著了《体育伦理：公平竞争问题》一书，并就各种主题撰写或合著了六十五篇以上的文章。她现在或曾是美国空军、美国军事学院、爱达荷州最高法院、美国律师协会以及各种体育组织的顾问，包括NCAA、全国青年体育教练协会和全国高中活动联合会。她曾在CNN、Nightline、BBC TV和ESPN以及全国各地的许多报纸上作为嘉宾或撰稿人。她以打一场咯咯笑着打的高尔夫游戏和大多数时候躲避掉被同事打中的高尔夫球而闻名。

罗伯特·富奇（Robert Fudge）
犹他州奥格登韦伯州立大学哲学助理教授

研究领域包括伦理学和美学，并在《美学与艺术批评》杂志和《哲学论文》等期刊上发表过论文。在一个远离这个世界的可能的世界里，他几乎出手就能打出标准杆的高尔夫。

阿尔·吉尼（Al Gini）
芝加哥洛约拉大学工商管理学院商业道德教授及管理系主任

《商业道德季刊》（the Society of Business Ethics Quarterly）的共同创始人和副主编。他的节目可以定期在国家公共广播电台芝加哥分会 WBEZ-FM 上听到。著作包括《我的工作》、《我的自我：工作与现代个人的创造》（2000年）、《懒惰的重要性：对玩耍、休闲和假期的赞美》（2003年）、《为什么很难做好》（2006年）。他还创作和制作了两部剧作《拼命工作》和《一位消费主义者的来信》。他在高尔夫比赛中，从职业教练那里得到的最好的建议彻底改变了他的生活。教练告诉他："休息两周，然后辞职！"

约翰·斯科特·格雷（John Scott Gray）
密歇根州费里斯州立大学人文学科助理教授

获得博士学位。毕业于南伊利诺伊大学哲学系。兴趣集中在应用哲学的各个领域，包括生物伦理学、环境伦理学、商业伦理学以及政治和社会哲学；爱好包括打或看曲棍球以及收集老式运动卡。他的高尔夫球技不值得吹嘘（双柏忌高尔夫），尽管他还没有在球场上用他的错误的开球打到其他人。

杰森·霍尔特（Jason Holt）
阿卡迪亚大学娱乐管理和运动机能学学院助理教授

在阿卡迪亚大学教授体育运动和哲学课程。是《盲视与意识的本质》（2003年）一书的作者，该书入选2005年加拿大哲学协会图书奖；《每日秀与哲学：假新闻艺术中的禅宗时刻》（2007年）编辑；以及《灵活性：简明指南》（2008年）的合著者（与 L.E. 霍尔特和 T.W. 佩勒姆）。发表了许多关于哲学和流行文化的论文，最近的一篇是关于黑色电影的，研究对象包括阿尔弗雷德·希区柯克、斯坦利·库布里克、每日秀、双峰和终结者。几年前，他在高尔夫球场遗失了自己的五号铁杆（Mashie）。

劳伦斯·E. 霍尔特（Laurence E. Holt）
达尔豪西大学健康与人类表现学院的运动学教授（退休）

是《运动科学拉伸》(3S)(1974年)一书的作者，该书是PNF（本体感觉神经肌肉促进）拉伸原理和技术第一次在特定运动中的实际应用；《高尔夫挥杆实验者指南》(2004年)、《柔韧性：简明指南》(2008年)的合著者（与T.W.佩勒姆和J.霍尔特）。在《运动科学》杂志上发表了150多篇研究文章，曾任国际运动生物力学学会（ISBS）主席，并担任多个专业运动队的顾问。作为一名高尔夫球手，他很喜欢获得三个一杆进洞的佳绩，不幸的是，所有这些一杆进洞的球都是他妻子打进的。

马克·赫斯顿（Mark Houston）
密歇根州利沃尼亚市学校工艺学院哲学助理教授

主要兴趣领域是认识论、思维、语言和电影哲学。曾在《比率》和《哲学现在》杂志上发表过文章。虽然高尔夫球技一般，但他的眼光相当敏锐，而且他确实见过高尔夫球打得很好的人。

斯蒂芬·劳马基斯（Stephen J. Laumarkis）
明尼苏达圣保罗大学圣托马斯大学的哲学教授

获得圣母大学博士学位。最近的研究、演讲和高级教学，都聚焦于中国哲学和佛教。著作包括"孔子与中的精神/竭尽全力"[《东西方联系：亚洲研究评论4》(2004年春季)]、"重新思考共产主义意识"[《美国天主教哲学季刊82》，第3期(2008年)]。还有一本书《佛教哲学导论》(2008年)。他是狂热的高尔夫球手。事实上，他曾经站在圣安德鲁斯的第一洞发球台上，也站在过圆石滩的第十八洞果岭上。不幸的是，他的大部分高尔夫球，都出现在地球上其他不知名的地方。

安吉拉·朗普金（Angela Lumpkin）
勘萨斯大学健康、体育和运动科学教授，教育学院院长

曾任佐治亚州州立大学教育学院院长、北卡罗莱纳州立大学系主任以及北卡罗莱纳州立大学教员主席、北卡罗来纳大学教堂山分校体育系教授。拥有博士学位以及俄亥俄州立大学和北卡罗来纳大学教堂山分校的工商管理硕士学位。著有二十本书和四十多份学术论文，并发表了一百七十多篇专业演讲。曾担任美国全国体育运动协会主席。一位打过职业高尔夫的朋友对她说：永远不要把这项运动看得太重。

兰迪·伦斯福德（Randy Lunsford）
密歇根州马斯凯贡市马斯凯贡社区学院哲学兼职讲师

主要兴趣领域包括心灵哲学、应用哲学和东方哲学。他是体育运动的狂热爱好者，尤其是高尔夫运动的狂热爱好者。在某一个温暖的夏天，他第一次开始真正思考高尔夫的意义和价值，临近黄昏时分，他请年幼的儿子陪他到练习场练习挥杆，他儿子困惑地答道："我对改进挥杆不感兴趣！"

斯科特·麦克尔里斯（F. Scott McElreath）
北卡罗利市女子文科学院和平学院哲学助理教授

曾发表伦理理论方面论文，目前正在撰写关于美德伦理和行动指导目标、狩猎道德和伦理课程价值的论文。获得了博士学位。拥有罗切斯特大学哲学系和马里兰大学哲学学院的哲学硕士。他为自己在十二岁及以下的夏令营中，被弗雷德·芬克教练教授如何打高尔夫球而感到自豪。

大卫·L.麦克纳伦（David L.McNaron）
佛罗里达州劳德代尔堡诺瓦东南大学哲学副教授

兴趣领域包括科学哲学、心灵哲学和伦理学。大卫认为高尔夫和哲学非常相似：都是高端的、令人沮丧的活动，并给参与者以戏剧性的高潮和低谷。除了在冬季雪鸟入侵佛罗里达高尔夫球场外，高尔夫活动对身体而言是很安全的。

斯科特·F.帕克（Scott F.Parker）
毕业于波特兰州立大学，目前居住在明尼阿波利斯

《迷失与哲学》和《足球与哲学》著作的贡献者。打高尔夫的时候，他总是希望醒来，会像庄子一样变成蝴蝶，也希望自己真的是泰格·伍兹，但在梦中发现自己其实是斯科特·帕克。

汤姆·睿根（Tom Regan）
北卡罗来纳州立大学哲学名誉教授

出版了二十多本书，发表了数百篇论文，并在世界各地就各种各样的主题进行演讲，特别是有关动物权利保护。2001年退休后，被授予威廉·夸尔斯·霍利迪勋章，这是他所在大学能够授予一名教员的最高荣誉。他是北卡罗莱纳州罗利市Wildwood Green高尔夫俱乐部的成员。初冬时分，当高尔夫球落在地上满地跑时，他被认为是一位单差点球手。

大卫·希尔（David Shier）
华盛顿州立大学哲学系副教授兼系主任

获得韦恩州立大学哲学系博士学位。研究专长是语言哲学和分析哲学史。其他研究和教学兴趣包括心灵哲学、逻辑学、认识论和体育哲学。作品曾出现在多家期刊和文集上，包括《分析》《英国美学、行为和哲学》《太平洋哲学季刊》和《医学、卫生保健和哲学》。希尔出现在一个长长的高尔夫球手队伍清单上，注意，不要与他身后球场上长长的高尔夫球手队伍混淆。

莎伦·凯·斯托尔（Sharon Kay Stoll）
爱达荷大学道德中心主任

美国针对大学生的竞争性道德教育干预技术的主要权威之一。她是一名体育教授、杰出的教员，以及著名的爱达荷大学外展和教学奖得主。她曾担任公立学校教师、教练和运动员，拥有博士学位。是肯特州立大学体育哲学系的教授，也是美国为数不多的针对竞技人群道德教育的项目创始人之一和主任。她现在或曾经是美国海军、美国空军、爱达荷州律师协会和爱达荷州最高法院、美国律师协会和各种体育组织的顾问，包括NCAA总统委员会、全国青年体育教练协会和全国高中活动联合会。2005年，她在多家美国和国际主要报纸上登载文章，描述了爱达荷大学道德中心与亚特兰大勇士队合作的项目。和她的合著者詹妮弗·贝勒一样，她玩的是一种让人咯咯笑的高尔夫游戏，通常打到的人和树比办公桌上的别针还多。

约瑟夫·乌拉托夫斯基（Joseph Ulatowski）
拉斯维加斯内华达大学哲学系助理教授

他的哲学兴趣集中在对心灵和行为的自然主义理解上。除了哲学高级学位外，他还拥有卫理公会大学专业高尔夫管理学士学位。曾为美国职业高尔夫协会卡罗莱纳分会、北卡罗莱纳州乡村俱乐部、诺伍德乡村俱乐部和沃尔波尔乡村俱乐部（最后两个在马萨诸塞州）工作。约瑟夫对职业高尔夫职业生涯的追求被不断询问现实本质的渴望所打断。

安迪·威布尔（Andy Wible）
密歇根州马斯克根社区学院的哲学讲师

获得了韦恩州立大学哲学系博士学位。兴趣、研究和出版领域包括商业伦理、个人身份和理论伦理。安迪从小就是一名狂热的高尔夫球热爱者，人们经常告诉他，只要能打好推杆、切杆、开球和铁杆，就可以成为一名有竞争力的高尔夫球手。